浙江省普通高校"十三五"新形态教材

农业生产装备与设施

赵 超 主编

中国林业出版社

内 容 提 要

本教材依据农业生产的基本环节和作业顺序而编排，包括农业生产前的耕整地机械、播种与施肥机械、育苗移栽机械，产中的田间管理与灌溉机械，产后的收获与运输机械、农产品加工与废弃物处理机械、设施种养殖以及精准生物生产系统和农业机器人。每章均设有习题，以便学生自学、复习及课堂讨论。作为新形态教材，本书配套有相应的课件、动画、音频、视频等数字资源。

本教材可供高等院校农业机械化及其自动化专业、机械设计制造及自动化、农业工程、农学、智慧农业等专业使用，也可供有关科研和工程技术人员参考。

图书在版编目（CIP）数据

农业生产装备与设施／赵超主编. —北京：中国林业出版社，2022.8（2024.8重印）
浙江省普通高校"十三五"新形态教材
ISBN 978-7-5219-1743-7

Ⅰ.①农… Ⅱ.①赵… Ⅲ.①农业机械 Ⅳ.①S22
中国版本图书馆 CIP 数据核字（2022）第 110443 号

策划、责任编辑：田夏青　　　　责任校对：苏　梅
电话：(010)83143559　　　　　传真：(010)83143516

出版发行　中国林业出版社(100009　北京市西城区刘海胡同 7 号)
　　　　　E-mail：jiaocaipublic@163.com　电话：(010)83143500
　　　　　http://www.forestry.gov.cn/lycb.html
印　　刷　北京中科印刷有限公司
版　　次　2022 年 8 月第 1 版
印　　次　2024 年 8 月第 2 次印刷
开　　本　787mm×1092mm　1/16
印　　张　17.5
字　　数　483 千字
定　　价　55.00 元

《农业生产装备与设施》
编写人员

主　　编　赵　超

副 主 编　顾玉琦　徐丽君　姚立健

编写人员　（按姓氏笔画排序）

马　蓉　赵　超　姚立健　顾玉琦　徐丽君

主　　审　杨自栋

前　言

　　《农业生产装备与设施》是浙江省普通高校"十三五"新形态教材，在保留传统教材功能的基础上，力求借助信息技术赋能农业领域的知识传播与人才培养。本书主要讲述与现代农业中耕整地、播种施肥、育苗移栽、田间管理、节水灌溉、收获与农产品处理等各生产环节密切相关的常用机具、机械、装备与设施的基本构造、工作原理、理论分析及设计计算等内容，并对农业物联网及农业机器人相关知识进行了介绍。通过学习，读者能够理解先进的装备与设施对于现代农业发展的重要意义，掌握常用农业装备与设施的结构、原理、使用与管理方法，能对比分析不同农机结构的优劣并初步具备新产品开发能力，能使用农业装备与设施中的新技术、新机具、新理论来分析与解决农业生产中遇到的问题，为今后从事农机化事业或其他涉农工作打下坚实的理论基础和实践经验。

　　本书章节是依据农业生产的基本环节和作业顺序编排，依次介绍了每个生产环节的相关机械装备和技术，分别是作物产前的耕整地机械、作物播种与施肥机械、育苗移栽机械，产中的田间管理与灌溉机械，产后的收获与运输机械、农产品加工与废弃物处理机械、设施种养殖以及精准生物生产系统和农业机器人。各章节分别对每一种农业装备的类型、结构、工作原理、主要参数确定方法及应用和发展等进行详细介绍，为读者熟悉现代农业生产装备与设施的发展现状和趋势，掌握农业装备与设施的典型原理、设计程序、分析方法等奠定了基础。

　　本书内容新颖全面、教学资源丰富，充分利用了互联网与信息技术，力求达到最佳的教学效果。作为新形态教材，本书还配套课件、动画、音频和视频等数字资源，它们构成一个完整的体系结构。读者不仅可以阅读文字内容，也可以通过扫描书上的二维码观看数字资源，这极大地激发了读者的学习兴趣和热情。我国幅员辽阔，农业生产条件复杂，农业品种繁多，农作制度差异性较大，因此各地所使用的农业装备与农业设施也不尽相同。同时，因篇幅所限，本书不可能罗列所有的农业装备与农业设施，编者力求选取应用面广、机型经典、结构新颖、技术成熟的农业装备与设施作为本书内容，努力做到举一反三、融会贯通。对于本书未涉及的其他农业机械，读者可以通过自学其他经典参考书、多媒体课件及网络资源等形式加以充实。本书的实践性较强，在学习过程中，读者要注意理论联系实际，多深入农业生产一线，多观察各种农业装备与农业设施的生产过程，加深对各类设备与设施的感性认识。本书每章后均附有习题，以便教者组织学生自学、复习及课堂讨论。

　　各院校在使用本书作为教材时，可以在达到本单位教学大纲要求的前提下，因地制宜地增加一些本区域特色的农业装备与农业设施内容。

　　本书由浙江农林大学智能农林装备教学团队编写，共分12章。由主编赵超负责统稿。各章具体编写分工为：马蓉负责第1章和第11章的编写，顾玉琦负责第2章、第3章和第5章的编写，徐丽君负责第6章和第8章的编写，赵超负责第9章和第10章的编写，姚立健负责第4章、第7章和第12章的编写。参与数字资源制作的还有柴善鹏、徐佳锋、王露露、汤文涛、陈钦汉、陆嘉俊、徐涛涛、黄宇、刘宇、程名扬、杨云聪、商玉乾、金瑶、徐泽明、王琳琳等。浙江农林大学杨自栋教授负责对本书的审核工作。

　　本书在编写过程中，得到了兄弟院校、农机企业等同行和广大研究生的大力支持，在此表示诚挚的感谢。

　　由于编者水平有限，书中疏漏和不足之处在所难免，敬请广大读者不吝指正。

编　者

2022 年 3 月 31 日

目　录

第1章 绪论

农业生产的装备化和设施化是现代农业最基本、最显著的特点，推进农业现代化必须首先应用与推广先进适用的农业生产装备与设施。在农业生产过程中，通过合理的配置农业生产装备、建造农业生产设施可降低劳动强度和作业成本，改善作业环境，给农民带来显著的经济利益。本章综述了农业生产装备与设施的地位、作用与特点及其发展现状，并系统概述了中国农业与农机具发展的历史，最后总结了目前我国农业生产装备与设施发展的背景及技术环节上待解决的问题，讨论了我国今后的农业机械化发展方向。

1.1 概述

1.1.1 农业生产装备与设施的基本概念

农业生产装备与设施是指用于大农业生产的全过程，包括种植业、养殖业、加工业、服务业等涉农产业，产前、产中、产后，生产、加工、储运、流通等环节，以先进的工业和工程手段促进农业生物的繁育、生长、转化和利用的农业机械、设备和人工设施。农业机械化就是在农业生产中利用机械代替手工和畜力作业，减轻农民劳动强度，提高生产效率。农业装备与设施作为具有科技含量的现代化农业生产工具，是一种先进的生产力。

1.1.2 农业生产装备与设施的主要内容

农业生产装备与设施主要包括：农业田间作业机械、设施农业装备、农产品加工装备、农业生物质利用装备、农业信息化与农业物联网、农业自动化与智能化装备，以及农、畜产品初加工和处理过程中所使用的各种机械、装备与设施等。

农业生产装备与设施是建设现代农业的重要物质基础和科技保障，对于促进农业生产和增长方式以及农民生活方式的根本性变革，保护生态环境，高效集约节约使用自然资源和生产要素，实现经济社会可持续发展等方面均有着重要作用。随着我国工业化、城市化和现代化目标的提出，以及国民经济的迅速增长，我国经济发展已由过去农业支持工业、为工业提供积累转向工业反哺农业、城市支持农村，工业与农业、城市与农村协调发展的阶段。同时，现代农业装备设施的科技含量和性能随之大幅度提高。

1.1.3 装备与设施在农业生产中的作用

首先，在农业生产中使用农业装备与农业设施，不仅可以减轻劳动强度，提高生产效率，而且可以降低农业生产成本，提高农产品的市场竞争力和经济效益。

其次，大型高效农业装备的应用，可以使农村劳动力得以向城市和二、三产业转移，具有促进我国工业化和城市化的重要作用。

再次，保护性耕作机具，低排放、低噪声和低震动的农用动力，农村新能源和农业循环经济等"绿色"农业装备的开发利用，有利于环境保护，对社会经济持续、稳定和快速发展具有重要作用和意义。

最后，增加和有效使用节水灌溉、设施农业、农田水利建设装备和大型高效农机具等现代农业装备，可以有效地提高物质装备对农业发展的支撑能力，对于抵御自然灾害和防范农业生产风险，加强和提高我国农业的综合生产能力具有重要意义。

因此，只有对现代农业装备和农业机械化及其地位有了全面、正确和科学的认识，并且随着时代的发展与时俱进，才能始终树立正确和科学的思想观念，才能指导我们所从事的"三农"事业沿着正确的道路不断发展。

1.1.4　农业生产装备与设施的特点

农业生产装备与设施与农业生产紧密相关，农业生产的特殊性决定了其装备与设施应具有以下作业特点：

（1）工作对象复杂

农业生产装备与设施的工作对象为生物及与生物活动有关的环境条件——土壤、水、肥料、气候等，而这些条件又根据区域、作物类别、种类、自然条件和栽培制度的不同变化较大，因此农业生产环节的复杂性要求农业生产装备与设施应具有较强的适应性。

（2）季节性强

动植物的生长发育有一定的规律，并且受自然因素影响。自然因素随季节而变化，并有一定的周期。农业生产的一切活动都与季节有关，必须按季节顺序安排，季节性和周期性明显。这就要求农业生产装备与设施应具有较高的可靠性和生产效率。

（3）工作环境条件差

许多农业机械是在地面状况较差的田间高速行走状态下工作的，因此农业生产装备与设施必须具有较高的产品质量和管理水平。

1.2　农业生产装备发展简史

1.2.1　中国农业发展历史

（1）原始农业时期

中国的原始农业不是起源于一地，而是呈多中心发展。黄河流域和长江流域是最主要的两大起源发展中心：一个以旱作粟为代表，另一个以水田稻为代表，它们各自在扩展、传播中交融。到了新石器时代晚期，水稻的种植已推进到河南、山东境内，而粟和麦类也陆续传播到东南和西南各地，终于形成有史以后中国农业的特色。

原始农业对土地的利用可分为刀耕和锄耕两个阶段。刀耕或称"刀耕火种"，是用石刀之类砍伐树木，纵火焚烧开垦荒地，用尖头木棒凿地成孔点播种子；土地不施肥、不除草，只利用一年，收获种子后即弃去。等撂荒的土地长出新的草木，土壤肥力恢复后再行刀耕利用。在这种情况下，耕种者的住所简陋，年年迁徙。到了锄耕阶段，有了石耜、石铲等磨制农具，可以对土壤进行翻掘、碎土，植物在同一块土地上可以有一定时期的连年种植，人们的住处因而可以相对定居下来，形成村落，为以后逐渐用休闲代替撂荒创造了条件。《易经》《淮南子》和《史记》等古书中同样记述了神农氏发明耒耜和播种五谷的故事。

家畜饲养方面，南北各地新石器时代遗址都有驯养猪、犬、牛的遗存，羊及马则以北方为主，鸡的驯养时期稍迟，且南北都存在。在新石器时代早期，尽管已有了原始种植业和饲养业，但采集和渔猎仍占重要地位；直至新石器时代晚期，在农业相对发展、人们已经定居下来以后，采集和渔猎仍占一定地位。这是原始农业结构的特点。

(2) 夏、商、西周时期

夏、商和西周是奴隶制社会时期。财产私有制的产生，促进了农业生产力的提高。这首先反映在农业生产工具上。这一时期，尽管仍是木、石器生产工具为主，但青铜农具已出现，虽然数量不多但种类不断增加，如出现了铲等掘土工具和镰等收割工具。另外，农田操作中已有了整地和中耕、除草、壅土的生产环节。

这一时期，农业生产的种类同样增加。黄河流域农作物仍以粟为主，还有禾、谷、粱、稻、苣、菽、麻、苴等。此外，园艺生产已有果树与蔬菜的分工，瓜、果、杏、栗等园艺作物都已种植。根据甲骨文和《诗经》中的记载，养蚕已成为农事活动的一部分，蚕织被看作妇女的一种美德。从殷墟出土的动物遗骸也可证明当时的畜牧业不仅马、牛、羊、鸡、犬、豕"六畜"俱全，而且饲养数量大为增加。其中，马匹由于战争和狩猎的需要，尤其受到奴隶主们的重视，发展迅速。由于粮食增加，酿酒也较普遍。

这一时期，生产工具落后，土地不能常年连种和进行深耕，农作物所需的水分主要依靠自然降水。这些严重妨碍了农业生产的发展。

这一时期长江流域及其以南地区的农业情况缺乏文字资料。从后世文献记载和考古发掘来看，南方的农业尽管起源时间并不晚于黄河流域，但其发展显然慢于北方。

(3) 春秋战国时期

春秋战国时期，封建的生产关系开始产生。各诸侯国家的战争也迫使它们奖励耕种、重视农业，甚至重农抑商。因此，在该时期，农业获得了奴隶社会无法比拟的发展动力，成为中国农业发展史上的一个重要转折点。

农业生产巨大发展的突出标志是铁制农具的出现。由于冶铁术的发明，这时的耕地农具耒耜、锄地农具如铫以及收获农具如镰都已有了铁刃。而铁犁的出现，把耕地的作业方式从间断式破土转变为连续式的前进做功，更使生产效率大大提高。铁犁所需的动力大，用畜力作动力的牛耕也应运而生。这样整个农业生产面貌随之大大改观。

由于有了铁制农具，改造自然条件的能力大为增强。从春秋末到战国时期，许多大型灌溉工程如芍陂、漳水十二渠、都江堰和郑国渠等相继兴建，从而为农业生产提供了更好的水利条件。在土地利用上，由撂荒制过渡到连种制，不论是实行"辟草莱"以扩大耕地面积，或"尽地力之教"以提高单位面积产量，也都因生产工具的进步而有了可能。

铁制农具还促进了作物栽培方法的变化。一是促使土壤耕作精细化。二是发明了畎亩法，即垄作技术。其要旨是根据田地的高低和土壤水分决定播种位置。三是肥料的施用。综上所述，在推行铁制农具的基础上，综合应用深耕多锄和多粪肥田等措施，中国农业的精耕细作传统，实已奠定基础。

这一时期农业的成就反映到学术研究上，就是许行等农学家的出现和农学著作的产生。如《吕氏春秋·审时》说："夫稼，为之者人也，生之者地也，养之者天也"，正确地总结了农业生产中人的劳动和土壤、气候三大因素的相互关系并把人的因素放到了首要地位。

(4) 秦、汉、魏、晋、南北朝时期

秦代结束了战国纷争的局面，国家归于统一，封建土地所有制确立。汉初推行了一些有利农业的政策，如劝民农桑、兴修水利、贮粮备荒、西域屯田、轻徭薄赋等。这些政策对促进当时的农业生产起了一定作用。到了魏、晋、南北朝，国家又趋于分裂，北方的农业技术随人口南下。但这一时期的政治经济和农业生产重心始终在北方，是北方传统耕作技术形成体系和趋于成熟的时期。

由于冶铁业的发达，铁器农具在汉代已经普及，且种类大增。北魏时期从整地、播种、

中耕除草、灌溉、收获、脱粒到加工各个环节中有记载的农具达 30 余种。其中，尤以犁的革新、楼车和提水工具的创制，作用更为显著。战国时的犁有犁铧而无犁壁，只能破土、松土、不能翻土；汉代发明犁壁以后，土垡就可按一定方向翻倒，同时能完成翻土、灭茬、开沟、起垄等作业，大大提高了耕作效率。带犁壁的犁在 18 世纪时传入欧洲。楼车由种子箱、排种器、输种管、开沟器和机架牵引装置组成，可一次完成开沟、播种、覆土工序，实为现代机械化播种机的雏形。汉代出现的引水工具翻车即后世的龙骨车，利用虹吸管原理的吸水工具渴乌，在古代抗旱排涝中也都有重要作用。此外，在加工工具方面还有风车、水碓、水磨等。同时，以牛为主的畜力动力应用，也得到进一步的改良和推广，出现了二牛三人的耦耕，以及用牛牵引的楼车等。

在耕作栽培方面，为了抵御黄河流域气候干燥、雨量分布不均的自然条件，汉代的赵过在春秋时畎亩法的基础上推广了代田法，提高了单位面积产量。据记载，西汉时还有区田法的创造，对提高产量和防旱保墒有明显的作用。魏、晋时在汉代糖（耢）的基础上，又创造了碎土工具——耙，使整地工艺得到改进，形成耕-耙-糖配套的整地技术。这一时期施肥技术也有很大发展，已开始讲究施肥的数量、时间和种类，有了基肥和追肥以及人畜粪的生熟之分，并强调使用熟粪。绿肥作物受到重视，并被安排到轮作中去。播种前实行的溲种法，是一种带肥下种的技术。此外，还出现了穗选法以及单打、单锄、单种的选种、留种法等，使黄河流域的耕作栽培技术日趋完善。

这一时期的农业生产组成，在作物方面主要是小麦的地位进一步上升，与粟并驾齐驱。其他在园艺、蚕桑、养马等方面也有新的发展。园艺方面的突出成就是发明了利用温室栽培葱韭等作物的方法。汉武帝时，除在长安扩建规模很大的植物园（上林苑）并多次从南方引种荔枝、龙眼、橄榄和柑橘等以外，还从西域引入葡萄、苜蓿、胡麻（亚麻）等作物，开辟了扩大生产种类、丰富种质资源的途径，也是中国农业发展史上的一件大事。蚕桑技术不仅在全国范围内得到推广，而且出现了一年可以养两次的二化蚕。汉代由于国防需要而大规模发展养马业，也推动了畜牧技术的发展。

秦、汉以后的 400 余年间，中国北方农业的辉煌成就，系统而完整地反映在北魏农学家贾思勰所著《齐民要术》一书中。该书不仅详尽地记述了北魏时黄河流域农业生产的实况，也是对秦、汉以来北方旱作农业的一个总结，堪称一部完整的中国古代农业百科全书。魏、晋、南北朝时，随着北方精耕细作技术的南传，南方农业也逐渐改变火耕水耨的面貌，水稻种植面积扩大，产量有所提高；西晋广东连县墓葬中已有耕耙田地的模型，反映了当时的整地技术，但总体生产水平仍不及北方。

(5)隋、唐、宋、元时期

隋、唐至宋，农业生产上更为重要的进展是南方农业的进一步开发、繁荣。当时由于江南农业以水稻为主，兴修水利尤其受到关注。据统计，自唐至元，全国兴建的水利项目共1590 项，长江流域占 1333 项，其中又主要集中在江苏、浙江、福建、江西这 4 个省份。水利设施的形式以兼有排、蓄功能的堤堰，陂塘为主。唐设有渠堰使、五代吴越国设有撩浅军，主持水利设施的维修工作。隋初还开凿大运河，为沟通南北漕运创造了条件。扩大耕地在平原水乡以营造圩田为主；沿海则修筑海堤，以防海潮，并改造盐碱地为农田。在南方山区主要是营造梯田，其前身盛行于唐。因是顺坡种植，水土流失严重，宋代起逐渐改为沿山坡层层而上、"叠石相次、包土成田"的梯田，缓和了水土流失。

唐、宋时期的南方农业除耕地面积增加，由于农具和整地、施肥等技术的革新，在经营集约化方面，也有新的发展。唐代，在长江下游出现的曲辕犁（又名江东犁）操作灵巧省力，可以调节犁层的深浅和耕垡的宽窄，水田、旱地都可适用，因而大大提高了劳动生产率和耕地质量。同时，其他农具也继续得到革新完善，近代使用的主要传统农具此时已基本齐备。宋代由于进一步使用了适于水田中碎土平地的耖，在犁耕和耙地之后，继之以耖田的工序，又使水田的整地质量更为提高，从而形成了耕–耙–耖的水田耕作技术，一直沿袭至今。在肥料使用方面，宋时强调合理施肥以培养地力的重要性。当时除"踏粪法"（即人工堆肥）外，又出现沤肥和捻河泥、饼肥发酵、烧制火粪（相当于现在的焦泥灰）等，从而大大丰富了肥料的种类和来源。

上述各项技术的综合应用，还为大面积地推广复种、提高土地的利用率和单位面积产量创造了条件。中国古代稻田复种，华南地区早于长江流域。汉代广东一带已有连作稻，长江流域则宋代时尚无记载，早、中、晚稻品种也未能在同一块田地上连种，双季稻（连作或间作）还不发达。唐宋时期发展较快的复种形式是稻麦两熟制。由于北方人口大量南移，麦类的消费需要激增，南方原来多种在旱地的大、小麦渐被下种到水田，成为稻田的冬作，稻麦两熟制就此形成。后来稻田冬作除大、小麦外，还有蚕豆、豌豆、油菜以及绿肥等。至于丘陵山区，则主要是发展早稻和荞麦、秋大豆等的复种，形成水稻杂粮一年两熟制。同时，复种制在北方也有发展。由于复种指数的增加，土地利用率的提高，粮食的单位面积产量有了增加。

这一时期的茶、甘蔗、棉花等经济作物生产也有重大发展。由于经济作物的发展大多在南方，加以南方粮食生产有了显著提高，这时南方的农业生产水平超过了北方，一跃而成为中国的基本经济区。

（6）明清时期

自明至清，经济上面临的突出问题是人口的激增，由于耕地面积的扩张速度赶不上人口增长的速度，人多地少日益成为全国性的矛盾。明、清两代政府一方面通过垦荒、发展圩田和开发沿海盐碱地等方式扩大耕地面积，另一方面通过增加复种指数，提高单位面积产量。复种方式上的新发展，在北方是实行多种多样的间作、套种，以获得二年三熟以至"一年十三收"；长江流域除稻麦两熟外，还推广双季间作稻和连作稻等。此外，这一时期从海外引种的甘薯和玉米，由于适应性强和单位面积产量高，清初已传遍各地，在丘陵山区发展尤快，不久就取代了原来粟类杂粮的地位。由于粮食增产，扩种经济作物也就有了更大的可能。除前已推广种植的桑、棉、茶和甘蔗等外，明代又从国外引入烟草。这些经济作物产量的增长，促进了农产品的商品化和农村中的资本主义萌芽。

1840 年鸦片战争以后，中国沦为半殖民地半封建社会。耕地很少增加，农具鲜有改进，许多地方水利失修。同时，帝国主义的洋枪大炮又使海禁洞开，从而促进了蚕桑、茶叶、棉花、烟草以及花生、大豆等经济作物的商品性生产。

明、清时期的农学著作现存的共达 300 余种，超过历史上任何一个时期，内容的广度和深度也胜过以往。到清代末叶，西方近代农业科学技术开始受到重视，农桑学校、农业试验场和农业推广机构等有所兴办，农学研究逐渐走上与新的科学技术相结合的道路。

（7）民国时期

从清末至民国初年，开始陆续引入西方的近代农业科学技术，如农业机械、化学肥料和农药等。最初是从日本，接着从欧美，将西方的农业科学、生物科学知识翻译介绍到国内。同时，政府也大量派遣留学生赴日本及欧美学习农业科学技术。据不完全统计，至 20 世纪40 年代初，全国共有大学农学院及专科学校 30 所，大学及专科学生 4860 人；中等农业职业学校 61 所，学生 15580 人。全国普通及特种农事试验场 552 处（1931 年调查）。抗日战争期间南方各省也设立农业改进所，从事农业科学技术的推广工作。这一时期通过自己培养的农业科技人员，培育（以及引进）了一批稻、麦、棉、油料、果蔬、蚕桑和家畜的优良品种，在病虫害防治和土壤改良、科学施肥等方面，也推广了不少现代农业科学成果，对于改变传统农业的构成和提高农业生产起了一定作用。

但是，由于帝国主义、封建主义和官僚资本主义的残酷压迫，这时期的农村阶级矛盾日益加剧，农业生产发展缓慢，农民生活更加贫困。地主富农占农村人口不到10%，却拥有全国耕地的70%~80%。农民被迫缴纳的地租率高达45%~50%。第一次世界大战结束后，国际市场对农产品原料的需求激增，中国的经济作物、油料作物受到刺激，一度曾有较快的发展。但是农产品的出口和价格都掌握在帝国主义、官僚买办和地主的手中，当国际市场需求增加时，他们压低农产品的收购价格，当国际市场农产品"过剩"时，农民又受到"倾销"政策的打击，使农民备受双重剥削，农业日趋凋敝。抗日战争时期，中国农业受到日本帝国主义侵略的严重损害。到1949年时，全国粮食和棉花的产量分别比1936年时降低24.6%和47.6%。这种状况，直到1949年中华人民共和国成立以后，经过50年代的土地改革和农业社会主义改造，以及70年代末开始的农业体制改革，才发生了根本性的改变。

1.2.2　当代中国农业

新中国成立后，在农业科技、经济和社会各个方面都取得了巨大成就，尤其是1978年中国率先在农村实行经济体制改革后，中国的农业和农村的经济、社会状况发生了巨大的变化。这种变化主要表现在以下几个方面：

主要农产品的供给已基本摆脱了短缺状况。粮食产量由1978年的3.05亿t增加到了目前的5亿t以上，已经实现了总量大体平衡，丰年略有节余。

农村废除了高度集中统一管理的人民公社制度，普遍实行了以农民家庭承包经营为基础的经营体制和村民自治的社会体制。

基本上废除了由政府统一定价、实行国家计划收购、配给性销售的农产品流通体制。除粮食外，其余农产品目前都已实行由市场定价、自主流通的体制。

农村的经济结构发生了深刻的变革。以乡镇企业为主体的农村二、三产业发展迅速，农村已有1.2亿劳动者在乡镇企业中就业，乡镇企业的生产总值已占农村社会生产总值的65%以上。

农民的收入和生活水平明显提高。绝大多数农民摆脱贫困。70年以来，特别是改革开放以来，由于科学技术的巨大进步和物质投入的增加，提高了农业综合生产能力，结束了主要农产品长期短缺的历史，用世界上7%的耕地养活了22%的人口，而且使农民生活从温饱迈向了小康，极大地提高了我国农业的国际地位。

我国目前农业发展和粮食生产仍存在很多问题，主要表现在以下方面：

①土地特别是耕地资源不断减少。目前我国人均耕地面积仅有1.2亩*，同世界各国相比，我国人均耕地面积只及世界人均耕地的32%、美国的10%、法国的28.5%、加拿大的4.8%、澳大利亚的3%。今后15年，我国的耕地还要继续减少。耕地不断减少将把我国粮食生产推到越来越狭窄的空间中，这给农业发展造成严重威胁。

②耕地质量退化。耕地质量退化是影响粮食产出率下降的一个重要因素。资料表明，我国21%的耕地缺少有机质，其中51.5%缺磷，24%缺钾，14%磷钾俱缺，土壤有机质小于0.6%的农田达11%；在微量元素方面，钾、锰缺乏的耕地面积已占70%左右。此外，我国

---

　　* 1亩≈666.67m²。

工业化快速发展引发的环境问题，如空气污染、灌溉水污染、酸雨等已开始对粮食产量增长构成威胁。

③农业剩余劳动力过多。农业很难实现规模经营，直接影响农产品商品率和劳动生产率的提高。

④农产品生产成本不断上升，收益持续下降，农业的比较优势弱。据统计，1978 年至 1992 年，我国主要农产品收购价格上涨速度都远超于国际市场，上涨幅度均超过 1 倍，最高达到 10 倍。这就使国内市场的几种主要农产品价格与国际市场的差距变得越来越小，农业的收益急剧下降，农业比较优势减弱。

⑤资源及生产技术的制约。我国人多地少是显而易见的基本国情，小规模家庭经营格局有继续长期存在的客观基础，从而极大地限制了各种技术手段的运用和农业生产水平的提高。目前，我国农业技术在整体上仍相当落后，大多数地区仍然沿用传统精耕细作技术，机械化水平低，劳动生产率不高，化肥使用品种及数量不当，优良品种推广面积有限。

水资源缺乏及污染问题严重，成为制约农业发展的主要因素。同时，人口与环境配置不协调，造成对环境的巨大压力，也成为农业发展的瓶颈。

1.3　我国农机化发展历程

1.3.1　创建起步阶段

1949—1980 年，中央提出了明确的农业机械化发展目标和相应的指导方针、政策。国家在有条件的社、队成立农机站并投资，支持群众性农具改革运动，增加对农机科研教育、鉴定推广、维修供应等系统的投入，基本形成了遍布城乡、比较健全的支持保障体系。我国农机工业从制造新式农机具起步，从无到有逐步发展，先后建立了包括一拖、天拖、常拖等一批大中型企业，奠定了我国农机工业的基础。

1.3.2　体制转换阶段

1981—1995 年，农村实行家庭联产承包责任制后，集体农机站逐步解散，国家对农业机械化和农机工业的直接投入逐渐减少，农机平价柴油供应等优惠政策逐步取消，曾经出现"包产到户，农机无路"的尴尬局面。1983 年，国家开始允许农民自主购买和经营农机，农民逐步成为投资和经营农业机械的主体。为适应农业生产组织方式的重大变革，农机工业开始第一轮大规模结构调整，重点生产了适合当时农村小规模经营的小型农机具、手扶拖拉机、农副产品加工机械、农用运输车等。而大中型拖拉机和配套农机具保有量停滞不前，机具配套比失调，田间机械利用率低，农田作业机械化水平提高缓慢。

1.3.3　市场引导阶段

1996—2003 年，农村劳动力开始出现大量转移趋势，农村季节性劳力短缺的趋势不断显现。1996 年，国家有关部委开始组织大规模小麦跨区机收服务，联合收割机利用率和经营效益大幅度提高，探索出了解决小农户生产与农机规模化作业之间矛盾的有效途径，中国特色农业机械化发展道路初步形成。农机工业开始了新一轮产品结构调整，高效率的大中型农机具开始恢复性增长，小型农机具的增幅放缓，联合收割机异军突起，一度成为农机工业发展的支柱产业。

1.3.4　依法促进阶段

2004—2014 年为依法促进阶段。2004 年，颁布实施了《中华人民共和国农业机械化促进法》，2004—2009 年的中央一号文件和党的十七届三中全会都明确提出了加快推进农业机械化的要求和措施。购机补贴政策对农业机械化发展和农机工业拉动效应显著，促进了我国农机装备总量持续快速增长、装备结构不断优化、农机社会化服务深入发展，农机工业产品结构进一步优化，向技术含量高、综合性能强的大型化方向发展，一批具有地域特色的产业集群具备雏形，产业集中度进一步提高。2004 年以来，耕种收综合机械化水平年均提高 2.7个百分点，农机工业产值年均增长 20.5%，我国农业机械化进入了历史上最好的发展时期。2007 年我国耕种收综合机械化水平超过 40%，农业劳动力占全社会从业人员比重已降至38%，这标志着我国农业机械化发展由初级阶段跨入了中级阶段，农业生产方式发生重大变革，机械化生产方式已基本占据主导地位，我国农业机械化站在了新的历史起点上，以更快速度向更广领域、更高水平方向发展。

1.3.5 转型升级阶段

2015 年以来，我国农机工业结束了此前"黄金 10 年"的快速发展，进入转型升级的深度调整期。农机产业发展不平衡、不充分现象突显，高端不足低端过剩、核心技术缺失、产品质量亟待提升。尽管我国农业机械化水平已经达到了 67%（2019 年），小麦、水稻、玉米三大粮食作物耕种收机械化水平超过 80%，但农机化发展仍然存在诸多薄弱环节，比如水稻种植机械化水平只有 40%，高效植保、秸秆处理、产地烘干机械化水平不高，马铃薯、棉花、油菜等经济作物的种植和农产品贮藏、保鲜及加工等方面机械化生产程度较低。

因此，在今后一段时期内，我国农机产业要以科技创新引领行业高质量发展，推动农机化在更高水平上实现供需平衡。既要发展适应多种形式适度规模经营的大中型农机，也要发展适应小农生产、丘陵山区作业的小型农机以及适应特色作物生产、特产养殖需要的高效专用农机。农机企业要加强与新型农业经营主体对接，探索建立"企业+合作社+基地"的农机产品研发、生产、推广新模式，持续提升创新能力。加强技术创新，促进新一代信息通信技术在农机装备和农机作业上的应用，引导智能农机装备加快发展，着力推进"互联网+农机精准作业"。

农业生产装备与设施在发展过程中主要存在以下问题：

①地区间农业机械应用不均衡。我国幅员辽阔，地区之间经济发展不平衡，间接导致农业机械化发展不平衡，使农业机械应用范围受到了较大限制。不同地区对农业机械化认识水平存在较大差异。经济发展水平较高的区域对农业机械化认识较高，农业机械推广范围广、应用程度高。而经济发展水平较低的区域对农业机械化认识不足，农业机械推广效果不好，对农业机械应用程度较低。

②农业机械产品质量有待提升。由于技术水平不高、技术单一，导致农业机械化生产质量不高，对农业生产产生不利影响。例如在农业生产过程中，农业机械经常发生故障，而且维修费时费力，阻碍了农业生产顺利进行。我国农业种植类型较多，对农业机械产品多样性提出了较高需求，但现有的农业机械产品无法满足作业要求。

③农机服务组织化水平不高。有效推广农业机械，对促进农机广泛使用具有重要作用。从农机产品推广现状来看，缺少完善的推广方式及服务方式，造成农机产品推广水平较低，农机服务组织化程度较低。首先，部分地区未建立专门的农机服务队伍，相关农机服务工作开展存在许多阻碍，无法为农机推广和应用提供服务。其次，部分地区缺少专业的领导队伍，无法根据地区的农业实际情况制订完善的服务及发展策略农业机械化应用效果达不到预期。

④农业机械技术创新力不足。近年来，我国农业机械创新水平得到了有效提升，但与发达国家相比，我国农业机械创新方面仍存在不足。自主研发的机械产品较少，大多来自国外农业生产技术。机械技术方面投入过少，创新研究不足。出现以上问题的原因有两方面：一是对农业机械创新不够重视，使农业机械性能、质量及产品外观研发上仍然处于初级阶段，

与国外发达国家存在较大的差距。二是针对中小农机产品的研发给予的政策扶持力度不够，使得中小机械产品研发过程缓慢。

1.4 农业生产装备与设施的发展

我国地域辽阔，作物生产的环境、条件、种植方式等多种多样，南北方有着明显的差异。北方表现为旱地作业，以向土壤中播入规定量的种子为主要种植手段，所用机具为播种机械，这样可充分利用土壤中的水分和温度使之出苗、生长，因此适时播种成为关键。而南方则表现为水田作业，种植方式主要为幼苗移栽，所用机械为栽植机械或插秧机械。近年来有些作物的种植方式发生了逆转，如玉米、棉花出现了工厂化育苗然后进行移栽，且已证明在干旱缺水地区大有取代播种机的趋势。而世代以栽植为主要种植手段的水稻、地瓜等作物，由于种植技术的革新，现在出现了直播(水稻须进行种子催芽处理，地瓜须进行防腐处理)，可大大简化生产过程，降低作业周期和生产成本。

 本章习题

1. 联系生产实际，举例说明农业机械在农业生产中的地位和作用。
2. 查阅相关资料，基于一种典型农机的发展历程，分析农机与农艺的关系。
3. 简要介绍所属地区开发的农机新产品和新技术 1~2 种。

本章数字资源

第 2 章　土壤耕作机械

土壤耕作是根据农作物对土壤的要求和土壤特性，采用机械或非机械方法改善土壤耕层结构和理化性状而采取的一系列耕作措施，其目的是提高土壤肥力、减少病虫杂草对农作物的侵害。本章在介绍土壤耕作目的和耕作方法的基础上，首先对铧式犁的类型、结构、翻垡原理及铧式犁的挂结与调整做了详细的介绍，接着对旋耕机的类型、结构、工作原理等做了较为深入的介绍，最后对圆盘耙、水田耙、激光整地机和耕耙犁等常见的整地机械做了介绍。通过本章学习，读者能了解土壤耕作的基本概念和农艺要求，掌握典型的土壤耕作机械与装备的结构与工作原理。

2.1　概述

2.1.1　土壤的特性

土壤是一种复杂的混合物质，由固体、液体、气体组成。固体部分主要是矿物质、微生物和有机质，土壤的固体颗粒大小不同，形态各异，组成了不同的空间排列结构，这种结构对土壤肥力的好坏、微生物的活动等都有很大的影响；液体部分是渗透在土壤中的水分；气体部分是土壤中的空气。土壤中的水分和空气存在于土壤固体颗粒的空隙中。土壤的固体、液体、气体也被称为固相、液相、气相，三者之间的相对比例又叫作土壤的三相比，三相之中，固相是相对稳定的，与液相、气相彼此相互联系、相互制约。土壤三相的不同分配和比率，影响土壤的通气、透水、供水、保水等物理性质，也影响土壤的 pH 值、阳离子交换量、盐基饱和度等化学性质。因此土壤的三相比是评价土壤水、肥、气、热相互关系的重要参数。根据土壤颗粒的含量常将土壤分为砂质土、黏质土、壤土三类。

①砂质土。含沙量多，颗粒粗糙，渗水速度快，保水性能差，通气性能好。适合沙质土的农作物有花生、马铃薯、红薯等。

②黏质土。含沙量少，颗粒细腻，渗水速度慢，保水性能好，通气性能差。适合黏土的农作物有大葱、大蒜等。

③壤土。含沙量一般，颗粒一般，渗水速度一般，保水性能一般，通气性能一般。适合泥土的农作物有莲藕、荸荠、茭白等。

2.1.2　土壤耕作的目的

土壤耕作，是指通过农机具的机械力量作用于土壤，为土壤创造良好的耕层结构和适宜的孔隙比例，调节土壤水分存在状况，协调土壤肥力各因素之间关系，清除杂草和疏松表土。生长自然植被的土壤称为自然土壤，经过人类耕作管理的土壤称为耕作土壤。土壤耕作的目的改善土壤耕层结构，将作物残茬和有机肥等掩埋并掺和到土壤中去，有效控制杂草生长，从而给植物创造一个疏松且水、肥、气、热较为协调的土壤环境和生长条件，最终形成高产土壤。

2.1.3　土壤耕作方式

(1) 耕地方式

①翻耕。翻耕是目前世界农田耕作应用最广泛、最基本的土壤耕作方式。翻耕用的农具主要是铧式犁，其次是圆盘犁。翻耕作业多在植物栽植前或前茬植物收获后、下茬植物播种前进行。此时的耕作主要通过犁壁作用于土壤，将将土壤翻转并松碎。由于犁壁形状不同，耕翻的效果也不一样，一般生荒地或种绿肥的地块，多选用螺旋型犁壁，它可以使犁耕层上下完全颠倒，覆盖较严密，对消灭地表层杂草和残茬残株作用较强，但碎土能力较差。一般农田土壤多用普通犁壁，具有翻土和碎土的两种作用，也可以用复式犁耕翻，耕后地面平整，覆盖也较严密。

按耕层深浅可将翻耕分为深翻耕和浅翻耕。深耕是我国耕作制度中一项极为受重视的翻耕方式，农谚"深耕细耙、旱涝不怕"就是农民对深耕经验的总结。采用深耕还是浅耕，要根据翻耕目的、土壤特性、农作物品种、农机具条件和经济效益等因素来综合确定。一般为了打破犁底层，深耕熟化土壤，黏质土、盐碱土宜深耕；砂质土、浅根性植物、春耕、生长季节的耕作宜浅耕。

②松耕。松耕是利用松土铲或凿形犁等松土农具疏松土壤而不翻转土层的一种耕作方法。它的优点是不破坏土层，又可分层疏松土壤，可利用松土铲的安装，调节松土深浅，也可一次加深到适宜的深度，对打破犁底层和疏松深层土壤具有良好效果。由于松耕不乱土层，可以分散在不同的适当时期进行。松耕还具有防旱防涝、减轻盐碱危害的作用。所以对不需要翻耕的地块，干旱地、盐碱地、白浆土地等均可采用此种耕作方法。通过实践证明，松耕在一定范围内，比翻耕有较好的效果。因松耕不能翻转土层，对翻埋有机肥、残茬残株和杂草等不如翻耕效果好。

③旋耕。旋耕是利用旋耕机进行耕作的一种方法。主要依靠安装在旋耕机上的刀片把土块切碎，并把肥料、残茬和杂草等翻转于土中，同时还有粉碎和搅拌作用。所以耕后地面平整松软，适宜播种和栽植。一般我国南方水田和北方水浇地多采用此种方法耕作，效果较好。旋耕法一般耕层较浅，多在 10~15cm，不适于深耕。

(2) 整地方式

①耙地。耙地是用圆盘耙、钉齿耙等农具把耕层表面整平弄碎，具有耙碎垡块、疏松耕层、破碎板结层、消灭杂草、混拌肥料、搅碎根茬、通气保墒等作用。耙地深度一般为 5cm左右，如采用重型圆盘耙，可使耙层深达 10cm 左右，可以代替浅耕。耙地也是翻耕地辅助措施，可使翻耕后不平的地面、大垡块、过松的表土层等耙细、弄碎、整平和耙实，为播种出苗创造良好的条件。

②耢地。是中国北方旱区在耙地后或与其结合进行的作业。多用柳条、荆条、木框等制成耢(耱)拖擦地面，能形成干土覆盖层，起到减少土壤表面蒸发和平地、碎土、轻度镇压等作用。

③镇压。镇压是利用各种类型的镇压器镇压耕层，使表土层紧实，压碎地表板结层和破碎垡片的效果。一般在播种前或播后进行，但盐碱地不宜使用，以防毛细管水上升，引起返碱现象。另外，水分过多的黏重土壤也不宜镇压。

(3) 其他耕作方式

①起垄。起垄是我国固有的一种耕作方法，多适于寒冷地区。具有提高地温、防旱防涝，雨季便于排水、畜耕和机耕均较方便等特点。垄距因植物种类和地区而异，一般多为 60~70cm，垄高一般多为 14~18cm，垄型多为方头型。起垄耕作是人为创造小地势，一般比

平作增加33%的表面积，如垄向适宜，一天早、中、晚垄体都有与阳光垂直的垄面，据测验，该方法可提高土壤温度2~3℃，有利于植物的前期生长。

起垄还为块根块茎类植物地下部分的生长创造深厚的土层条件，有利于这些植物地下部分的生长和发育；在某些降雨多或低洼潮湿地区，除可以提高地温外，还有利于排水防涝。

②筑畦。在气候温暖，地势平坦，有灌水条件的地区，还要根据引种栽培植物种类、土壤性质、当地降水情况等条件筑成一定大小、不同类型的畦。畦的规格和畦向，因地形而异，畦长以10~30m为宜，宽以1.2~2.0m为宜，既方便作业，又减少作业道，提高土地利用率。

2.1.4 保护性耕作方法

土壤耕作方法有很多种。传统的旱地耕作方法通常指作物生产过程中由机械耕翻、耙压和中耕等组成的土壤耕作体系，称为常规的耕作法，也称精细耕作法。在一季作物生长期间，机具进地从事耕翻、耙碎、镇压、播种、中耕、除草、施肥、开沟、喷药、收获等作业的次数达7~10次。适度的土壤耕作有助于农作物优质高产，但对土壤过度耕作，同样存在破坏聚合体、降低土壤结构、破坏土壤大孔隙、加快土壤干燥并降低水分利用率、降低土壤中有机养分的储备量、扰乱有益生物(如蚯蚓)的生命周期等缺陷。因此许多地区出现了免耕、少耕、保水耕等保护性耕作方法。

①少耕法。少耕通常指在常规耕作基础上减少土壤耕作次数和强度的一种保护性土壤耕作体系。如田间局部耕翻、以耙代耕、以旋耕代犁耕、耕耙结合、板田播种、免中耕等。在一季作物生长期间，机具进地作业的次数可减少至4~6次。目前，在国内外也出现了以松耕为主的耕作方式，如松耕、表土耕作与化学除草结合的少耕法，松耕、表土耕作与机械除草结合的覆盖耕作法等，少耕应用面积也在逐年增加。

②免耕法。免耕是减少对田地耕作踏压次数，防止土壤侵蚀的耕作措施。它是免除土壤耕作，利用免耕播种机在作物残茬地表直接进行播种，或对作物秸秆和残茬进行处理后直接播种的一类耕作方法。免耕法一般不进行播前土壤耕作，播后也很少进行土壤管理。其类型包括不耕、条耕、根茬覆盖及其他不翻动表土的耕作措施。在一季作物生长期间，机具进地作业次数降至3~4次。

③保水耕作法。保水耕是对土壤表层进行疏松、浅耕，防止或减少土壤水分蒸发的一类保护性耕作方法。如浅旋耕、浅耙、中耕除草等。少耕、免耕、保水耕作和地表灭茬通常与常规耕作相结合，以达到保护性耕作的目的和效果。

④联合耕作法。联合耕作法是指作业机组在同一种工作状态下或通过更换某种工作部件一次完成深松、施肥、灭茬、覆盖、起垄、播种、施药等多项作业的耕作方法。它可以大大提高作业机具的利用率，将机组进地次数降低到最低限度，联合耕作法目前应用较广。

南方水田的耕作体系自古以来也在不断发展。在隋唐宋元时期，南方水田的耕作体系是由水田的"耕耙耖耘"和旱作的"开垄作沟"这两个环节组成的。至明清时期，随着间套复种的发展，不耕而种的"免耕播种"也随之发展。因此，中国古代南方水田的耕作体系是由水田的"耕耙耖耘"、旱作的"开垄作沟"和间套复种的"免耕播种"三个环节组成。但是，这并不意味着在任何情况下，都是三个环节的结合，而是在多数情况下，采取两种结合方式。即在稻麦轮作复种的条件下，采取水田"耕耙耖耘"和旱作"开垄作沟"的结合方式；而在间作套种的条件下，则采取"翻耕耙耢"与"免耕播种"的结合方式。水耕与旱耕结合、翻耕与免耕结合、免耕与耱耕结合，是南方水田耕作的三大优良传统。

2.1.5　土壤的物理力学特性

①土壤强度。土壤强度是指在土壤学中，用来描述土壤对各种应力的抵抗能力，表征土壤的抗压性、抗楔入性、抗位移阻力等。土壤的抗压、抗楔入能力常以土壤的硬度或坚实度表示，土壤硬度是指外物楔入(或切入)挤压时与垂直应力相当的土壤阻力。

②土壤坚实度。土壤坚实度指土粒排列的紧实程度，又称土壤硬度、土壤穿透阻力，即土壤抗楔入的阻力。一般用金属柱塞或探针压入土壤时的阻力表示(单位为 Pa)。土壤对柱塞压入的阻力由土壤抗剪力、压缩力和摩擦力等构成，是土壤强度的一个合成指标。

③土壤抗剪强度。土壤抗剪强度是指土体抵抗剪切破坏的极限强度，包括内摩擦力和内摩擦角(黏性土还包括其黏聚力)。其数值等于剪切破坏时滑动的剪应力。抗剪强度可通过剪切试验测定。

④土壤含水量。土壤含水量一般是指土壤绝对含水量，即 100g 烘干土中含有水分量(g)，也称土壤含水率。测定土壤含水量可掌握作物对水的需要情况，对农业生产有很重要的指导意义，其主要方法有称重法、张力计法、电阻法、中子法、γ-射线法、驻波比法、时域反射法、高频振荡法及光学法等。

⑤土壤凝聚力和附着力。土壤凝聚力是指土粒之间的结合力，其大小与土壤质地、含水量等因素相关。土壤与耕作机具接触面之间的黏着力成为附着力。目前，国内外许多学者通过机具表面改性、优化犁体曲面等方法减阻减黏。

2.2　铧式犁

2.2.1　铧式犁种类与特点

铧式犁是农业生产中应用历史最长，技术最为成熟，作业范围最广的耕地农具，通过犁体曲面对土壤的切削、碎土和翻扣来实现耕地作业。犁耕作业具有打破犁底层、恢复土壤耕层结构、提高土壤蓄水保墒能力、消灭部分杂草、减少病虫害、平整地表以及提高农业机械化作业标准等作用。铧式犁被广泛应用于旱地、水田、果园等需要翻耕的农业生产场合。图 2-1 为拖拉机牵引铧式犁耕作场景。

图 2-1　拖拉机牵引铧式犁耕作场景

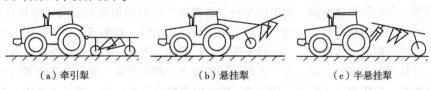

(a) 牵引犁　　　　　(b) 悬挂犁　　　　　(c) 半悬挂犁

图 2-2　铧式犁的种类

按照与拖拉机的挂接方式来分，铧式犁可分为牵引犁、悬挂犁和半悬挂犁(图 2-2)。

①牵引犁。牵引犁与拖拉机单点挂接，在运输状态下，机具的重量全部由机具本身来承担，拖拉机的挂接装置对犁只起牵引作用。牵引犁由牵引杆、犁架、犁体、机械或液压升降机构、调节机构、行走轮、安全装置等部件组成。耕地时，借助机械或液压机构来控制地轮

相对犁体的高度，从而达到控制耕深的目的。牵引犁地头转弯半径大、机动性差。

②悬挂犁。悬挂犁是通过悬挂架与拖拉机的三点悬挂机械连接，靠拖拉机的液压提升机构升降，运输时，全部重量由拖拉机承担。悬挂犁由犁体、圆犁刀、犁架、悬挂装置和限深轮等组成。限深轮可以用来控制耕深。其具有结构紧凑、重量轻、机动性强、应用广泛的特点。

③半悬挂犁。半悬挂犁是介于牵引犁和悬挂犁之间的类型，在运输状态下，机具的重量前部分由拖拉机承担，后半部分由机具承担。它所配的犁体较宽，纵向长度大，解决了悬挂犁纵向操作稳定性的问题。半悬挂犁比牵引犁结构简单、重量轻、机动灵活、易操向，比悬挂犁能配置更多犁体，稳定性、操向性好。

2.2.2　铧式犁的结构

因用途不同，铧式犁的结构有很多种。本书以南方悬挂水田犁为例，简要介绍铧式犁的结构。如图2-3所示，铧式犁主要由犁架、犁体、耕深调节装置、牵引悬挂装置等组成。

主犁体为铧式犁的核心工作部件，主要由犁铧、犁壁、犁柱、犁托和犁侧板等组成，如图2-4所示。犁铧、犁壁组成犁体曲面，由犁托固定在犁柱上，犁体为铧式犁的核心工作部件。犁铧、犁壁、犁托等部件组成一个整体，通过犁柱安装在犁架上。犁体通过切土、破碎和翻转土壤，从而达到覆盖杂草、残茬和疏松土壤的目的。

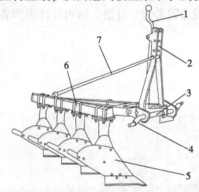

1.调节手柄；2.悬挂架；3.悬挂轴；4.曲拐轴销；
5.犁体；6.犁架；7.撑杆。

图2-3　南方悬挂水田犁结构

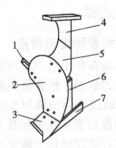

1.延长板；2.犁壁；3.犁铧；4.犁柱；
5.挡草板；6.犁托；7.犁侧板。

图2-4　主犁体结构

铧式犁主犁体各部件功能如下：

①犁铧。作用是入土和切开土垡并使其上移至犁壁，该部件容易磨损，需要经常修理和更换。

②犁壁。犁壁与犁铧前缘一起组成犁胫，是犁体工作时切出侧面犁沟墙的垂直切土刃，负责垂直切土。胫刃线一般为曲线，有的犁也采用外凸曲线，对沟墙起挤压作用，以利于沟墙稳定。犁壁的前部称为犁胸，起到碎土作用，后部称为犁翼，起翻土作用，这两部分的不同形状，可使犁壁达到滚、碎、翻、窜等不同的碎土、翻垡效果，满足农艺的不同要求。

③犁侧板。犁侧板位于犁铧的后上方，作业时紧贴着沟壁滑行，承受并平衡土壤对犁体的侧压力，以保持耕宽稳定，并可防止沟墙塌落。

④犁柱。联结犁架与犁体曲面。犁柱用来将犁体固定在犁架上，并将动力由犁架传给犁体，带动犁体工作。

⑤犁托。犁托为联结件，犁铧、犁壁、犁侧板、犁柱通过犁托联成一体，起承托和传力作用。

⑥犁踵。犁侧板的后端始终与沟底接触，极易磨损，一些多铧犁上除了后一铧犁的犁侧板较长外，还在后端装有可更换的犁踵，为耐磨件，防止犁侧板尾部磨损，可更换。

2.2.3　铧式犁的翻垡原理

土垡翻转过程可分为三个阶段：

①切土。铧刃与胫刃分别沿水平面和垂直面切出土垡的底面和左侧面，其耕宽为 b，耕深为 a[图 2-5(b)]。

②抬垡。被切出的土垡 $ABCD$ 在铧面和犁胸的作用下，左边被抬升，绕右下角 D 点回转[图 2-5(c)]。

③翻垡。土垡在回转过程中，通过直立状态[图 2-5(d)]，然后在犁翼作用下继续绕点 C 回转，最后靠在前一行程的土垡上。

整个翻转过程相当于一个物体的纯滚动，称为滚垡。

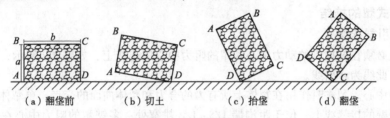

（a）翻垡前　　（b）切土　　（c）抬垡　　（d）翻垡

图 2-5　土垡翻转过程

因为土垡在翻转过程中是要变形的，为了研究的方便，作如下假设：一是，土垡块在翻转过程中始终保持矩形断面；二是，始终有一个棱角与沟底相接触，即只有滚动而无滑动。

铧式犁耕地的目的是使土垡翻转，从而彻底翻扣地表杂草和病虫害，实现土垡的稳定铺放。因此实现彻底翻扣是犁体曲面设计和工作的关键土垡翻转结束，土垡在犁通过后又重新翻回到犁沟中，这种现象被称为回垡。出现回垡现象主要取决于曲面的形状，或者说是取决于曲面的设计参数。

当土垡翻转至最终位置时，如果重心线在支撑点右侧，则可保证为稳定翻垡，在正上方则为临界状态（不稳定状态），在左侧可产生回垡现象。显然，在耕深 a 不变的情况下，耕宽 b 的改变可对土垡的稳定翻垡产生重要的影响。通过正确地确定土垡的尺寸，决定犁体曲面的大小和形状，以保证土垡的稳定铺放。图 2-5 中(b)~(d)分别表示回垡状态、临界状态和稳定状态。因此研究人员以临界状态为研究对象，确定土垡翻转过程中不产生回垡的基本条件，为犁体曲面的设计提供依据。

如图 2-6 所示，当土垡横断面的对角线 BD 垂直于沟底时，$\triangle DA'D' \backsim \triangle BCD$，有：

$$\frac{A'D'}{DD'} = \frac{DC}{BD}，\quad 即 \frac{a}{b} = \frac{b}{\sqrt{a^2+b^2}}$$

设临界宽深比 $K = \dfrac{b}{a'}$，则有：

$$\frac{1}{K} = \frac{1}{\sqrt{\left(\dfrac{1}{K}\right)^2 + 1}}$$

整理得：

$$K^4 - K^2 - 1 = 0，\quad K \approx 1.27$$

这里称 K 为理想土垡的宽深比。实际上土壤是不均质的，土垡在翻转过程中是要变形的，有的变形很严重，含水率高的黏重土壤变形较小，$K \geqslant 1.27$；对砂质土，土壤很难成形，犁体通过后立刻堆积，$K \leqslant 1.27$；一般取 $K = 1$。

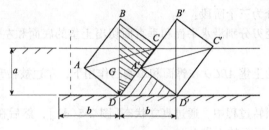

图2-6　土垡翻转分析图

2.2.4　铧式犁的挂结

(1)牵引犁挂结

挂结点必须在拖拉机的动力中心和犁的阻力中心的连线上，如图2-7所示，即三点构成一条直线，此线为牵引线。

①阻力中心。犁耕时作用在犁体上所有力的合力和犁体曲面的交点。单犁体的阻力中心在犁铧和犁壁的接缝线上，位于距沟墙 1/5~1/4 耕宽处；多铧犁的阻力中心在各犁体阻力中心连线的中点。

图2-7　牵引犁的挂结

②动力中心。拖拉机驱动力的合力作用点。轮式拖拉机动力中心位于驱动轴线的稍前方；履带拖拉机动力中心位于两条履带压力中心线连线与纵轴线的交点。

(2)悬挂犁挂结

通常与拖拉机以三点悬挂组成机组，其挂结原则与牵引犁相同，只是悬挂机组上牵引点为虚牵引点。

悬挂犁通常与拖拉机三点悬挂组成牵引点，如图2-8所示。

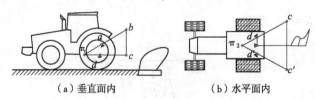

（a）垂直面内　　　　　（b）水平面内

图2-8　悬挂犁的挂结

ab 杆称为中央拉杆，下面左右两杆 cd 和 $c'd'$ 称为下拉杆。操作时由液压装置通过提升臂，控制左右下拉杆的升降实现犁的起落。

在纵垂面内，可以看做犁悬挂在 $abcd$ 四杆机构上，bc 杆的运动代表了犁的运动。在某一瞬时犁可以 ab 杆与 cd 杆延长线的交点 π_1 为中心做摆动，π_1 点是纵垂面内的瞬时回转中心。bc 杆的长短不同，ab 杆与 dc 杆组成的 π_1 点前后位置也不相同，直接影响悬挂犁的入土性能(入土行程、入土角、入土力矩等)。

在水平面内，犁悬挂在 $cdd'c'$ 四杆机构中，在某瞬时，犁可以以 cd 及 $c'd'$ 杆延长线的交点 π_2 摆动，π_2 点即犁在水平面内的瞬时回转中心。悬挂机组瞬时回转中心的位置对犁的工作性能有着直接的影响。瞬心 π_2 和阻力中心 Z、动力中心 D 三者之间不同位置产生 4 种不同牵引状态。

①正牵引[图 2-9(a)]。当瞬心 π_2 与阻力中心 Z 的连线通过动力中心 D，且平行于拖拉机前进方向时，在拖拉机上没有偏转力矩，称为正牵引。这是最理想的挂结状态，但由于犁的工作幅宽往往与拖拉机轮距不易配得合适，所以这一挂结准确状态一般不易获得。

②斜牵引[图 2-9(b)]。当瞬心 π_2 与阻力中心 Z 的连线通过动力中心 D，并与前进方向成一偏角时，称为斜牵引。这时牵引力 P_{xy} 水平侧向力 P_y 将对拖拉机轮产生侧向推力。但此力一般不大，加之轮胎的接触面积较大，易于得到平衡。相对于犁来说，若 P_y 指向已耕地，将可减小犁铧板上的侧向力及摩擦阻力，在不失去犁的耕宽稳定性前提下，这是有利的。故大功率拖拉机牵引宽幅犁时采用这种牵引方式。若 P_y 指向耕地，则犁的受力情况比正牵引时差。

③偏牵引[图 2-9(c)]。若瞬心 π_2 与阻力中心连线与前进方向平行，但与动力中心偏离一距离 e 时，称为偏牵引。这时力矩 $M = P_{xy}e$ 将使拖拉机偏转，若土壤对前面两轮的侧向反力 S'、S'' 产生的反力矩能在土壤变形不太大时平衡此力矩，则拖拉机能稳定前进。但在土壤较松软时(如水田中)，拖拉机则可能向一侧转向，影响直线行驶性能。因此，偏牵引对犁来说，受力情况较斜牵引好；但对拖拉机来说，则是不利的，可通过减少轮距，使动力中心向牵引线靠拢来解决。

④偏斜牵引[图 2-9(d)]。当瞬心 π_2 阻力中心 Z 即不通过动力中心 D 点，又不平行于前进方向时，称为偏斜牵引。是偏牵引和斜牵引两种情况的合成影响。

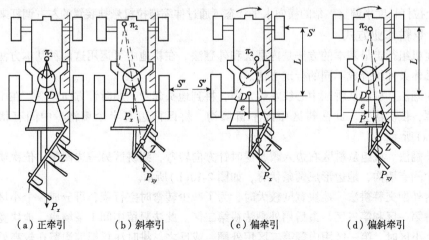

（a）正牵引　　　（b）斜牵引　　　（c）偏牵引　　　（d）偏斜牵引

图 2-9　悬挂犁的牵引状态

2.2.5　铧式犁的调整

普通悬挂铧式犁在土壤耕作中仍有广泛的应用。为了使犁体具有良好的翻垡和覆土性能，确保耕深一致、沟底平整，不漏耕、不重耕，保证耕作质量。在实际情况中，耕作要考虑许多因素(如土壤的物理性质)，我们难免要对机具进行调整。

(1)耕深调整

耕深调整是根据农业技术的作业要求的不同及土壤状况变化而进行的犁的入土深度的调整。调整的方法依据土壤的实际状况和拖拉机液压悬挂系统的形式有三种：位调整、高度调整、力调整。

①位调整。液压悬挂装置与农机具为相对刚性连接，犁的升降完全由液压系统来控制。

②高度调整。液压悬挂装置与农机具为铰连接，液压系统处于浮动状态(液压油缸的进出油阀全部打开)，通过改变限深轮相对机架的高度来调整耕深。限深轮抬高，耕深增加，反之，耕深减少。

③力调整。液压悬挂装置与农机具为相对刚性连接，犁的升降完全由液压系统来控制。但力传感器可根据土壤的坚硬程度自动调整耕深，需与限深轮配合使用。阻力增加，耕深减小。

(2)耕宽调整

悬挂犁耕宽调整不当，会造成漏耕与重耕现象，影响耕作质量。防止漏耕、重耕的方法是对耕宽进行合理调整。例如，通过使犁架在水平面内相对于拖拉机顺时针或逆时针摆转一个角度，可消除漏耕或重耕。需要注意的是，这里的耕宽调整不是调节机组的工作幅宽，而是为防止漏耕和重耕进行的悬挂犁挂接调节。

(3)偏牵引的调整

机组工作时，由于土地条件的变化及拖拉机轮距配合不合适等原因常引起拖拉机走直困难，经常性地向某一方向自动偏转，使犁耕作不稳定，造成拖拉机的操作困难的问题。这种偏牵引现象可通过横向移动耕宽调节器在机架前横梁上的位置来校正，当拖拉机经常向右偏转时(向已耕地)可将耕宽调节器向右移动；反之则向左移动。移动量应视偏斜程度而定。

(4)水平调整

耕地时应将犁架调至水平状态，使各犁体耕深一致。犁的纵向水平状态，可通过改变悬挂装置的上拉杆长度来调整。犁的横向水平状态可通过伸缩拖拉机悬挂装置的左右调杆来调整。

2.2.6　犁耕作业方式

耕地机组行走最基本的方法是内翻法和外翻法。在耕地中可运用这两种基本方法，根据地块的具体条件组合成不同的行走方法。

①内翻法。机组从耕区中心线左侧入犁，耕到地头起犁，顺时针方向转弯。在中心线另一侧回犁，依次耕完。此法耕区中间不留墒沟，耕区两边有半个墒沟，中间有伏脊，如图2-10(a)所示。

②外翻法。机组从耕区右边入犁，逆时针方向转弯，到耕区另一边回犁，依次耕完，此法耕区中间有墒沟，地边形成两条伏脊，如图2-10(b)所示。

③内外翻交替耕法。地块宽度较大时，为了减少转弯时空行程，可分成4个小区，用内翻法先耕第一区和第三区，最后用外翻法耕第二区。此法只留中间1条墒沟。地块宽度适于分成2个小区时，第一区用内翻第二区用外翻，或反之。耕时注意把墒沟留在较高处。

④套耕法。套耕法又称为四区套耕法，如图2-10(c)所示，适用于有垄沟、渠道的水

浇地。机组先由第一、二区交界左侧进入，顺时针转弯，从第二、三区交界的第二区右侧返回，用内翻法把第一、三区耕完，再用同样的方法耕完第二、四区。此法在地块中间不留墒沟，机组不转小弯。

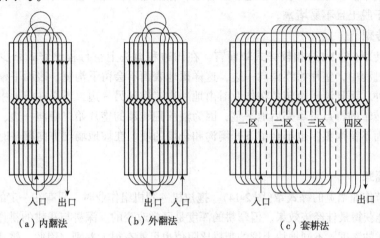

（a）内翻法　　　（b）外翻法　　　（c）套耕法

图 2-10　机组行走方式

2.2.7　其他型

（1）高速犁

在拖拉机功率相同的条件下，增加耕速比加大耕作幅宽更为有利。因提高耕速后（耕速7km/h 以上）可采用耕幅较窄的犁，从而降低金属耗量，减小购置费用，同时可采用轻型的轮式拖拉机。这样不但可减小轮胎下陷量，降低胎轮的滚动阻力，减小胎轮对耕层土壤的压实和破坏程度，而且可提高机组对不平地面的适应性，改善机组的机动性。高速犁的特点是犁体比常速犁体长，铧刃角较小，犁曲面较平坦，犁翼部分后掠而扭曲较大如图 2-11 所示。这样，可使犁耕阻力、土壤的垂直与侧向分速度不致因耕速提高而增大过多，抛土不会过远，犁沟不会过宽。

（2）圆盘犁

圆盘犁（图 2-12）是以球面圆盘作为工作部件的耕作机械，它依靠其重量强制入土，入土性能比铧式犁差，土壤摩擦力小，切断杂草能力强，可适用于开荒、黏重土壤作业，但翻垡及覆盖能力较弱，价格较高。

图 2-11　高速犁

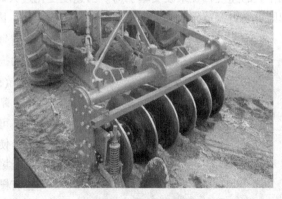

图 2-12　圆盘犁

当圆盘犁被拖拉机牵引前进时，圆盘绕其中心轴转动，圆盘周边切开土壤，耕起的土垡沿转动的圆盘凹面上升并向侧后方翻转，耕后留有犁沟。其耕翻效果与铧式犁相同，但耕翻质量不如铧式犁。在绿肥田、草根地、多石地和黏湿地耕作时，它比铧式犁切断能力强，入土性好，易于脱土且不易堵塞。

（3）翻转犁

液压翻转犁（图2-13）相较铧式犁而言，在田边和地头上空行程比铧式犁少，液压翻转犁因为工作过程中，垡片始终偏向一边，这样田地表面不会留下沟垄，表面平整，利于后期的灌溉和播种。而且液压翻转犁在作业时由地一边工作到另一边，不必在田地中央开墒。

液压翻转犁的特点是犁完后地平整，因为液压翻转犁的垡片始终翻向一边，这样犁完之后，田地表面不留沟垄，也不会留下开墒沟和合墒的埂。在坡地墒同方向翻耕时，可以逐年降低坡度。

（4）调幅犁

可以调节作业幅宽的铧式犁（图2-14）。拖拉机—犁机组作业时，只有在一定的速度、负荷条件下，方能获得最佳经济效果。但犁耕的深度是经常改变的。深耕与浅耕的耕作阻力差别很大，即使同样的深度，不同地块土壤的犁耕比阻值也可能有很大差别。因此，铧式犁的作业幅宽应能根据耕深和土壤条件变化进行调节，使机组具有较高的工作效率和较少的能量消耗。

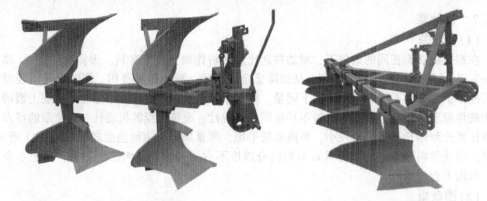

图2-13　翻转犁　　　　　　　　　　　图2-14　调幅犁

普通铧式犁的作业幅宽一般是难以调节的。为了适应犁耕阻力的变化，通常是变换拖拉机作业的速度档位来改变牵引力。当速度变化过大时，会降低作业质量和机组的效率。调幅犁则可通过调节作业幅宽来适应犁耕阻力的变化，因其作业幅宽能在一定范围内改变，同一种型号的调幅犁可与一定功率区段内的不同型号的拖拉机配套，提高了犁的通用化程度。

（5）栅条犁

犁体的犁壁制成栅条形的耕地机械。耕作时，可减小犁壁与土垡的接触面积，降低黏附力，使犁壁容易脱土并减轻犁耕阻力，适于黏重土壤和水田的耕翻。栅条犁（图2-15）一般设置有栅条调节机构，可调节成扭曲程度不同的犁壁曲面，以改变犁壁的翻土和碎土性能。这种犁多与手扶拖拉机配套使用。

图2-15　栅条犁

2.3 旋耕机

2.3.1 旋耕机的概念及其特点

旋耕机是一种工作部件主动旋转,以铣切原理加工土壤的耕耘机械,旋耕机能一次完成耕耙作业,平整地表的同时能够切碎埋在地表以下的根茬,打破犁底层,恢复土壤耕层结构,便于播种机作业,为后期播种提供良好种床。旋耕机应用的历史较短,但应用范围较广,用途不一,有些国家和地区作为耕地机械,有的作为整地机械。

旋耕机工作特点是碎土能力强,耕后表土细碎,地面平整,土肥掺和均匀、对土壤的适应性好,且能抢农时,省劳力,广泛应用于果园菜地、稻田水耕及旱地播前整地。缺点是功率消耗较大,耕层较浅,翻盖质量差、幅宽小、效率低。

2.3.2 旋耕机的分类

旋耕机的类型较多,按照旋耕刀轴的位置可分为横轴式(卧式)、立轴式(立式)和斜置式;按与拖拉机的连接方式可分为牵引式、悬挂式和直接连接式;按刀轴传动方式可分为中间传动式和侧边传动式。侧边传动式又可分为侧边齿轮传动和侧边链传动两种形式。正确认识、使用和调整旋耕机,对保持其良好技术状态,确保耕作质量是很重要的。

(1)横轴式

横轴式旋耕机有较强的碎土能力,多用于开垦灌木地、沼泽地和草荒地。工作部件包括旋耕刀辊和按多头螺线均匀配置的若干把切土刀片,由拖拉机动力输出轴通过传动装置驱动(图2-16),常用转速为190~280r/min。刀辊的旋转方向通常与拖拉机轮子转动的方向一致。切土刀片由前向后切削土层,并将土块向后上

图2-16 横轴式旋耕机(侧边传动)

方抛到罩壳和拖板上,使之进一步破碎。刀辊切土和抛土时,土壤对刀辊的反作用力有助于推动机组前进,因而卧式旋耕机作业时所需牵引力很小,有时甚至可以由刀辊推动机组前进。在与15kW以下拖拉机配套时,一般采用直接连接,不用万向节传动;与15kW以上拖拉机配套时,则采用三点悬挂式、万向节传动;重型旋耕机一般采用牵引式。耕深由拖板或限深轮控制和调节。拖板设在刀辊的后面,兼具碎土和平整作用;限深轮则设在刀辊的前方。刀辊最后一级传动装置的配置方式有侧边传动和中央传动两种。侧边传动多用于耕幅较小的偏置式旋耕机。中央传动用于耕幅较大的旋耕机,机器的对称性好,整机受力均匀;但传动箱下面的一条地带由于切土刀片达不到而形成漏耕,需另设消除漏耕的装置。

(2)立轴式

立轴式旋耕机(图2-17)工作部件为装有2~3个螺线形切刀的旋耕器。作业时旋耕机绕立轴旋转,切刀将土切碎。适用于稻田水耕,有较强的碎土、起浆作用,但覆盖性差。为增强旋耕机的耕作效果,在有些国家的旋耕机上加装各种附加装置。如在旋耕机后面挂接钉齿耙以增强碎土作用,加装松

图2-17 立轴式旋耕机

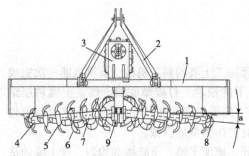

1. 机架；2. 悬挂架；3. 变速箱；4. 刀辊；5. 刀盘；
6. 旋耕刀；7. 刀轴；8. 刀轴座；9. 传动装置。

图 2-18　斜置式旋耕机

2.3.3　旋耕机的构造及工作过程

(1)旋耕机的构造

旋耕机主要是由机架、传动系统、旋转刀轴、刀片、耕深调节装置、罩壳等组成，如图 2-19所示。其中，旋耕刀片为主要工作部件，旋耕刀片将土壤切成碎片并抛向拖板，土壤与拖板撞击后进一步破碎。

土铲以加深耕层等。

(3)斜置式

斜置式旋耕机(图 2-18)的旋耕工作部件在水平面内斜置，旋耕刀回转平面与机器前进方向成一定角度—斜置角，旋耕刀片切土时有一沿轴向的相对运动。单列旋耕刀片在刀轴上的排列与机组前进速度、刀辊回转速度、刀刃宽度有关。同—螺旋线上相邻两个旋耕刀之间存在一定的相位差。斜置式旋耕机工作时不重耕，解除了土壤约束，从而减少功率消耗、降低耕作阻力。

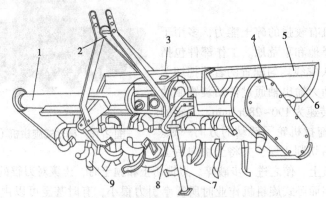

1. 主梁；2. 悬挂架；3. 齿轮箱；4. 侧边传动箱；5. 平土拖板；
6. 挡土罩；7. 支撑杆；8. 刀轴；9. 旋耕刀。

图 2-19　旋耕机结构图

(2)旋耕机的工作过程

旋耕机工作时，刀片一方面由拖拉机动力输出轴驱动做回转运动；另一方面随机组前进做等速直线运动。刀片在切土过程中，先切下土垡，抛向并撞击罩壳与平土拖板细碎后再落回地表上。机组不断前进，刀片就连续不断地对未耕地进行切土。

(3)旋耕机的主要工作部件

刀轴和刀片是旋耕机的主要工作部件，刀轴主要用于传递动力和安装刀片。

常见的刀片有弯形、凿形和直角刀片。弯形刀片(分为左弯和右弯)有滑切作用不易缠草，具有松碎土壤和翻盖能力，但消耗功率较大，国内生产的旋耕机大多配有弯形刀片。凿形刀片入土和松土能力较强，功率消耗小，但易缠草，适用于土地较硬或杂草较少的旱地耕作。直角刀片的性能同弯形刀片相近，国内生产和使用较少。

旋耕刀片的排列：旋耕刀片的排列方式对旋耕质量影响很大，旋耕刀片的排列方式与秸秆粉碎灭茬刀片的排列方式相似。有单螺线、双螺旋线、星形、对称排列等。

旋耕刀齿在刀轴上的排列应遵从下述原则：

①在同一回转平面内，若配置两把以上的刀齿，每把刀的进距应相等，使之切土均匀。

②整个刀轴回转一周的过程中，在同一相位角上，应当只有一把入土（受结构限制时，可以是一把左刀和一把右刀同时入土），以保证工作稳定和刀轴负荷均匀。

③轴向相邻刀齿（或刀盘）的间距，以不产生实际的漏耕为原则，一般均大于单刀幅宽。

④相继入土的刀齿的轴向距离越大越好，以免发生干扰和堵塞。

⑤左刀和右刀应尽量交替入土，以保证刀辊的侧向稳定。

⑥一般凿形刀齿、直刀齿、弹齿等按复螺旋线排列；中央传动式刀辊，可分左、右段排列，以简化结构参数。

⑦刀盘座应便于刀齿安装。旋耕刀齿在排列时能最大限度地兼顾到上述要求即为最佳排列。

2.3.4　旋耕机的运动分析

以横轴式正转旋耕机为例，分析其正常运转时需满足的工作条件。

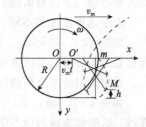

图 2-20　旋耕刀的运动轨迹

(1)旋耕刀运动方程

旋耕机工作时，旋耕刀片一面围绕刀轴旋转，一面随旋耕机前进，因此刀片的绝对运动是刀轴旋转和旋耕机前进两种运动的合成，其运动轨迹是摆线（图 2-20）。

在做刀片的运动分析时，我们首先设刀轴旋转中心为坐标原点，x 轴正向与旋耕机前进方向一致，y 轴正向垂直向下，开始时刀片端点位于前方水平位置与 x 轴正向重合，即 m 点，已知：R 为旋耕机刀片端点的最大回转半径；v_m 为机组前进速度；ω 为刀片回转角速度；t 为时间。

在 t 时间，刀片端点运动到 M 位置，旋耕刀端点运动方程如下：

$$x = R\cos\omega t + v_m t \tag{2-1}$$

$$y = R\sin\omega t \tag{2-2}$$

刀片端点在 x 轴与 y 轴方向的分速度：

$$v_x = \frac{dx}{dt} = v_m - R\omega\sin\omega t \tag{2-3}$$

$$v_y = \frac{dy}{dt} = R\omega\cos\omega t \tag{2-4}$$

刀片端点绝对速度 v：

$$v = \sqrt{v_x^2 + v_y^2} = \sqrt{v_m^2 + R^2\omega^2 - 2v_m R\omega\cos(\omega t)} \tag{2-5}$$

其中，$R\omega = v_p$ 是旋耕机刀片端点的圆周线速度，令 $\lambda = \dfrac{v_p}{v_m} = \dfrac{R\omega}{v_m}$，$\lambda$ 称为旋耕机速度比，λ 的大小对旋耕机运动轨迹及旋耕机工作状况有重要影响。

$$因 \lambda = \frac{v_p}{v_m}, \ 故 \ v_x = v_m - R\omega\sin\omega t = v_m(1 - \lambda\sin\omega t) \tag{2-6}$$

根据旋耕机工作的特点我们了解到，旋耕机刀片先是切土，然后向后抛土（图 2-21），这一基本动作就需要旋耕机刀片从入土开始到抛土结束并抬离地面，其绝对运动轨迹上的任意一点的绝对速度的水平分速 v_x 指向后方，即 $v_x < 0$。三种速度比下的刀片的绝对运动轨迹

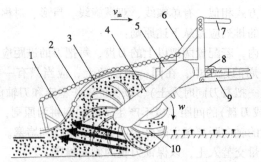

1.平土拖板；2.拉链；3.挡土罩；4.传动箱；5.齿轮箱；
6.悬挂架；7.上拉杆；8.万向节；9.下拉杆；10.旋耕刀。

图 2-21　旋耕刀切土抛土示意图

是否都能满足上述要求呢？我们做一下对比分析。

由于速度比 λ 的不同，其运动轨迹形状也不同，有以下三种情况：

如果 $\lambda < 1$，即 $v_p < v_m$，则不论旋耕刀运动到什么位置，均有 $v_x > 0$，即刀片端点的水平分速度始终与旋耕机前进方向相同，刀片端点运动轨迹是短摆线，这时候旋耕刀不能向后切土，而出现刀片端点向前推土的现象，使旋耕机不能正常工作。

如果 $\lambda = 1$，即 $v_p = v_m$，不论何时，都不会出现 $v_x < 0$ 的情况，刀片端点的运动轨迹是滚摆线，这时候旋耕刀也不能向后切土。

如果 $\lambda > 1$，则当旋耕刀转动到一定位置时，就会出现 $v_x < 0$ 的情况，即刀片端点绝对运动的水平速度与旋耕机前进方向相反，其运动轨迹为余摆线，旋耕刀能够向后切削土壤。只要刀片在开始切土时 $v_x < 0$，整个切土过程刀刃上切土部分各点的运动轨迹都是余摆线，即圆周速度 v_p 应大于旋耕机前进速度 v_m。

（2）耕作深度

设旋耕机耕深为 H，由图 2-20 所示和式（2-2）知

$$y = R - H = R\sin\omega t，则 \sin\omega t = (R-H)/R$$

代入式（2-3），得：$v_x = v_m - R\omega\sin\omega\, t = v_m - (R-H)\omega$

要使 $v_x < 0$，必须有 $v_m < (R-H)\omega$，即

$$H < R - v_m/\omega 或 H < R(1-1/\lambda) \tag{2-7}$$

旋耕机耕深 H 和速度比 λ 之间应当满足式（2-7）。

速度比 λ 对旋耕机的工作性能有重要影响，λ 的选择既要保证旋耕机正常工作及满足农业生产耕深要求，还要综合考虑旋耕机结构、功率消耗及生产率等其他因素。常用的速度比为 $\lambda = 4 \sim 10$。

（3）切土节距

沿旋耕机前进方向纵垂面内相邻两把旋刀切下的土块厚度，即在同一纵垂面内相邻两把刀相继切土的时间间隔内旋耕机前进的距离，称为切土节距。

设在刀轴同一平面内均匀的安装 z 把刀，则相邻两刀相继切土的时间间隔为 $t = 2\pi/z\omega$，因此切土节距 S 公式如下：

$$S = v_m 2\pi/z\omega \tag{2-8}$$

知 $\lambda = \dfrac{R\omega}{v_m}$，即 $v_m = \dfrac{R\omega}{\lambda}$

代入式(2-8)，得

$$S = v_m t = v_m 2\pi / z\omega = 2\pi R / z\lambda \tag{2-9}$$

改变同一平面内旋耕刀的安装数、旋耕机前进速度或刀轴转速都可以改变切土节距。但同一平面内的刀片数不宜太多，否则刀片夹角过小，工作时易发生土壤堵塞现象。切土节距对旋耕机的碎土程度有较大影响，在一般情况下，切土节距越大，切下的土块厚度越大，碎土程度越低。通常在旱耕熟地时，由于土壤容易破碎，切土节距可以大一些，而耕黏重土壤和多草地时，土垡不易破碎，切土节距应小一些。

2.4 整地机

整地作业包括耙地、平地和镇压，有的地区还包括起垄和作畦。在干旱地区用镇压器压地是抗旱保墒、保证作物丰产的重要农业技术措施之一。有的地区应用钉齿耙进行播前、播后和苗期耙地除草。耕地后土垡间有很大的空间，土块较大、地表不平，尚不能进行播种作业，须进行松碎平整作业，以达到地表平整、上松下实的农作物栽培要求。这项工作一般由整地机械来完成。整地机械包括耙(圆盘耙、水田耙和钉齿耙)、耢、镇压器、起垄犁和作畦机等。整地机械的作用就是使土壤疏松而不搅乱土层，整地作业的目的是使土壤细碎、保水保墒、消灭病虫草害，并且为犁耕后播种前创造种子发芽、生长的良好环境。

2.4.1 圆盘耙

圆盘耙始用于 20 世纪 40 年代，是替代钉齿耙的主要机具之一。目前，国内外已广泛采用，其的主要特点：被动旋转，断草能力较强，具有一定的切土、碎土和翻土功能，功率消耗少，作业效率高，既可在已耕地作业又可在未耕地作业，工作适应性较强。

(1)圆盘耙的类型

表 2-1 为圆盘耙的主要分类。

表 2-1　圆盘耙的主要分类

分类依据	类型
按与动力的连接方式	牵引式、悬挂式和半悬挂式
耙片的直径	重型耙(660mm)、中型耙(560mm)、轻型耙(460mm)
耙片的外缘形状	全缘耙、缺口耙
按耙组的配置方式	单列耙、双列耙、组合耙、偏置耙、对置耙

全缘耙片易于加工制造，缺口耙片入土能力强，易于切断杂草、作物残茬等，但成本高。前列耙组为缺口耙与后列耙组为全缘耙的配置方式居多。

(2)圆盘耙的一般结构

结构组成：耙组、耙架、牵引架、偏角调节装置等，如图 2-22 所示为悬挂式圆盘耙。

(3)工作过程

①耙片在空间的位置对土壤作用的影响。以地面为作业面，圆盘回转平面与地面垂直为基本工作条件，α 为圆盘回转面与拖拉机前进方向的夹角，则有下列几种作用效果：

当 $\alpha = 0°$ 时，耙片只有滚动没有拖动，能切断杂草和土块，但无翻土能力，且难以达到预定的耙深。

当 $\alpha = 90°$ 时，耙片只有拖动没有滚动，有强烈的翻土能力，但断草能力几乎为零，且很容易造成土壤堆积和堵塞现象。

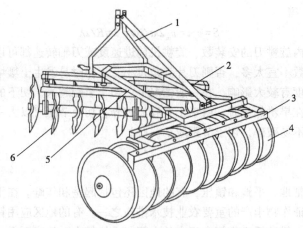

1.悬挂架；2.横梁；3.刮泥装置；4.圆盘耙组；5.耙架；6.缺口耙组。

图 2-22　悬挂式圆盘耙

只有 0°<α<90°时，既有滚动又有拖动，是整地过程所需要的工作状态。

②工作过程。耙地机组在牵引动力的作用下，圆盘耙片受重力和土壤反力的作用边滚动边切入土壤并达到预定耙深，由于耙片偏角的作用，耙组同时完成了切割土壤，切断杂草和部分翻土的工作。

2.4.2　水田耙

水田耙(图 2-23)是在水田耕后对有水的田面进行整理的整地机具。主要用于水田耕后碎土。其作用是碎土、覆盖植被、能使泥土搅浑起浆，利于插秧。在旱耕时，起到上虚下实作用，为作物种子或幼苗准备适宜的发芽生长条件。

中国古代的水田整地是由人使用锄头、齿耙来破碎土块，耙平地表。以后发展到利用畜力牵引的刀耙、蒲滚、耖等农具。20 世纪 50 年代中期开始创制机力水田耙。60 年代又发展了将轧滚、缺口圆盘耙片、星形耙片等两种或三种工作部件组合在一起的非驱动型水田耙，以提高机具的适应

图 2-23　水田耙

性和作业质量。至 70 年代已形成与小、中型拖拉机配套的水田耙系列。80 年代开始生产的驱动型水田耙具有更佳的作业质量和更高的生产率。能在双季稻地区夏收夏种中发挥积极作用。日本等水稻生产国家也发展了许多与手扶拖拉机配套的水田星形齿耙和与轮式拖拉机配套的驱动型水田耙。

非驱动型水田耙由不同的工作部件组合而成。最常用的工作部件有星形耙组、缺口圆盘耙组和轧滚，前两者纵向切土搅泥起浆，后者则横向切土起浆并可将残根、植被压入泥中。由不同形式的工作部件组成的耙，可适应不同的土质条件。对普通土壤，常采用两列星形耙组和一列轧滚组成的三列水田耙；砂壤土地区采用一列星形耙组和一列轧滚组成的二列水田耙；重黏土地区采用前列为缺口圆盘耙组、中间为星形耙组、后列为轧滚的三列水田耙。

星形耙组是由若干星形耙片定间距地装在一根耙轴上组成。因星形耙片有一定凹度，星齿刃口长，滑切作用大，故耙组具有较强碎土能力，可使下层土块破碎，表土糊软，并有一定的翻土灭茬作用，适应性强。常用的星形耙片的直径为 400~450mm，视土壤条件及耙深要求不同而定。

2.4.3　激光整地机

随着技术水平的发展，激光平地的应用范围更加的广泛，给我国农业生产带来很大的效益。在农业生产中节约能源，从而降低了生产成本。中国现有灌溉面积 9 亿多亩，95% 以上为地面灌溉，其中很多地方的农田土地平整度较差，造成了大量的用水浪费和不均匀，严重地制约了农业的发展。随着经济的发展，农业生产水平的提高，激光平地控制系统已被大量的用于农业生产中。

(1) 激光整地优点

旱地激光平地机(图 2-24)能自动控制平整面，为农业生产带来以下好处：

①节水。激光平地技术可使地面平整度达到正负误差 2cm，一般可节水 30% 以上，每亩可节约用水 100m^3。

②节地。用激光技术精确平地，配合相应措施，可减少田埂占地面积 3%~5%，使土地能够得到充分地利用。

③节肥。由于土地平整度提高，化肥分布均匀，减少化肥流失和脱肥现象，提高化肥利用率 20%，确保了农作物的出苗率。

④增产。每亩可增产 20%~30%，在增产的同时，也提高了作物的品质。

⑤降低成本。实施该技术，在增加产量、效益的同时，可使农作物(水稻、小麦、大豆、棉花和玉米)的生产成本下降 6.3%~15.4%。

(2) 结构原理

旱地激光平地机主要由激光发射器、激光接收器、激光控制器、液压系统和平地铲组成，如图 2-24 所示。工作时，激光发射器发出的旋转光束，在作业地块上方形成一个平面，此平面就是平地机作业时基准面。激光接收器安装在靠近平地铲铲刃的伸缩杆上，当接收器检测到激光信号后，不停地向控制箱发送信号。控制箱接收到高度变化的信号后，进行自动修正，修正后的电信号控制液压控制阀，以改变液压油输向油缸的流向与流量，自动控制平地铲的高度，使之保持达到定位的标高平面，即可完成土地平整作业。

1. 激光接收器；2. 液压油箱；3. 平地铲；4. 液压油管；5. 激光接收机；6. 液压油缸。

图 2-24　JPD-3000 型旱地激光平地机

2.4.4 耕耙犁

耕耙犁是由铧式犁和立式或卧式旋耕刀辊构成的能一次完成耕地、耙地作业的耕耙联合作机械，如图2-25所示为1LBG-625悬挂六铧耕耙犁。刀辊由拖拉机动力输出轴驱动。工作时，铧式犁将土垡升起侧翻，高速转动的刀辊将土垡击碎、抛掷到犁沟里，同时完成耕地和耙地，减少机组对土壤的压实破坏、降低能耗。适于潮湿、黏重土壤犁铧耕得深、覆盖质量较好，旋耕部分碎土性能较好，两种结合在一起，取长补短，可以充分发挥机具效能。旋耕部件相对于犁体的配置方式有整组卧式后置、整组卧式侧置、分组立式侧置、分组卧式上置和深松式配置等多种，其中以分组立式侧置应用较多。旋耕部件由拖拉机动力输出轴经万向节和齿轮(或链条、三角皮带)带动工作，也有用拖拉机的液压输出通过液压马达带动刀轴工作。

图 2-25 悬挂六铧耕耙犁

 本章习题

一、简答题

1. 土壤耕作方法有哪些？各有什么特点？
2. 简述铧式犁主犁体的组成及作用。
3. 旋耕机的类型有哪些？
4. 简述卧式旋耕机的结构和工作过程。
5. 简述旋耕速度比的概念及其对旋耕机正常工作的影响。
6. 简述旱地激光平地机的组成及工作原理。
7. 简述犁耕作业方法并画出示意图。
8. 简述圆盘耙的组成及工作过程。

二、创新设计题

1. 设计一款在温室大棚环境下使用的电动微耕机。
2. 设计一款悬挂式双向翻转犁。

本章数字资源

第 3 章　播种施肥机械

播种是将种子、果实、茎蔓、块根等播种材料按一定数量和方式，适时播入一定深度土层中的作物栽培措施，是农业生产的重要环节之一，播种的质量直接影响作物的生长发育和产量。施肥是指将肥料施于土壤中或喷洒在作物上，为作物生长提供所需养分，是培肥地力的农业技术措施。本章介绍了播种施肥作业的相关要求，播种机的分类、播种机的结构组成和工作原理，对其核心工作部件排种器的类型和两种典型排种器的排种原理进行了详细说明。本章还介绍了施用不同种类肥料的施肥机械。通过本章学习，读者能了解播种施肥机械的农艺技术，掌握常见的播种和施肥机械的结构与工作原理。

3.1　播种施肥作业的相关要求

3.1.1　播种的农艺要求

播种农艺指标包括播量、行距、株距(穴距)、播种均匀度、播种深度、覆土深度及压密程度等。不同农作物有不同的播种农艺要求，即使是同一种作物也会因区域或耕作制度的不同而产生不同的播种要求。播种一般应满足如下农艺要求：

①适时播种。即根据作物的品种、地温、墒情因地制宜地确定播种时间。

②适量播种。即根据种子的发芽率和历年生产实践总结出来的最佳播种量，使得播量稳定，下种均匀。

③合理的播种深度。即根据作物品种、地温、墒情和土质等确定播种深度，种子要落在湿土上，且播深均匀一致。

④合理的播种间距。即播行笔直、行距一致、地头整齐、不重播、不漏播、不伤种。

⑤播后镇压。即播后应镇压耙糖，如因墒情过差可通过再镇压提墒。

⑥发展联合播种。若播种带施肥，施肥量不能超过规定数量，并做到施肥均匀，肥料和种子保持适当距离，以免化肥腐蚀种子。

3.1.2　作物种床的技术要求

种床是指种子萌发、扎根和出苗的土层。对种床的技术要求有：

①通过适宜的耕作措施，给作物提供深厚的活土层、储存养分和水分；

②通过适宜的整地措施，使种床下层有较多的持水空隙，上层有较多的持气孔隙；

③种床要求深度一致，表土平整，细碎无土块；

④对残茬掩埋和土壤消毒，防止病虫害、杂草对作物种子和幼苗的侵害。

3.1.3　种肥的机械特性

种子和肥料的机械特性是设计排种、排肥部件和种肥箱的基本依据。在播种机的设计生产、实验、调整及使用中，应根据其特性制定技术要求。

(1)种子的机械特性

①几何尺寸和形状。有圆球形、扁圆形、椭圆形、水滴形、长圆形、肾脏形、橄榄形、不规则形等。对于圆球形种子，可用直径来描述种子大小，对于其他形状的种子，可以用长、宽、厚等几何尺寸来描述种子。

②千粒重。是以克表示的一千粒种子的重量。一般都以风干状态的种子计量。它是体现种子大小与饱满程度的一项指标，是检验种子质量和作物考种的内容，也是田间预测产量时的重要依据。一般测定小粒种子千粒重时是随机数出一千粒种子，分别称重，求其平均值。大粒种子可取三组一百粒分别称重，取其平均值，称百粒重。

③体积密度。种子的体积可以采用标准容器结合百粒重或千粒重换算，即将种子装满确定容积的容器内称重后，根据百粒重或千粒重计算出总粒数，进而计算出每粒的体积数。一定体积的种子的体积除以该体积下种子的重量，就是种子的体积密度。

④摩擦特性。相互接触的种子与种子之间有相对运动或有相对运动趋势时在接触处产生阻力的现象。

⑤悬浮速度。种子颗粒在流体中处于悬浮状态时，流体的速度。研究悬浮速度对于气力输运种子颗粒、种子在什么条件下沉降等问题都很有意义。分析在上升气流中种子颗粒的受力情况，根据绕流阻力与颗粒所受到的浮力和重力相平衡，可得种子的悬浮速度。

(2)肥料的机械特性

肥料分有机肥料和化学肥料两大类，每一大类中又都有固体和液体两类。根据作物的营养时期和施肥时间，可以把施肥方式分为施基肥、施种肥、施追肥。目前，我国应用最广泛的主要是固体化肥，它对施肥机械工作有重要影响。固体化肥的特性：

①流动性。将松散的化肥通过适当孔口落于平面上，使其自然形成一圆锥体，圆锥体的底角(自然休止角)，可以表示化肥的流动性。自然休止角越小则流动性越好，肥料就容易从排肥机构中排出。化肥吸湿后自然休止角变大，当自然休止角超过 55° 时，多数排肥器不能正常工作。

②吸湿性。粉状和晶状化肥有极易从空气中吸收水分的特性。碳酸氢铵的吸湿性很强，出厂时水分含量小于 3.5%，但放置一段时间后，其水分含量可达 10% 以上。化肥吸湿后流动性变差，容易造成排肥器和导肥管堵塞，也会在肥箱内出现架空而无法排出。

③架空性。将肥料放在底部有孔的容器内，打开孔口盖板后拨出一部分化肥，则会在该部位形成洞穴，而其上层与周围的化肥并不产生流动或倒塌。这就是化肥架空性所形成的现象。化肥吸湿后，当水分含量增加到一定程度，就容易产生架空。架空性对排肥机构工作影响很大，使肥料断续不均的排出，造成施肥断条。施用易架空化肥时，肥料内应设置消除架空的搅拌机构。

④黏结性。含水量较高的化肥受到压力或机械的搅动作用后，易黏结成块状而使排肥器堵塞。施用这种化肥的排肥器应有破碎化肥结块的能力。

⑤颗粒。化肥的颗粒组成在一定程度上代表着化肥的流动性、架空性和黏结性等性能。组成颗粒尺寸在 1~5mm 的化肥，流动性最好。若其组成颗粒尺寸大部分小于 0.07mm，则机械排肥较困难。

3.2　播种机

播种作业是农业机械化过程中最为复杂，也是最为艰巨的工作。我国地域辽阔，作物生产的环境、条件、种植方式等多种多样，南北方有着明显的差异。北方表现为旱地作业，以向土壤中播入规定量的种子为主要种植手段，所用机具为播种机械，这样可充分利用土壤中的水分和温度使之出苗、生长，适时播种成为关键。而南方则表现为水田作业，种植方式主要是幼苗移栽，所用机械为栽植机械或插秧机械。近几年来有些作物的种植方式发生了逆转，如玉米、棉花出现了工厂化育苗后进行移栽，且已证明在干旱缺水地区大有取代播种机的趋势。而世代以栽植为主要种植手段的水稻、地瓜等作物，由于种植技术的革新现在出现了直播(水稻须进行种子催芽处理，地瓜须进行防腐处理)，可大大简化生产过程，降低作业周期和生产成本。水稻直播还具有节省劳动力，缓解劳动力季节性紧张的优点，呈现出广阔的推广前景。

3.2.1　播种机分类

上述一些先进的种植手段由于技术、设备、条件、环境等因素的限制，有些尚处于小范围试用阶段，真正用于现阶段农业生产的种植方式仍然是经典的和传统的，总结起来有以下方式：撒播、条播、穴播、精密播种、铺膜播种、免耕播种等。

播种机械所面对的播种方式、作物种类、品种等变化繁多，因此播种机械应有较强的适应性并能满足不同种植要求，播种机的类型也千差万别。按播种方法分，播种机可分为撒播机、条播机、点播机、精密播种机等。

(1)撒播机

撒播就是将种子按要求的播量撒布于地表的方式。一般作物播种很少使用这种方法，该播种方式多用于大面积种草、植树造林的飞机撒播。撒播时种子分布不均匀，且覆土性差，出苗率低。在飞播中主要用于播种草籽或颗粒小的树籽，其优点：播种速度快，播种在大面积区域总体均匀，可适时播种和改善播种质量。

撒播机(图3-1)主要由种子箱和排种器组成，排种器是一个有旋转叶轮构成的撒播器，利用叶轮旋转时的离心力将种子撒出；撒出的种子流按照出口的位置和附加导向板的形状，可以分为扇形、条形和带形；其工作宽幅可根据需要调整。

(2)条播机

条播就是将种子按要求的行距、播量和播深成条的播入土壤中，然后进行覆土镇压的方式。种子排出的形式为均匀的种子流，主要应用于小麦、谷子、高粱、油菜等谷物播种。

条播机(图3-2)工作时，开沟器开出种沟，种子箱内的种子被排种器排出，通过输种管均匀分布到种沟内，然后由覆土器覆土。干旱地区要求播种后同时镇压，有些播种机带有镇压轮，将种沟内的松土适当压密，使种子与土壤紧密接触以利发芽。

图 3-1　拖拉机施肥撒播机

图 3-2　现代农装（中农机）2BF-24J 条播机

(3) 穴播机

穴播也叫点播,就是按照一定的行距、穴距、穴粒数和播深要求,将种子定点投入种穴内的方式。与条播相比,节省种子、减少出苗后的间苗管理,充分利用水肥条件,提高种子的出苗率和作业效率。精密播种是穴播的高级形式,这是一种按精确的粒数、间距、行距、播深将种子播入土壤的方式。精密播种可节省种子和减少间苗工作量,但要求种子有较高的田间出苗率并预防病虫害,以保证单位面积内有足够的植株数。穴播机(图3-3)主要由机架、种子箱、排种器、开沟器、覆土镇压装置等组成。

图3-3　水田穴播机

图3-4　联合播种机

(4) 联合播种机

联合播种机(图3-4)就是将播种、施化肥等集于一体的机器。例如,一种可同时进行播种和施化肥的条播机,由种子箱、肥料箱、行走及传动机构等组成。种子箱与肥料箱常制成一体,两箱间用隔板分开。排种器及排肥器分别由传动机构带动工作,并由各自的导种和导肥管排出。再如,整地播种机是一种适用于已耕地上作业的整地播种机。该机可一次完成松土、碎土、播种等作业。排种器采用气力式集中排种装置,排种轮由传动轮驱动。还有一种联合播种机整合了整地、筑埂、播种、施肥、喷药等多种作业。

图3-5　铺膜播种机

(5) 铺膜播种机

铺膜播种就是播种时在种床表面铺上塑料薄膜,种子出苗后,幼苗长在膜外的一种播种方式。这种方式可以是先播下种子,随后铺膜,待幼苗出土后再由人工破膜放苗;也可以是先铺上膜,随即在膜上打孔下种。铺膜播种有以下优点:提高并保持地温;减少土壤水分蒸发;改善植株光照条件;改善土壤物理性状和肥力;可抑制杂草生长。如图3-5所示为铺膜播种机。

(6) 免耕播种机

根据气候环境和土地情况的不同,某些地区在施行免耕法的过程中,也用圆盘耙或松土除草机在收获后或播种前进行表土耕作以代替犁耕;某些地区每隔两三年也用铧式犁或凿式犁深耕一次。因此免耕技术在不同地区有不同的名称,如免耕法、少耕法、覆盖耕作法、直接播种法等。这种方法与常规耕作法相比,可以减少机具投资费用和土壤耕作次数,因而可降低生产成本、减少能耗、减轻对土壤的压实和破坏,并可减轻风蚀、水蚀和土壤水分的蒸发与流失。但是采用免耕法是有条件的,必须与作物栽培技术密切配合。由于不进行土壤翻耕，害虫杂草较多。故对灭草剂和杀虫剂的需要量较大，质量要求也较高。这就有可能抵消掉因少耕而节约下来的成本。免耕播种在免耕法中占有重要地位。免耕播种机(图 3-6)因为能够降低作业成本的同时，防止土壤流失以及节约能源深受农户的喜爱。免耕播种机主要用于种植谷类、牧草或者是青饲玉米等农作物，在收获前茬作物之后，直接开出种沟播种，所以又称直接播种机。另外，免耕播种机可一次完成灭茬、开沟、施肥、播种、覆土等工序。

播种机还有其他分类方式，如按动力不同，可分为人力机、畜力机、机力机；按与拖拉机挂接方式，可分为牵引式、悬挂式、半悬挂式；按播种作物种类，可分为谷物播种机、中耕作物播种机、棉花播种机、蔬菜播种机；按排种原理，可分为强制式、气流式和离心式。

3.2.2　基本组成

播种机类型很多，但其基本构成是相同的，如图 3-7 所示。

其中，排种器是播种机的核心工作部件，开沟器则是播种机的重要辅助部件。因此，本章重点讲述排种器的结构、类型、基本理论和开沟器等。

图 3-6　免耕播种机

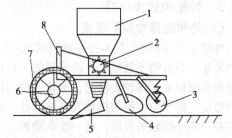

1. 种肥箱；2. 排种器；3. 镇压轮；4. 覆土器；5. 开沟器；
6. 传动装置；7. 行走轮；8. 机架。

图 3-7　播种机的基本构成

3.2.3　播种机的性能指标

①排量稳定性。指排种器排种量的稳定程度，也用来评价条播机播量的稳定性。用整机总排量的变异系数表示。

②各行排量一致性。指同一台播种机上各个排种器在相同条件下排种量的一致程度。用各行排量的变异系数表示。

③排种均匀性和播种均匀性。指播种机排种器排种的均匀程度和种子在种床上分布的均匀程度。

④穴粒数合格率。对普通穴播，每穴种籽粒数以 $(n\pm1)$ 粒或 $(n\pm2)$ 粒为合格，n 为每穴种子粒数的预计值。

⑤株距合格率。在单粒精密播种时，以 $0.5d<$ 株距 $\leqslant1.5d$ 为合格。式中 d 为平均株距。若行内种子间距小于或等于 $0.5d$ 者为重播；大于 $1.5t$ 者为漏播。

⑥播深稳定性。指种子上面所覆土层厚度的稳定程度。有时以播深合格率作评价指标规定播深 $\pm1cm$ 为合格(所谓播深是指种子正上方的土层厚度)。

⑦种子破损率。经排种器排种后，受机械破损的种子量占排出种子量的百分比。

3.3　排种器

对于任何一种播种机来说，排种器是决定播种机工作质量和工作性能优劣的重要因素，播种机能否满足农业生产的要求，在很大程度上主要取决于排种器的工作状况。

3.3.1　排种器的技术要求

排种器的工艺实质是：通过排种器对种子的作用，将种子由群体化为个体、化为均匀的种子流或连续的单粒种子。排种器的技术要求：播种量稳定，排种均匀，不损伤种子，通用性好且使用范围大，调整方便、工作可靠。

3.3.2　排种器的基本类型

由于播种要求、作物种类、作物品种、作业区经济水平和技术水平等存在较大的差异，目前使用的排种器种类繁多，主要是按照播种方法进行分类的。目前，常用的排种器总共分为三大类：撒播排种器、条播排种器和点播排种器，我们主要学习条播和点(穴)播排种器。

条播排种器：外槽轮式、内槽轮式、磨纹盘式、摆杆、离心式、锥面型孔盘、匙式、刷式等；穴播排种器：水平圆盘式、窝眼轮式、孔带式、组合内窝孔精密式、气力式等。

在上述这些类型的排种器中，以外槽轮式排种器和水平圆盘式排种器最具有代表性，其他类型的排种器大多是在上述排种器的基础上的演进产物，我们重点学习外槽轮式排种器和水平圆盘式排种器。

3.3.3　外槽轮式排种器

(1)外槽轮排种器的结构

外槽轮式排种器(图3-8)是靠周围具有凹槽的槽轮在排种杯内旋转，连续均匀地排出种子的装置，是谷物条播机上广泛采用的一种排种器。由外槽轮、排种杯、排种轴、花形挡圈与阻塞套等组成。槽轮转动时，槽轮凹槽的排种和带动层的排种均为强制排种，因而排种量比较稳定，但槽轮凹槽的排种具有脉动性，使种子在行内分布的均匀性较差。外槽轮的排种量主要决定于槽轮的长度，故一般条播机上槽轮的工作长度是可调的。为适应种子大小的排种，排种杯底舌有可调的和不可调的两种型式。前者可改变排种舌的高低以改变排种间隙，又称下排式；后者排种杯底舌固定，改变槽轮转向，上排种可播玉米、大豆等大粒种子，下排种可播麦类、谷子等小粒种子，故又称上下排式。

外槽轮排种器具有如下特点：通用性好、播量稳定、播量调节方便、结构简单、有脉动现象。

(2)外槽轮排种器工作原理

如图3-9所示，外槽轮转动时，种子逐次充满于凹槽内，随之转动，种子在排种轮槽齿的强制推动下经排种口排出(强制层)。同时处于槽轮外缘的厚度为 C 的一层种子利用种子间的摩擦力和槽齿凸尖对种子的间断性冲击，以较低的速度被带出，该层种子被称为带动层。带动层以外的种子被称为静止层。所以，外槽轮排种器每转排量是强制层和带动层的叠加。

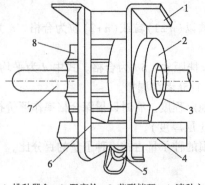

1.排种器盒；2.阻塞轮；3.花形挡环；4.清种方轴；
5.弹簧；6.清种舌；7.排种轴；8.外槽轮。

图3-8　外槽轮排种器

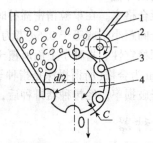

1.种箱；2.刮种轮；3.种子；4.排种轮（外槽轮）。

图3-9　外槽轮排种器工作原理

(3) 外槽轮排种器排种能力计算

设：d——外槽轮直径；

Z——外槽轮齿数，$Z = 8$，10，12；

L——外槽轮有效工作长度；

C——带动层厚度，小麦：$0.3 \sim 0.4$cm；

γ——种子容重，小麦：$0.75 \sim 0.79$g/cm^3；

α——种子充满系数，$0.6 \sim 0.8$；

f——凹槽断面积；

t——槽齿间距。

①强制层每转排量 q_1：

$$q_1 = fLZ\gamma\alpha \tag{3-1}$$

因为

$$Zt = \pi d$$

所以

$$q_1 = \frac{\pi dL\gamma\alpha f}{t}$$

②带动层每转排量 q_2：

$$q_2 = \left[\pi \left(\frac{d}{2} + C \right)^2 - \pi \left(\frac{d}{2} \right)^2 \right] L\gamma \tag{3-2}$$

整理得

$$q_2 = \pi\gamma L(dC + C^2)$$

因 C 太小，C^2 可忽略，得

$$q_2 = \pi dL\gamma C$$

排种轮每转排量 $q = q_1 + q_2$：

$$q = \pi dL\gamma \left(C + \frac{\alpha f}{t} \right) \tag{3-3}$$

从式 (3-3) 中不难看出，影响外槽轮排种器工作性能的因素很多，但主要由它的有效工作长度 L 影响。因此目前所使用的谷物条播机的播种量大多是通过改变外槽轮的有效工作长度来进行调整。需要特别注意的是：$L_{min} \geqslant (1.5 \sim 2)l$ mm（l 为种子长度）。

(4) 提高排种器均匀性的主要措施

排种器工作时，由于外槽轮本身结构的原因，其排种过程不是连续的，而是有脉动现象，不符合谷物种子在行内连续播种的要求，为此在排种器设计时采取了如下措施：将排种器排种舌做成斜线状；将排种器由直槽改为螺旋槽。

3.3.4 圆盘式排种器

圆盘式排种器主要用于中耕作物穴播和单粒精密播种，按照圆盘的旋转方向可分为水平圆盘排种器、垂直圆盘排种器和倾斜圆盘排种器三种类型。

(1) 圆盘式排种器的分类

①水平圆盘排种器。结构简单，低速工作时比较可靠（$V_m = 6 \sim 7$km/h），但由于圆盘一般安装在地轮轴上，从下种口到种沟距离较大（投种高度 H），易造成种子在沟内发生弹跳现象，致使株距合格率降低，如图 3-10 所示。

②垂直圆盘排种器。圆盘一般与地轮同轴安装，传动机构简单，投种高度低。但充种面

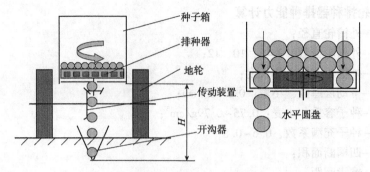

图 3-10 水平圆盘式排种器

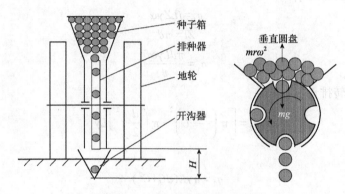

图 3-11 垂直圆盘式排种器

积小，种子填充性能差，因此其转速不可过快，机组前进速度较低，如图 3-11 所示。

③倾斜圆盘排种器。圆盘相对地面倾斜安装，排种口在圆盘的最低点，充种区大，投种高度低，但传动装置较为复杂，如图 3-12 所示。

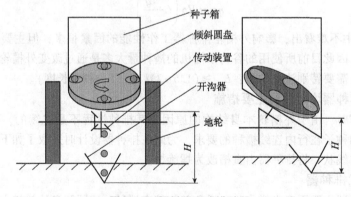

图 3-12 倾斜圆盘式排种器

（2）水平圆盘排种器的排种质量

水平圆盘排种器的排种质量好坏首先取决于种子能否准确地充入型孔，即种子的填充性能，而决定种子填充性能的因素主要是型孔的形状和尺寸及水平圆盘的线速度 V_p。

①型孔的形状和尺寸。型孔的形状和尺寸主要取决于种子的形状和尺寸、每个型孔内充种数量和种子在型孔内的排列规律。

水平圆盘排种器的型孔形状主要有槽孔、半圆孔和圆孔三种，如图 3-13 所示。种子的填充数量以及在型孔内的排列规律决定型孔的尺寸。

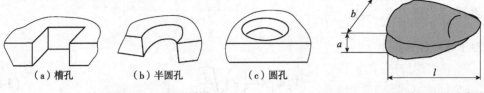

（a）槽孔　　　　（b）半圆孔　　　　（c）圆孔

图 3-13　型孔形状

图 3-14　玉米种子的尺寸表达

型孔填充数量一般需根据种子的品质、农艺要求来决定，以玉米为例，玉米种植要求每穴(3±1)粒，其尺寸表达如图 3-14 所示。

由于种子的充种过程是随机的，种子在型孔内的排列也是随机的，须进行大量的试验和观察，用统计学原理确定某种作物种子在型孔内的排列概率。以玉米为例，为保证每穴播种数量为(3±1)粒，则每个型孔内必须同时填充(3±1)粒。经大量的试验表明，玉米种子在型孔内的排列大致有以下情况(图 3-15)。

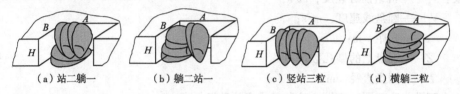

（a）站二躺一　　　（b）躺二站一　　　（c）竖站三粒　　　（d）横躺三粒

图 3-15　玉米种子的排列

试验结果和统计规律表明，躺二站一的填充概率占 75% 左右，是确定型孔尺寸的主要依据，如图 3-16 所示，型孔尺寸中允许的填充尺寸间隙为 0.75~1.5mm。

②水平圆盘的线速度 V_p。为了保证播种质量，首先满足型孔填充的要求，这需要一定的填充空间和填充时间，填充空间由已经确定了的型孔来完成，填充时间则由水平圆盘的线速度来控制。如图 3-17 所示为种子填充运动分析图。

设：种子近似为一球形，每个型孔只填充一粒种子(多粒时可视为一粒)。

d——种子平均粒径；

A——型孔长度；

V_p——圆盘线速度。

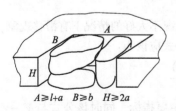

$A \geqslant l+a \quad B \geqslant b \quad H \geqslant 2a$

图 3-16　槽孔尺寸的确定

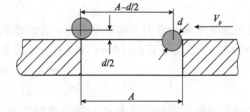

图 3-17　种子填充运动分析图

在极限状态下，则有：

$$V_p t = A - \frac{1}{2}d \tag{3-4}$$

$$\frac{1}{2}d = \frac{1}{2}gt^2 \tag{3-5}$$

将 $t = \sqrt{\dfrac{d}{g}}$ 带入式 (3-4)

对于球形种子：

$$V_p \leqslant \left(A - \frac{1}{2}d\right)\sqrt{\frac{g}{d}} \tag{3-6}$$

对于扁平种子：

$$V_p \leqslant \left(A - \frac{2}{3}l\right)\sqrt{\frac{g}{b}} \tag{3-7}$$

实际上，排种器的转动大多是由地轮来传动的，而地轮则是由拖拉机牵引做直线运动的，所以机组的前进速度 V_m 决定了排种盘的线速度 V_p 的大小，工作时，V_m 与 V_p 之间必须要有良好的配合。

设：V_m——机组前进速度，m/s；

　　V_p——圆盘线速度，m/s；

　　t——穴距，m；

　　Z——圆盘上的型孔数量；

　　D——圆盘直径，m。

一个型孔一次只同时充填一粒种子或多粒种子。

如果圆盘每转一周，机组应行走的距离为 Zt，圆盘每转 1s 的周数为 $n/60$，圆盘每转 1s 机组应行走的距离：$V_m \times 1$。

因此，有下列对应关系：

$$1 : Zt = \frac{n}{60} : V_m \times 1$$

$$\therefore n = 60V_m / Zt$$

$$\because V_p = \omega R = (2\pi n/60) \times D/2 = \pi Dn/60$$

$$\therefore V_p = \frac{\pi D V_m}{Zt}$$

考虑到地轮大多为牵引下的被动旋转，在地面状况不太好的情况下有滑移现象，设地轮的滑移率为 δ，一般情况下 $\delta = (0.05 \sim 0.12)$，上述公式应该为：

$$V_p = \frac{\pi D V_m (1 + \delta)}{Zt} \tag{3-8}$$

水平圆盘排种器的极限速度 V_p 是衡量排种器的主要指标，同时该公式与 V_m-V_p 关系式配合使用，可进行播种机设计以及播种机组作业速度的确定。

因此，如果使用水平圆盘式排种器，而且种子经过严格的筛选且品质又能得到充分保障的话，型孔的尺寸确定就比较准确，排种器工作质量较高。至于排种圆盘的大小、型孔的数量则根据拖拉机的前进速度、排种器的传动比、作物种植株距的要求来确定。具体关系如下：

$$V_p \leq \left(A - \frac{1}{2}d\right)\sqrt{\frac{g}{d}} \tag{3-9}$$

$$V_p = \frac{\pi D V_m (1+\delta)}{Zt} \tag{3-10}$$

3.4　开沟器

3.4.1　开沟器的技术要求

开沟器是播种机的主要工作部件，能在种床上按农业技术要求开出一定深度的种沟，引导种子(肥料)落入，并覆盖湿土。开沟器的工作质量直接影响到播种质量。因此，要求开沟器入土能力强，不缠草、不堵塞；开出的种沟深浅一致，深度能调，幅宽合适，沟形整齐，种子在沟内分布均匀，有一定的自行覆土作用；不乱土层，干湿土不混，细湿土先覆盖种子，以利于种子发芽。在播种机工作时，开出种沟，引导种子和肥料进入种沟，并使湿土覆盖种沟。另外，还需要开沟器结构简单，工作阻力小。

3.4.2　开沟器类型及特点

根据开沟器的入土角不同可分为锐角和钝角开沟器。根据开沟器的运动方式可分为滚动式和移动式开沟器。

(1)滚动式开沟器

滚动式开沟器在旋转过程中切开土壤开出沟槽，目前使用的滚动式开沟器主要有双圆盘和单圆盘两种形式。

①双圆盘开沟器。由 2 个回转的平面圆盘组成，在前下方相交于一点，工作时靠重力和弹簧附加力入土，圆盘滚动切割土壤并向两边挤压，形成"V"形种沟。双圆盘开沟器的特点是：工作平稳、沟形整齐、不乱土层、断草能力强。但结构复杂、尺寸较大、工作阻力大。双圆盘开沟器(图

图 3-18　双圆盘开沟器

3-18)具有整齐的沟形，有利于提高播种深度稳定性，常用于精密播种。双圆盘开沟器为钝角型开沟器。

②单圆盘开沟器。类似圆盘耙片，是一个球面圆盘。与双圆盘开沟器相比，单圆盘开沟器(图 3-19)质量较轻、入土能力强、结构简单，但播幅较窄。开沟时土壤沿凹面易抛起，形成上下干湿土层搅浑，在干燥地区对种子吸收发芽水分不利。适用于墒情较好的地区。

(2)移动式开沟器

移动式开沟器随机器的前进方向平动，靠铲尖部位与地面形成一定的夹角或外加压力入土，破土能力强，结构简单，适用于不同类型的播种机。

①锄铲式开沟器(图 3-20)。工作时土壤在铲前突起，两侧土壤受挤压而分开，开沟器离开后土壤回落而覆盖种子。锄铲式开沟器的特点：结构简单、入土能力强、工作阻力小，但易粘土和缠草，干湿土混杂，高速作业时播深不稳。锄铲式开沟器为锐角型开沟器。

图 3-19　单圆盘开沟器

图 3-20　锄铲式开沟器

②芯铧式开沟器(图 3-21)。锐角型开沟器,工作时先由芯铧入土开沟,两个侧板向两侧分土形成种沟,种子由输种管经散种板落于沟底,然后土壤由侧板后部落回沟内盖种。开沟宽度大、入土性能好,但工作阻力大。

③滑刀式开沟器(图 3-22)。钝角型开沟器,工作时滑刀在竖直方向切入土壤,刀后侧板向两侧挤压土壤形成种沟。特点是靠重力入土,沟深稳定、沟形整齐、不乱土层、断草能力强、工作阻力大。

图 3-21　芯铧式开沟器

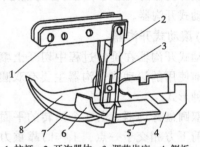

1. 拉杆;2. 开沟器体;3. 调节齿座;4. 侧板;
5. 底托;6. 推土板;7. 限深板;8. 滑刀。

图 3-22　滑刀式开沟器

3.5　播种机的其他工作部件

3.5.1　导种管

导种管用来将排种器排出的种子导入种沟器或直接导入种沟。对导种管的要求:对种子流的干扰小;有足够的伸缩性并能随意挠曲,以适应开沟器升降、地面仿形和行距调整的需要。在谷物条播机上,排种器排出的均匀种子流因导种管的阻滞均匀度变差。在精密播种机上,导种管及开沟器上的种子通道往往是影响株距合格率的主要因素。

为了减少导种管对播种质量的影响,有的导种管设计成与前进方向相反的抛物线形状,平衡机车的前进速度。导种管可采用金属、橡胶或塑料制成,都具有一定的伸缩性。金属蛇形管对种子下落的阻碍较小,但成本较高,重量较大。目前,塑料管最为普遍,其形状多采用漏斗式、卷片式或波纹管。

3.5.2　覆土器

开沟器只能使少量湿土覆盖种子,不能满足覆土厚度的要求,通常还需要在开沟器后面安装覆土器。对覆土器的要求是覆土深度一致、在覆土时不改变种子在种沟内的位置,这对精密播种尤为重要。

播种机上常用的覆土器(图 3-23)有链环式、弹齿式、爪盘式、圆盘式、刮板式、双圆盘式等。链环式、弹齿式、爪盘式为全幅覆盖,常用于行距较窄的谷物条播机。圆盘式和刮板式覆土器,则用于行距较宽、所需覆土量大、要求覆土严密并有一定起垄作用的中耕作物播种机。

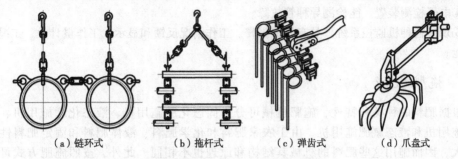

（a）链环式　　　（b）拖杆式　　　（c）弹齿式　　　（d）爪盘式

图 3-23　谷物条播机上常用的覆土器

3.5.3　镇压轮

镇压轮用来压紧土壤,使种子与湿土严密接触。压强要求为 $3\sim5\text{N}/\text{cm}^2$,压紧后的土壤容重一般为 $0.8\sim1.2\text{g}/\text{cm}^3$。有些镇压轮还被用作开沟器的仿形轮或排种器的驱动轮。

镇压轮的类型如图 3-24 所示。平面和凸面镇压轮的轮辋较窄,主要用于沟内镇压。凹面镇压轮从两侧将土壤压向种子,种子上方部位土层较松,有利于幼芽出土。空心橡胶轮,其结构类似没有内胎的气胎轮,它的气室与大气相通,胶圈受压变形后靠自身弹性复原。这种镇压轮的优点是压强恒定。

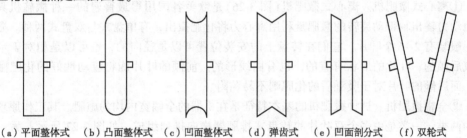

（a）平面整体式　（b）凸面整体式　（c）凹面整体式　（d）弹齿式　（e）凹面剖分式　（f）双轮式

图 3-24　谷物条播机上常用的覆土器

3.5.4　划行器

划行器也称划印器(图 3-25),用来指示拖拉机下一行程的行走位置,以保证与邻接播行的行距准确无误。划行器的工作部件为球面圆盘或锄铲,装在划行器臂上。划行器臂铰连在播种机机架上,可根据需要升降。播种机两侧各有一划行器臂,划行部件伸出长度可以调整。

播种时应使未播地一侧的划行器工作,另一侧的划行器应升起离开地面。到地头转弯时,两个划行器都应离开地面。

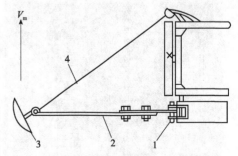

1. 轴销;2. 可调臂;3. 划印圆盘;4. 钢丝绳。

图 3-25　划行器

3.5.5　播种作业的监控装置

①机械式面积计数器。将播种器动力轴传动的转数换算成面积的装置。

②机械式故障报警器。卡种时，塑料销被剪断，被动套不能转动，主动轴继续旋转，当弹片从被动套上的凸耳挡片穿越时，发出警报声。

③机电信号式报警器。缺种时进行报警。

④电子检测装置。能检测导种管故障。

⑤现代播种机监控系统。具有故障报警、工作情况反馈和显示、工作量计数、工况调节等功能。

3.6　施肥机械

根据肥料的种类和特性，施肥机械可分为固态化肥施用机、液态化肥施用机、固态厩肥施用机和液态厩肥施用机。由于农家肥料和化学肥料、液体肥料和固定肥料性质差别很大，因而施用这些肥料的机械其结构和原理也不相同。此外，按照施肥方式可分为撒布机械、施种肥机械、施追肥机械和施肥播种机械等。现将各种类型的施肥机械分别予以介绍。

3.6.1　固体化肥施用机械

（1）撒肥机械

该类机械主要用作整地前将化肥均匀撒布地面，再进行耕翻整地，将肥料埋入耕作层下。由于耕作时易与土壤混搅，达不到深施目的，急于播种时会对种子形成烧伤，另外也增加了作业工序，我们国内使用较少。它的优点在于撒施幅宽大、工作效率高。目前使用较成熟的机械有离心圆盘式、气力式和链指式等撒肥机。

①离心式撒肥机。离心式撒肥机（图3-26）是欧美各国用得最普遍的一种撒施机具。它是由动力输出轴带动旋转的撒肥盘利用离心力将化肥撒出，有单盘式与双盘式两种。撒肥盘上一般装有2~6个叶片，它们在转盘上的安装位置可以是径向的，也可以是相对于半径前倾或后倾的；叶片的形状有直的，也有曲线形的。前倾的叶片能将流动性好的化肥撒得更远，而后倾的叶片对于吸湿后的化肥则不易黏附。

②全幅撒肥机。这种撒肥机的基本特征是在机器的全幅宽内均匀施肥。其工作原理可以分为两类：一类是由多个双叶片的转盘式排肥器横向排列组成，如图3-27所示；另一类是由装在沿横向移动的链条上的链指，沿整个机器幅宽施肥。

图3-26　离心式撒肥机

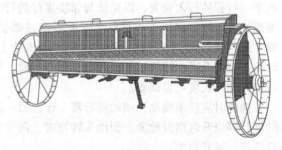

图3-27　转盘式全幅撒肥机

③气力式宽幅撒肥机。近年来，国外发展了多种型式的气力式宽幅撒肥机（图 3-28），工作原理大致相同，都是利用高速旋转的风机所产生的高速气流，并配合以机械式排肥器与喷头，大幅宽、高效率地撒施化肥与石灰等土壤改良剂。

图 3-28　气力式宽幅撒肥播种机

(2) 种肥施用机械

施用种肥的合理方法是在播种机上装设施肥装置，在播种的同时施用种肥。目前，国外发达国家的播种机大多数配备有施种肥装置，例如，美国约有 45% 的谷物条播机、60% 的玉米播种机带有施肥装置。我国有 10 亿亩耕地缺磷，普遍需要施用种肥，但现有的播种机尚不能满足这个要求。

用于种子肥料混施的机器是将化肥与种子排入同一输种管中，施于同一开沟器所开的沟底。种、肥混施容易使化肥"烧伤"种子。如图 3-29 所示是利用组合式开沟器将化肥施在种子的正下方。采用这种方法，虽然在种子与化肥之间有土壤隔离，但种子或根系仍不能完全脱离种肥分解后的高浓度区，因而仍可能有被"烧伤"的危险。

用于侧深施肥（图 3-30）的机器是将化肥施在种子的侧方 5cm、下方 3~5cm 处。一般是在播种机上采用单独的输肥管与施肥开沟器，这样就使播种机，特别是谷物条播机的结构变

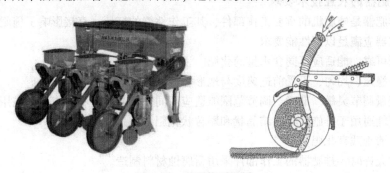

图 3-29　种肥施用机械

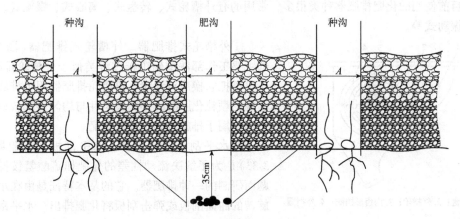

图 3-30　侧深施肥部位

得相当复杂。因而，目前国外的谷物条播机采用侧深施肥的不多。但是，侧深施肥是种肥的合理施用方法。据国外多年的试验研究，侧深施肥可以使小麦产量较离心式撒肥机在耕整地之前撒施提高 4%~10%，而且种肥用量小，肥效高。

(3)追肥机械

追肥的合理施用方法是将化肥施在作物根系的侧深部位，通常是在通用中耕机上装设排肥器与施肥开沟器。欧美等国还常采用顶深施与侧方表施等方法，如图 3-31 所示。

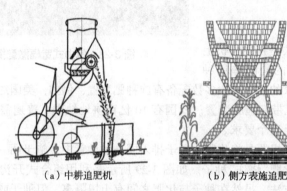

（a）中耕追肥机   （b）侧方表施追肥

图 3-31   追肥机械

3.6.2   化肥排肥器

(1)排肥器的农业技术要求

化肥排肥器是施肥机的重要工作部件，其工作性能的好坏，直接影响了施肥机的工作质量，化肥排器应满足以下性能要求：

①排肥可靠，能适应不同含水量的化肥。

②排肥稳定、均匀，不受前进速度与地形等因素的影响。

③排肥量调节灵敏、准确，调节范围能适应不同化肥品种与不同作物的施用要求。

④最好能通用于排施粉状、结晶状和颗粒状化肥。

⑤便于清理残存化肥。

⑥条件允许时，排肥器的工作部件采用耐腐蚀材料制造。

(2)化肥排肥器的主要类型及其性能特点

目前使用的化肥排肥器种类很多，常用的有外槽轮式、转盘式、离心式、螺旋式、星轮式和振动式等。

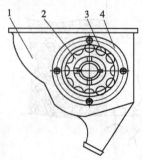

1.排种盒；2.外槽轮；3.内齿形挡圈；4.外挡圈。

图 3-32   外槽轮式排肥器

①外槽轮式排肥器。外槽轮式排肥器（图 3-32）的主要工作部件槽轮工作过程类似于外槽轮排种器，还可以把它换成钉齿轮，钉齿轮排肥器用于排施流动性好的颗粒化肥时，排肥稳定性与均匀性都较好，但它不能用于排施流动性差的化肥。

②水平刮板式排肥器。水平刮板式排肥器（图 3-33）是为了解决流动性差的化肥如硫酸氢铵排施问题而研制的一种排肥器。它的基本特征是由在水平面旋转的曲面刮板或弹击刮板将化肥排出。水平刮板式排肥器的优点是能可靠地排碳酸氢铵等流动性差的化

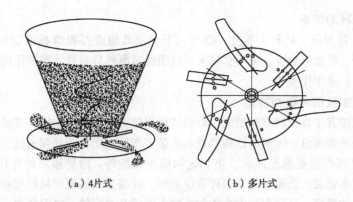

（a）4片式   （b）多片式

图 3-33 刮板式排肥盘

肥，排肥稳定性好；缺点是排肥阻力大，不适于排流动性好的颗粒状化肥。

③星轮式排肥器。星轮式排肥器（图 3-34）工作时，旋转的星轮将星齿间的化肥强制排出。常用两个星轮对转以消除肥料架空和锥齿轮的轴向力。该排肥器的肥箱底部可以打开，便于消除残存的化肥；拆卸方便，可以通过调节手柄来控制排肥量。

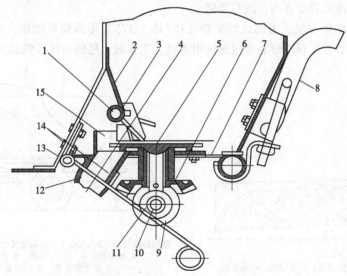

1.活门轴；2.挡肥板；3.排肥活门；4.导肥板；5.星轮；6.大锥齿轮；
7.活动箱板；8.箱底挂钩；9.小锥齿轮；10.排肥轴；11.轴销；
12.导肥管；13.铰链轴；14.卡簧；15.排肥器支座。

图 3-34 星轮式排肥器

3.6.3 厩肥撒布机

使用厩肥能改良土壤、使作物增产。我国施厩肥多将腐熟好的厩肥用大车运至田间匀放成小堆，再用锹撒开。也有在大车上随走随撒的。这种方法劳动生产率很低，且撒肥不匀。采用撒肥机撒肥可以显著提高劳动生产率，并可提高撒肥质量。据统计，在撒施厩肥的全过程中，厩肥机撒肥所消耗的时间仅占15%，而装肥与运肥的时间则占85%。因此，要使我国撒厩肥实现机械化，必须从积肥、装肥、运肥到撒肥实现综合机械化。

(1)有机肥料的特点

有机肥由人畜粪尿、秸秆、落叶、杂草、干土及其他废弃物堆积沤制而成。含有氮、磷、钾三种养分，但含量较少，施用量较大，且须经过腐熟后养分才能被作物吸收。有机肥分解慢，肥效长，多用作基肥。

(2)厩肥撒布机的种类和构造

厩肥撒布机按其工作原理有螺旋式、牵引式和甩链式三种，其中螺旋式最为常见。

①螺旋式厩肥撒布机。该机的结构特点是由装在车厢式肥料箱底部的输肥部件进行撒布（图3-35）。撒布部件包括撒肥滚筒、击肥轮和撒布螺旋等。撒肥滚筒的作用是击碎肥料，并将其喂送给撒布螺旋。击肥轮用来击碎表层厩肥，并将多余的厩肥抛回肥箱中，使排施的厩肥层保持一定的厚度，从而保持撒布均匀。撒布螺旋高速旋转，将肥料向后和向左右两侧均匀的抛撒。

②牵引式装肥撒肥车。牵引式装肥撒肥车以动力输出轴传输厩机撒布的动力，也有把撒肥器做成既能撒肥又能装肥的结构，如图3-36所示为国外销售的一种牵引式自动装肥撒肥机。装肥时，撒肥器位于下方，将肥料上抛，由挡板导入肥箱内。这时，输肥链反转，将肥料运向撒肥机前部，使肥箱逐渐装满。撒肥时，油缸将撒肥器升到靠近肥箱的位置，同时更换传动轴接头，改变转动方向，进行撒肥。

③甩链式厩肥撒布机。甩链式厩肥撒布机（图3-37）采用圆筒形肥箱，筒内有根纵轴，轴上交错地固定着若干根端部装有甩锤的甩肥链。工作时，甩链由拖拉机动力输出轴驱动以

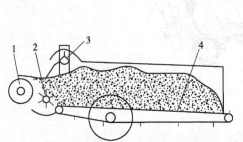

1.撒肥螺旋；2.撒肥滚筒；3.击肥轮；4.输肥链。

图3-35　螺旋式厩肥撒布机

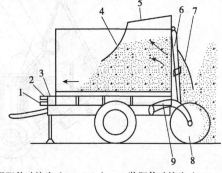

1.撒肥传动接头（540r/min）；2.装肥传动接头（250r/min）；
3.换向器；4、5、7.挡板；6.升降油缸；
8.撒肥装肥器；9.传动支撑。

图3-36　牵引式装肥撒肥车

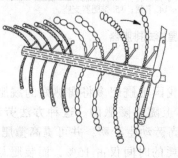

（a）甩链

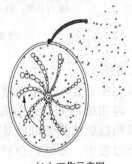

（b）工作示意图

图3-37　甩链式厩肥撒布机

200~300r/min 的转速旋转，破碎厩肥，并将其甩出。这种撒布机除撒布固体厩肥外，还能撒施粪浆。它的侧向撒肥方式可以将厩肥撒到机组难以通过的地方，但侧向撒肥均匀度较差，近处撒得多，远处撒得少。

3.6.4　液肥施用机械

液肥有化学液肥和有机液肥之分。化学液肥对金属有强烈的腐蚀作用，且易挥发。因此，除某些液肥可采用喷雾方法施于作物茎、叶上外，多数需施入土中，防止挥发、损失肥效和灼伤作物。

有机液肥由人、畜粪尿及污水组成。其中常含有悬浮物或杂质，经发酵处理后，用水稀释、过滤再进行喷洒。液肥易被作物吸收，肥效快，多用于追肥。

(1) 化学液肥施用机

化学液肥的主要品种是液氨和氨水。

液氨为无色透明液体，含氮 82.3%，是制造氮肥的工业原料，价格较固体化肥低 30%~40%，而且肥效快，增产效果显著。因而发达国家中液氨的施用量在氮肥中占相当大的比重。例如，1976 年，美国液氨施用量占氮肥总量的 38%；加拿大、澳大利亚、丹麦、苏联等国家为 22%~36%。我国从 20 世纪 50 年代后期开始至今，在浙江、北京、山东、新疆等地对液氨的施用进行过不同规模的试验研究，均证实其有较好的增产效果。但是，施用液氨所需的设备投资甚高。因为，液氨必须在高压下才能保持液态（液氨在 46.1℃时的蒸汽压力为 175kPa），因而必须用高压罐装运，从出厂、运输、贮存到田间施用都必须有一整套高压设施。施肥机上的容器也必须是耐高压的，否则很不安全。这是液氨在我国施用受到限制的主要原因。

(2) 厩液施用机

厩液主要是指人畜粪尿的混合物和沼气池的液肥等，它是农业生产的重要有机肥源。

①泵式厩液施洒机。泵式厩液施洒机可以装用各种类型的泵，用来将厩液从贮粪池抽吸到液罐内，在运至田间后再由泵对液罐增压，或直接由液泵压出厩液。

②自吸式厩液施洒机。自吸式厩液施洒机是利用拖拉机的发动机排出的废气，通过引射装置将厩液从储粪池吸入液罐内，再去施洒。这种厩液施洒机结构简单，使用可靠，不仅可以提高效率、节省劳力，而且采用封闭式装、运厩液，有利于环境卫生。

 本章习题

一、简答题

1. 何谓排种器的工艺实质？
2. 外槽轮排种器的结构及工作原理？
3. 种子和肥料各有什么物理机械特性？
4. 播种机是如何分类的？各类型播种机有什么特点？
5. 施肥机械有哪些类型？各有什么特点？
6. 开沟器的功用是什么？各类型开沟器有什么特点？
7. 覆土器有哪些类型？各类型有什么特点？
8. 按照作物种植方式分，播种机有哪些类型？
9. 水平圆盘式排种器的排种质量和哪些因素有关？

二、创新设计题

1. 设计一款具有外槽轮式排种器及开沟覆土镇压功能的条播机。
2. 设计一款能够覆膜播种花生的穴播机。

本章数字资源

第4章 育苗移栽机械

育苗移栽是现代农业生产的重要技术之一，与该技术紧密配套的机械装备是提高生产效率、实现种苗产业化的重要手段。本章首先介绍了育苗移栽农艺要求及育苗方法，接着以主要粮食作物——水稻为例，系统全面地介绍了稻种处理、育秧、播种、移栽等相关的农业机械与装备，重点介绍了水稻移栽机械的结构和原理，还介绍了水稻直播相关的机械装备。除了水稻育苗移栽机械外，本章还对国内外蔬菜苗嫁接机械的发展现状进行了综述，并重点介绍了半自动和全自动蔬菜苗移栽机械。通过本章学习，读者能了解育苗移栽的农艺技术，掌握常见的农作物育苗移栽机械与装备的结构与原理。

4.1 育苗移栽中的农艺

4.1.1 育苗的概念

育苗就是培育幼苗，即在专门的苗圃、温床或温室里培育幼苗（秧苗），待幼苗达到一定健壮程度后便移植至土地栽种。因此，育苗过程也可指各种生物细小时经过人工保护直至能独立生存的这个阶段。俗话说"苗壮半收成"，育苗是人类在千百年农业生产实践中摸索出来的丰产经验，是一项劳动强度大、费时、技术性强的工作。水稻、蔬菜、果树和花卉等农作物多采用育苗技术，在一年两熟和多熟制地区，育苗技术的应用更为广泛。随着农业生产技术和育苗技术的不断发展，采用育苗移栽法的作物种类及面积还会增加。

4.1.2 育苗的优缺点

①优点。在前茬作物未腾茬时即可进行育苗工作，能省时省地且提高复种指数，增加单位面积产量和产值；因苗床占地少，幼苗相对集中，发芽期及幼苗期便于精细管理，苗床的温度、湿度等条件较易人工控制，为作物苗期生长发育的特性创造所需要的环境条件，能显著减少病毒的传播途径，有利于控制或减轻病毒的发生，促使幼苗生长健壮、生活力强，为丰产优质打下良好基础。例如，通过育秧的方式种植水稻，其根系活力强，抗寒力强，还能增产节本；秧苗移栽后起发快、分蘖旺盛、成穗率高、穗大粒多；可以早播早栽，提早成熟。在冬闲田及绿肥田早稻上应用，可比常规育秧栽培提早 10～15d 播种和移栽，提早 2～3d 成熟。

②缺点。移栽时根系受损伤，移栽后有缓苗期，明显延缓生长，并因根部及叶柄基部造成伤口，给软腐病菌创造了侵入的途径，造成较高的发病率；此外，移栽较费工，增加生产成本。

4.1.3 育苗的分类

依场地、设施不同，可分为保护地育苗法、露地育苗法、工厂化育苗法、无土育苗法、切块育苗法、营养钵育苗法等。

(1) 保护地育苗法

保护地育苗就是在气候条件不适宜农作物生长的时期，创造适宜的环境来培育适龄的壮苗。目前国内保护地育苗的设备有温室、温床、阳畦冷床、塑料拱棚和组培室育苗等。

①温室育苗。在玻璃或塑料薄膜覆盖的温室中进行育苗，这是主要的保护地育苗方式之一。常用于寒冷地区或低温季节喜温蔬菜、花卉等作物的育苗或苗木繁殖。加温温室多用于播种，不加温温室多用于育苗。温室育苗可有效预防自然灾害，有利控制苗期适温等环境条件，缩短苗期，培育壮苗。温室结构应合理，性能好。

②温床育苗。利用阳畦或小拱棚结构，在育苗床底增加加温设施成为温床。温床可利用马粪、鸡粪、树叶等有机酿热物酿热，还可采用水暖、烟囱热和电热线加温带等。因此根据加热方式可分为酿热、火热、水热和电热四种。

③阳畦冷床育苗。又称日光温床，利用太阳光能增加床内温度冬春之际进行育苗。阳畦由风障、畦框、覆盖物三部分组成。阳畦东西向，依靠太阳光热，严密防寒保温。

④塑料拱棚育苗。利用塑料拱棚作为保护覆盖，进行育苗。主要优点：育苗成本低，拱棚内的光照条件好，昼夜温差大，有利于培育壮苗。主要缺点：小拱棚的保温能力比较差，低温期育苗，需要的时间比较长，并且播种育苗期比较晚，早熟栽培效果比较差；苗床内的温度和湿度分布不均匀，苗床内的育苗生长整齐性差。塑料拱棚一般多与其他育苗方式相结合。常见的有电热温床培育小苗，小拱棚内培育成大苗；"温室+小拱棚"育苗；"塑料大棚+小拱棚"育苗。

⑤组培室育苗。组织培养育苗是取植物的一部分组织，应用无菌操作，放在适宜的培养基上进行培养，繁殖成新植株的育苗方法。组织培养育苗为苗木快速繁育开辟了新的途径。组织培养有利于保持母本的优良特性，并能以有限的繁殖材料快速繁殖优良的作物品种，尤其是用常规繁殖方法难以繁殖的品种。

(2) 露地育苗法

露地育苗是在露地设置苗床直接培育秧苗的育苗形式。其特点：在自然环境条件适合于蔬菜种子萌发和幼苗生长的季节(一般为春、秋两季)进行播种和秧苗的管理，其方法简便，苗龄一般较短，育苗成本低，适用于大面积的蔬菜育苗。露地育苗所用设施简单，最多是进行简易的覆盖，但这种育苗形式不能控制育苗环境，易遭受自然灾害影响。目前适宜于露地育苗的蔬菜种类主要是栽培面积较大、种子发芽或幼苗生长对环境条件的适应能力较强的白菜、甘蓝、芥菜、菠菜、芹菜、莴苣等叶菜类蔬菜，以及部分的豆类和葱蒜类蔬菜。

(3) 工厂化育苗法

工厂化育苗方法是利用室内机械化育苗设施并依据一定的程序对蔬菜、花卉等作物进行快速育苗的方法，又称快速育苗法。根据幼苗的不同生长发育阶段需要不同环境条件的规律，设置具有不同温度、光照、湿度、营养等条件的各类室内育苗设施，将处于各生长阶段的幼苗按照工序依次置于相应的设施中培育。培育幼苗的成套设施一般包括：出苗室、绿化室、炼苗室及附属设施。

该法与一般育苗法相比，受自然条件影响小，出苗快、齐、全，育苗期短，如茄果类蔬菜的苗期可缩短 20~50d，幼苗健壮，病虫害少，增产效果显著。当然该法也存在设施复杂、投资大、人工加热控温耗能多等缺点，因而在生产应用中受到一定限制。但该法不仅节约劳力，生产效率高，而且有利于充分发挥科学技术的作用，适用于专业化大批量秧苗生产，故建立蔬菜生产基地对满足城市供应非常有利。

（4）无土育苗法

无土育苗是近代培养植物所用的新技术。即以非土壤的固体材料作基质，浇营养液，或不用任何基质，而利用水培或雾培和支撑物的方式进行育苗。幼苗生长迅速，苗龄短，根系发育好，幼苗健壮、整齐，定植后缓苗时间短，易成活。无土栽培使农业生产摆脱了自然环境的制约，可以按照人的意志进行生产，所以是一种受控农业的生产方式。

（5）切块育苗法

营养繁殖育苗就是利用树木的营养器官（根、茎、叶、芽）培育的苗木。又称无性繁殖苗。其特点是变异性小，有利于保存树种的优良特性，特别适于某些用种子繁殖困难的树种。此外，还可加快开花结果，且方法简单易行，在生产中广泛应用。营养繁殖育苗法分为插条育苗、插根育苗、嫁接育苗、压条育苗、插叶育苗、根蘖育苗和组织培养育苗。

（6）营养钵育苗法

营养钵育苗是通过控制营养钵内植株的氮素营养状况诱导花芽。一般9月中旬花芽分化，11月下旬开始收获，收获比苗床育苗早10d左右。近年来，各产地发明、推广高架营养钵育苗法和立体棚架五层取苗法等省力措施，以及无假植育苗、网室隔离防病虫育苗、空中采苗等一系列育苗方法及配套技术。

苗期环境条件受育苗设备条件及栽培技术（如播种期、密度、苗龄等）的综合影响，因此必须根据生产要求，因地因时采用各种有效的育苗设施及技术，控制温度、光照、水分及营养条件，适时进行苗床管理，然后适时定植，方可获得良好的生产效益。

4.1.4　移栽

移栽是将播种在苗床或秧田的幼苗移至大田栽种的技术措施，也称移植。将育成的农作物秧苗移植到田间的机械称作栽植机械或移栽机械。移栽时必须掌握适宜苗龄，保证后作及时种、收，以调节茬口、季节和劳力等矛盾。还应兼顾上、下季作物稳产高产等原则。春播作物如棉花等的移栽期，应在当地终霜期后开始；秋播夏收作物如油菜等，在晚秋或早冬移栽，须以完全活棵缓苗、恢复生长后进入越冬期为极限；生育期较长的晚稻、杂交稻作为麦茬或双季、三熟制的后作，移栽期应以保证安全齐穗为前提，力争抢早。移栽过程中应尽量保全根系，促进早活棵或返青，提高成活率。如用营养钵或营养块等育苗，应预先蹲苗、炼苗，移栽前浇水（旱作）和适时追肥。双子叶作物移栽深度一般不宜超过子叶节，单子叶分蘖性作物以分蘖节栽入2~3cm表土层为宜。

移植苗的株行距应根据苗木生长速度、苗木的枝条和根系的扩展程度、移植后留床培育年限、抚育管理方法及圃地自然条件等因素来确定。行株距大小因作物种类、气候条件等而异；同一作物又因地力、产量、栽期、管理水平等而不同。一般禾谷类小株作物较双子叶大株作物的行株距小，棉花、油菜等的行株距大。总之，要根据地力水平、移栽时期、管理条件等决定。

目前多采用机器移栽替代人工，以提高工作效率并保证移栽质量。机器移栽的方式有多种，以水稻移栽为例可分为插秧、抛秧、摆秧。

①插秧。一项优良的传统栽培技术，通过人工或专门的分插机构把秧苗按要求的插深插入土中。具体是指将秧苗栽插于水田中，或指把水稻秧苗从秧田移植到稻田里。因为在育种的时候水稻比较密集，不利于生长，经过人工移植或机器移植，让水稻有更大的生存空间。

②抛秧。将秧苗培养成土钵形式，用人工或机器抛到大田，秧苗在重力作用下根部朝下扎入土壤中。抛秧的秧苗根部不损伤，秧苗返青早，分蘖快，低节位有效分蘖多，穗型整齐，成熟度好，有利于增产。比插秧效率高、劳动强度低。但是由于扎根浅，后期易倒伏。

③摆秧。把育成的片状秧苗在一定高度处自由下落到大田，但是要控制器下落的位置、下落速度和下落的流量。摆秧的秧苗成行播在畦沟土表，均匀性较好，但直立度一般。

4.2　水稻育秧装备

水稻是我国主要粮食作物，育苗移栽对气候有补偿作用，可充分利用光热资源，使其经济效益、社会效益明显提高。

4.2.1　水稻育秧过程

(1) 工厂化育秧的特点

①育苗设施现代化。应用工厂化设施、智能化设备能克服自然灾害的影响，为水稻育秧创造良好的生态环境，保证秧苗质量和生产的稳定性，工厂育成的水稻秧苗抗逆力较强，发育苗壮、生长迅速，产量较高，经济效益好。

②生产技术标准化。工厂化育秧的所有操作是建立在对各种主要蔬菜秧苗生长发育规律及生理生态研究之上，减轻劳动强度，节省用工，具有节约用种量和用水量、提高秧田利用效率并降低成本等优点。

③操作工艺流程化。根据作物生长特点制定标准的操作流程，严格执行，标准操作，确保种苗质量。提高劳动生产率，降低生产成本。可促进新品种和新技术推广。有利于农作物生产茬口、栽培类型及栽培技术的规范。

④种苗质量优质化。所生产种苗达到健壮苗标准，无病虫害，无缓苗期、成活率高，且适宜远距离运输。有利于按照市场需要定时供应优质秧苗，还有利于按照生产者的要求专门加工特殊的秧苗。工厂化育秧还突破了水稻移栽机械化的育秧薄弱环节，有利于"良种良法"技术的推广应用。

(2) 水稻工厂化育秧的工艺流程

水稻工厂化育秧的工艺流程如图 4-1 所示。

图 4-1　水稻工厂化育秧流程图

①种子处理。种子处理过程包括晒种、脱芒、选种、消毒、浸种、破胸露白和脱水等工序。

②苗土处理。苗土处理一般包括碎土、筛土、调酸、土肥拌和等工序。

③播种。播种一般是指将育秧盘置于联合播种机上进行的播土、播种、覆土及喷淋水等工序。

④快速催根立苗。快速催根立苗是通过人工环境控制下使播种后的芽种快速生长，从而大大缩短育秧时间。

⑤炼苗。炼苗是把秧苗用薄膜遮盖或置于育秧大棚中通过光合作用等成长为优质壮秧。

(3) 水稻工厂化育秧方法

①水育秧法。水育秧是整个育秧期间，秧田以淹水管理为主的育秧方法，对利用水层保温防寒和防除秧苗杂草有一定作用，且易拔秧，伤苗少，盐碱地秧田淹水，有防盐护苗的作用，但长期淹水，土壤氧气不足，秧苗易徒长及影响秧根下扎，秧苗素质差，是我国稻区采用的传统方法，目前已很少采用。

②湿润育秧法。湿润育秧是介于水育秧和旱育秧之间的一种育秧方法，该育秧方式容易调节土壤中水、气矛盾，播后出苗快、出苗整齐，不易发生生理性立枯病，有利于促进出苗扎根，防止烂芽死苗，也能较好地通过水分管理来促进和控制秧苗生长，已成为替代水育秧的基本育秧方法。较为常用的是塑料薄膜湿润保温育秧法，在湿润育秧的基础上，播种后于厢面加盖一层薄膜，多为低拱架覆盖。这种育秧方式有利于保温、保湿、增温，可适时早播，防止烂芽、烂秧，提高成秧率，在早春播种预防低温冷害来说十分必要。

③旱育秧法。旱育秧在整个育秧过程中，只保持土壤湿润，不保持水层的育秧方法。常见的肥床细土法塑盘旱育秧（大棚中）、开闭式薄膜旱育秧等方式已成为寒冷地区和双季早稻培育壮秧、抗寒、抗旱、节水的重要育秧方法。肥床细土法塑盘旱育秧在肥沃疏松的秧床上，利用塑料软盘或纸筒进行旱育秧。该育秧方法播种期不受水源限制，旱秧地育秧操作方便；适于大、中、小苗的培育，比塑料盘湿润育秧秧龄延长，且不串根，有利于高产品种的搭配和应用范围的扩大。另外，此方法便于统一供种，集中规模育种，并实现商品化供秧。塑盘旱育秧又是适宜机械抛秧的最佳育秧形式，具有广阔的前景。开闭式薄膜旱育秧。床面宽度1.5m，以竹片或紫穗槐条或铁丝作拱棚，中间高度25~35cm，每隔50cm插一根。用一幅半塑料薄膜从两侧覆盖，在拱棚顶部重叠20~30cm，通风炼苗时从顶部揭开，故称开闭式。该方法从棚顶中间开口通气炼苗，操作方便，省工省力，便于施肥、浇水、打药，床内温、光分布均匀，秧苗生长整齐，成苗率高；炼苗时薄膜由顶部开口落至拱棚两侧具有防风作用。另外，为防止两幅膜接口处透气从而影响保温，播后可在床面铺一层地膜，出苗后及时撤去。

④两段育秧法。两段育秧是将整个育秧过程分两段进行，第一阶段是采用密播旱育秧或湿润育秧方法培育3~4叶的小秧苗；第二阶段是寄秧阶段，将小秧苗带土或不带土按一定密度寄栽到经过耕耙施肥的寄秧田中，待培育成多个分蘖的大壮秧苗后，再移栽到大田。这是一种适用于多茬口迟栽秧的育秧技术，优点是成秧率高、用种量少、早发性强，可调节茬口矛盾。尤其适用于麦茬迟栽中稻、双季连作晚稻和杂交稻制种时生育期较长的父本秧。两段育秧可解决早播与迟栽的矛盾，提早出穗期，以避开花期高温或灌浆期低温等不利影响。

⑤软盘育秧法。该方法是从大棚育秧演变而来的一种育秧方式，能提高秧本田比例、降低育秧成本、管理方便，秧苗素质好，苗期不易发病。育出的秧苗可以手工栽插，更利于抛栽。软盘育秧常用塑料软盘，长58cm，宽28cm，深2.6~2.8cm，在田间置于床面上，装上营养土，浇水，播种。人工插秧的稀播种，每盘70~80g；机械插秧的密播种，每盘100g，其余操作同开闭式旱育秧。软盘育秧是降低成本，便于集约化，省工的育秧新技术，近年北方稻区发展很快，具有采用营养土、开闭式通风、喷浇供水的优点，利用硫酸或调酸剂进行营养土调酸；播种后覆土，后覆地膜，苗齐苗壮等。另外，按机械或手插的合理密度播种，该方法可节省秧苗，可提早插秧，错开播、插期。

4.2.2　稻种处理设备

工厂化育秧的种子必须满足如下要求：籽粒饱满、发芽率高、品种纯、无异种和没有病虫害等。因此，农业技术对机械播种所提出的要求：籽粒上带芒及小枝梗应全部去除干净，并应进行浮选除去杂质，在机械作业过程中机械损伤小，破损少，保证发芽率，同时机具必须有较高的生产率。为满足上述要求，现有的稻种处理设备如下：

（1）脱芒机

水稻的许多品种带有芒刺，脱粒后籽粒的芒不能除净，一方面将导致清选加工过程中堵塞筛孔，影响清选质量，难以得到纯净的种子；另一方面播种时易使种子粘连在一起，种子的流动性差，导致排种不均匀，严重时堵塞排种管。因此要对带有芒刺的种子进行除芒处理。

　　水稻脱芒机又称除芒机或消芒机，是一种专门用于对带芒水稻种子及其他带芒刺种子进行脱芒、脱刺处理的机具。脱芒机有摩擦式与打击式两种类型，适用于种子加工成套设备的配套使用，如图 4-2 所示。

图 4-2　稻种脱芒机

　　结构特点：该机主要由机壳、传动轴、打杆、活门调节装置、驱动装置等部件组成。采用旋转打杆及其配合的内衬耐磨板，对种子表面施加搓挤、打击作用，以除去芒、刺毛、松散的颖片及未脱净的穗头、荚壳等。通过清除芒、刺，改善了种子的表面，有利于种子加工的下道工序。

（2）种子精选机

　　目前，种子精选设备主要包括初选机、往复振动式精选机、比重精选机以及中间输送装置，如图 4-3 所示。该设备集除芒、提升、筛选、风选、除尘、比重选、分级于一体。初筛和分级筛均采用振动电机振源。采用螺旋除尘系统进行多次吸尘，降低工作环境中的粉尘。该机加大了初筛筛面面积和立式空气筛宽度。去除轻杂质和大、小杂质的效果更好，产量更大，有效减轻了比重压力，能一次性去除物料中的轻杂质、大、小杂质、虫口粒、霉变粒、秕粒、破碎粒、芽粒等。除了稻种精选外，对豆类、瓜子、小麦、玉米、油菜等各类作物也有良好的精选效果。

图 4-3　多功能复式精选机

4.2.3 床土准备设备

(1)床土的农业技术要求

用作床土的土壤要求肥沃、不黏不沙、偏酸性、少草籽以及通透性良好。为了避免土壤中杂菌引起秧苗的病害，防止立枯病的发生，对土壤进行彻底消毒处理。营养土的酸度要求pH值为4.5~5.5，否则，会影响稻苗的发育，为此，对所配制的土壤应进行调酸处理。加肥，按氮、磷、钾1∶1∶1的比例，往土壤中加肥，加肥量主要根据土壤状况和所需苗的大小来调整。

(2)碎土筛土机

碎土筛土机又称为粉土机，如图4-4所示，一般由碎土部件，输送部件和筛土部件组成，碎土部件通过输送部件与筛土部件连接。碎土部件由电动机、喂料斗、滚筒部件和支架组成，滚筒部件固定于支架上，电动机与滚筒部件内的转轴连接，喂料斗设于滚筒部件上。滚筒部件由滚筒、动刀盘、转轴组成，转轴垂直设于滚筒内。碎土筛土机可除去土(包括带黏性的土)中石块、碎石块、腐叶烂叶等杂质以及对土(包括带黏性的土)进行分级，筛选出粒径更小的细土等。

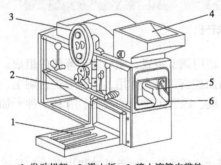

1. 发动机架；2. 滑土板；3. 碎土滚筒皮带轮；
4. 料斗；5. 方孔筛；6. 大土块出口。

图4-4　碎土筛土机

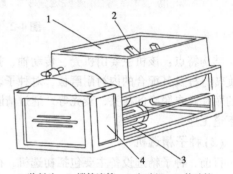

1. 装料斗；2. 搅拌滚筒；3. 电动机；4. 传动箱。

图4-5　土壤肥料拌和机

(3)土壤肥料拌和机

如图4-5所示为常用的土壤与肥料拌和机，该机器由装料斗、搅拌滚筒、电动机和传动箱组成。工作时将土壤和肥料按所需比例投放到装料斗中，电动机通过传动箱中的皮带，将动力输入到搅拌滚筒，搅拌轴上安装有搅拌叶片，叶片在旋转的过程中将土壤和肥料充分混合并搅拌均匀。

4.2.4 苗盘播种机

(1)播种的农艺要求

苗盘播种机是工厂化育秧地播种专用设备，可将稻种定量均匀地散播到苗盘内，育出分布均匀的带土秧苗。根据作物秧苗期所需及插秧机要求，床土铺土的厚度应为2cm；薄土育秧一般1cm；床土铺土应平整一致，不应有起伏高差，有利于提高播种均匀度及喷水的均匀性；喷水后的床土，应使土壤含水率达到饱和，表面无积水，下层湿透；覆土厚度，以盖没稻种为宜。一般为5~7mm。不允许稻种裸露，影响种子生长。

基于上述农艺要求，要求播种机具性能良好，操作方便，工效高，轻便、耐用，维修方便，零部件便于标准化；对各种品种都能适用；在播种作业时，对种子的机械损伤尽量小。按所用的不同秧盘类型可分为毯状秧苗播种机和钵体秧苗育秧穴盘播种机两种，按播种机的播种工作原理又可分为电磁振动式、气吸式、外槽轮式、穴槽轮式等形式。

（2）田间播种覆土机

如图 4-6 所示，电动 2BD-1120 型水稻田间育秧播种覆土机成套设备由窝眼式播种轮、种箱（土箱）、行走轮、驱动电机、播种（覆土）电机和 36V 电瓶等组成。该机由 PLC 控制，可以进行前进和后退速度、播种量等参数调节。播种方式有单程播种和往返播种两种模式供选择。播种时，种子箱内先盛装种子，设置好播种模式后，电机驱动行走轮在轨道上行走，同时带动播种轮转动实现播种作业。当轨道间的播种作业完成后，可倒出种箱内剩余的种子，装上床土进行覆土作业，覆土过程与播种过程一致。该机对土壤的黏湿度、颗粒大小有较强的适应性，保证覆土均匀流畅，为水稻机插秧标准化、规格化双膜育苗提供了有利条件。水稻田间育秧播种覆土机能自动匀速播种与覆土，降低人工的耗用和劳作强度。

图 4-6　电动 2BD-1120 型播种覆土机

（3）自动苗盘播种机

自动苗盘播种机也叫自动育秧播种流水线，一般由机架、铺土装置、播种装置、喷水装置、覆土装置、电控箱等组成，动力上通过电机带动铺土总成及传动系统和播种总成，如图 4-7 所示。播种作业时秧盘先通过铺土总成铺底土，再通过毛刷将土刮平，种子由旋转的播种滚筒排出到秧盘上，再通过洒水湿土、表面覆土后，土壤均匀覆盖稻种，完成整个播种作业过程。有的全自动水稻育秧播种流水线，在原有播种流水线上加配自动供盘机、自动叠盘机，实现机械化育秧播种，使供盘、铺土、洒水、播种、覆土、叠盘等全程自动流水作业。该机器适用于常规水稻和杂交水稻的播种，是实现水稻工厂化育秧和机插秧必备的机械。

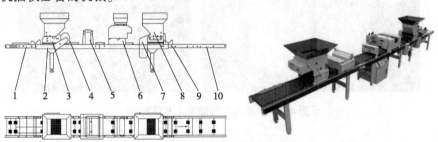

1. 首机架；2. 主机架；3. 底土箱；4. 平土毛刷；5. 洒水装置；6. 播种箱；
7. 动力机电盒；8. 覆土箱；9. 刮土装置；10. 尾机架。

图 4-7　全自动水稻育秧播种流水线

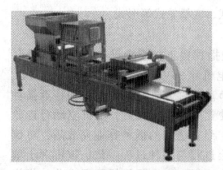

图4-8　振动气吸式钵体秧盘播种机

（4）振动气吸式钵体秧盘播种机

振动气吸式钵体秧盘播种机的结构原理如图4-8所示。经过破胸催芽的种子装在振台种盘内，种盘由四根振动弹簧支承，在一套曲柄滑块组成的振动机构带动下做上下高频振动。当振动频率达到足够大时，种子产生向上的抛掷运动，使种子间相互分离，呈"沸腾"状态并均匀地铺平在种盘上，此时种子间的摩擦力几乎为零。当带有负压的吸种盘移到种盘上方并下降与种子接触时，种子即被吸附在吸种盘下方开设的小孔上，然后将吸种盘移到秧盘上方相应位置，切断气源，种子落入对应的秧盘穴中，实现对靶播种。

4.2.5　出芽室设备

出芽室，也叫催芽室、发芽室，专业用于种子发芽。现在的出芽室多采用微电脑控制，可将温度、湿度、光照强度等环境因素自动化、智能化调节，如图4-9所示。

①温度控制系统。温度系统由加热器、压缩机组、冷风机、立式风道、温度传感器和控制系统等组成。压缩机组用支架安装在室外，并用机罩罩住。冷风机安装在出芽室门对面的顶板上，冷风机的进口处与位于其下的立式风道相连接，立式风道的进风出在其底部两侧。加热器安装在风道内。

②湿度控制系统。湿度系统由加湿器、除湿器、湿度传感器和控制系统等组成。生长室内的循环风通过冷风机时将空气中的湿度除去，且降低了温度，经加热器加热，空气温度得以回升。由于控制得当，可在除湿的同时保持温度恒定。

③出芽培养系统。培养系统由数只培养架组成，每层装有高亮度日光灯，为适宜种子发芽、生长的环境需要，特选用两色相间的植物生长灯。

④室内空气循环系统。室内空气循环系统由立式风道和冷风机所组成。生长室内各处的空气流动需比较均匀，不留死角，从而使生长室内的温度、湿度和风速均匀。

图4-9　智能人工气候室（发芽室）

4.3　水稻移栽设备

4.3.1　机插秧的技术要求

由于人工插秧劳动强度大、效率低，以及水稻插秧季节性强等因素，水稻产区迫切需要插秧机械化。水稻栽植机械化是水稻生产全程机械化的难点和重点。目前，机械化插秧是水稻栽植的主要机械化作业方法，实现水稻栽植机械化可改善工作条件、降低劳动强度、提高作业效率、稳定水稻生产面积。机动水稻插秧机的技术要求如下：

①保证每穴苗数达到农业技术要求，在一定范围内可以调节，插秧时苗数应均匀。

②符合插植规格，行距应符合 4(仅用于宽窄行平均行距)、5、6、7、8、9 寸等系列。穴距应符合 3、4、5 寸规格，并应可调节。插深可以调节，最大插深为 70mm。

③作业质量指标，在适合插秧机工作条件的情况下，均匀度合格率应在 70% 以上，漏插率在 2% 以下，勾伤秧率在 1.5% 以下。

④适应泥脚深度，插秧机在泥脚深度小于 40mm 时应能正常工作。

⑤工效，插秧频率应适当。行距为 4、5、6 寸的插秧机，最大插秧频率为 150 次/min；行距为 7、8、9 寸的插秧机，最大插秧频率为 170 次/min。一台三人操作的机动插秧机，其纯工作效率不应低于每小时 2 亩。

⑥田间转移速度和运输速度，田间转移速度为 2~5km/h；陆地运输速度为 7~10km/h。

4.3.2 水稻插秧机基本结构

我国从 1953 年起研究水稻插秧机，创造出多种机型，其中最具代表性、大量投产的只有延吉插秧机制造厂生产的 2ZT-9356 型(图 4-10)连杆式机动插秧机。

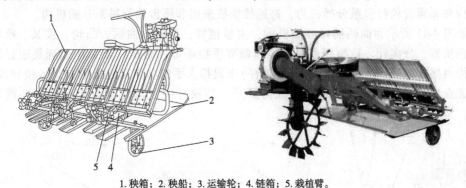

1.秧箱；2.秧船；3.运输轮；4.链箱；5.栽植臂。

图 4-10　2ZT-9356 型连杆式机动插秧机

插秧机发展至今，无论是手扶机动插秧机还是乘坐式机动插秧机，都是由如下几部分组成。

(1)传动系统

插秧机一般由柴油机或汽油机提供动力。大多数插秧机采用重量轻、运行比较平稳的汽油发动机。在泥脚深、行走阻力大的地方采用柴油发动机。

将发动机的动力通过传动系统一部分传到驱动地轮，驱动插秧机行驶，为满足不同的穴距要求设有变速机构，可以通过改变地轮转速来实现不同穴距调整；另一部分通过万向节传送到传动箱，传动箱又分别将动力传递到送秧机构和栽植机构。高速插秧机多采用静液压无级变速传动装置，也有采用液压机械无级变速传动装置。

①静液压无级变速传动装置。静液压无级变速传动装置(hydraulic stepless transmission)，简称 HST，是由液压泵、液压马达、阀体及其辅助和操纵系统组合成一体的一种液压组合件。HST 全部液压元件组装在一个兼作油箱、油路、支撑和液压调节操纵机构体的箱体中，可以直接串接在整机传动系统中承担变速箱的部分或全部调速功能，因此，也被称作液压变

速箱。在农业机械上的应用一般为集成式的液压元件，由专业液压厂家整体提供。HST 操纵简单，容易实现与发动机的匹配，而且系统本身有很强的制动能力，但是液压传动的总效率较低，因此限制了其应用范围，一般只应用于要求操纵简便并对油耗不敏感的小型机械上。目前，久保田、井关等高速插秧机采用该变速装置。

②液压机械无级变速传动装置。液压机械无级变速器(hydraulic mechanical transmission)，简称 HMT，应用于大功率传动场合的一种传动方式，大约 30% 通过液压传动，70% 通过机械传动，兼顾了液压系统良好的控制性能和机械传动的高效率，可实现无级变速控制，如洋马高速插秧机应用了 HMT。HMT 使用变量泵、变量马达与行星差速器组合，将发动机的输出功率，通过液压和机械两路，按不同的比例进行分流，最终通过行星差速器汇合输出。通过控制变量泵的排量来控制差速器的行星架转速和旋向，实现前进、停车和后退。这种传动方式可以获得机械挡、直接挡、机械-液压并联传动、纯液压传动等工作模式，其总效率介于液压传动和机械传动之间。但 HMT 结构复杂，制造成本高。

(2)分插机构

栽植机构又称移栽机构，在插秧机上统称为分插机构，是插秧机的主要工作部件，包括分插器和轨迹控制机构，在供秧机构(秧箱和送秧机构)的配合下，完成取秧、分秧和插秧的动作，其工作性能对插秧质量有重要的影响。常见的分插机构是曲柄摇杆式分插机构和非圆齿轮行星系分插机构，高速插秧机采用非圆齿轮行星系分插机构。

如图 4-11 所示为曲柄摇杆分插机构，由栽植臂、摇杆、曲柄、凸轮、拨叉、推秧弹簧、推秧器、分离针、栽植臂盖、后盖和调节手扭等零件组成。其工作原理是通过该分插机构由摇杆的回转运动带动栽植臂(连杆)来模拟人手的动作来进行取秧、运秧和插秧，秧针尖点的运动轨迹类似于水滴形或海豚形，其秧针尖点的运动轨迹对插秧性能影响最大。

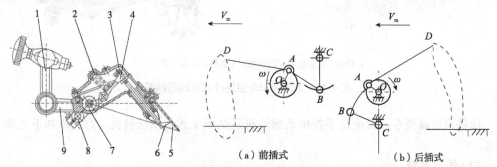

（a）前插式　　　　　　　　（b）后插式

1.摇杆；2.推秧弹簧；3.栽植臂盖；4.拨叉；5.秧爪（分离针）；6.推秧器；
7.凸轮；8.曲柄；9.栽植臂（连杆）。

图 4-11　曲柄摇杆分插机构

如图 4-12 所示为非圆齿轮行星系分插机构，同曲柄摇杆机构一样也是通过模拟人手的动作来进行取秧、运秧和插秧。该分插机构采用行星齿轮系传动，回转箱的两端对称布置一对栽植臂，分插机构转一转，栽植臂可以在一个运动周期内完成两次取秧、推秧和植苗动作，工作效率比传统的曲柄摇杆式分插机构提高 1 倍。

(3)送秧机构

送秧机构包括横向送秧机构和纵向送秧机构，其作用是从横向和纵向两个方向将秧箱中的秧苗不断地、均匀地向秧门输送，供秧爪取秧，如图 4-13 所示。

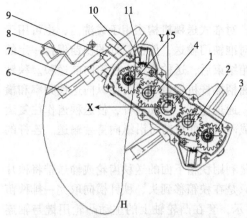

1. 太阳轮；2、4. 中间轮；3、5. 行星轮；6. 推秧杆；
7. 秧针；8. 秧门；9. 栽植臂；10. 间隙摆臂；11. 弹簧。

图 4-12　非圆齿轮行星系分插机构简图

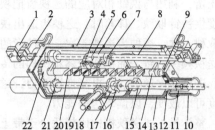

1. 驱动臂；2. 抬把；3、13. 箱体；4. 从动凸轮（左）；
5. 从动凸轮弹簧；6. 指销座；7. 从动凸轮（右）；
8. 移箱轴；9、12. 轴承；10. 套；11. 连轴节；
14. 主动凸轮；15. 传动轴；16. 链轮；17、18. 锥齿轮；
19. 指销；20. 螺旋凸轮轴；21、22. 直齿轮。

图 4-13　插秧机横向移箱机构

①横向送秧机构。横向送秧机构的作用是使秧爪能在秧箱的工作幅度内依次均匀取秧，使秧箱连同秧苗做横向整体移动，因此横向送秧机构又称移箱机构。横向送秧根据秧箱移动的特点可分为间歇移箱和连续移箱。

间歇移箱：在分插机构取秧过程中秧箱停止不动，等秧苗基本脱离秧箱后开始移箱。其优点是分取秧过程中秧苗较整齐，有利于提高分秧质量。缺点是秧箱自静止到运动或由运动到静止状态时，需要克服较大的惯性力，机器振动较大，易磨损，尤其在秧箱移动频率较高时，机器的工作状况变差。拔洗苗（洗根苗）插秧机和手动插秧机上常采用间歇移箱方式。

连续移箱：在分插机构取秧过程中，秧箱保持连续不断地匀速移动。从理论上说这种移箱方式影响分取秧质量，但由于分插机构取秧时间短，在分取秧的瞬间，秧箱移动的距离是一个很微小的值，故实际上对分秧、取秧质量影响不大。而连续移箱避免了间歇移箱的惯性力，给提高插秧频率提供了保证。目前，带土苗插秧机多采用连续移箱，日本产的高速插秧机也采用这种移箱方式。

横向送秧机构有两种，一种是转盘齿条式，另一种是凸轮式。转盘条式移箱机构主要由移箱盘（转盘）和移秧齿条组成。移箱盘固定在传动轴上，随轴一起转动。移箱盘上装有换向器，换向器由左旋和右旋两根螺旋条组成。移箱齿条连同齿条架活套在传动轴上。齿条架上的插头与秧箱的插座连接。当移箱盘旋转时，换向器的螺旋条推动齿条移动一个距离，并通过齿条架上的插头，带动秧箱横移。当秧箱盘嵌入齿条时，起定位作用，秧箱不移动，供分插机构分取秧苗。移箱盘转一圈，秧箱移动一次。当齿条移到最后一个齿时，齿条架下部的锁定卡顶开销将移箱盘上的锁定卡顶开，换向器换向，齿条即在换向器另一根螺旋条的作用下往相反方向移动。移箱盘在传动轴带动下连续旋转，秧箱便作间歇往复运动，完成横向送秧工作。

②纵向送秧机构。纵向送秧机构安装在秧箱底部。当指销座在指销的作用下移动到左端（或右端）时，套在螺旋凸轮轴上主动凸轮被推动并拨动安装在送秧轴上的从动凸轮，使固定在送秧轴上的抬把随轴转动并拨动秧箱下的棘爪而推动棘轮带动送秧星轮转动一定角度完成纵向整体送秧。送秧完毕，棘爪与抬把均依靠扭簧复位。

纵向送秧机构习惯上简称送秧机构，其作用是当秧针把前面靠近秧门处的秧苗取走后，定时、定量地把后面的秧苗从纵向推送到秧门处，并保证秧苗始终靠向秧门，使秧针每次取秧量尽量准确一致。

纵向送秧机构有对准式和整体推送式等类型。对准式送秧机构多用于拔洗苗，也可用于带土苗，利用与秧针相对应的送秧齿把秧苗强制对准秧门输送，使秧门处的秧苗保持一定的密度供秧针取秧。移箱时，送秧齿退出秧箱，移箱结束后，送秧齿进入秧箱向前送秧。秧针每取秧一次，送秧齿送秧一次。送秧齿的运动由曲柄摇杆机构带动，为使纵向送秧频率和横向送秧频率一致，曲柄装于移箱机构的传动轴上，通过连杆，带动摇杆，使送秧齿作往复运动，进行纵向送秧。为提高推送能力，送秧齿做成两层，使秧苗可沿纵向持续输送。连杆的长度可以改变，以调节送秧能力。

整体推送式送秧机构比较适合于带土苗，它是利用秧箱下面的送秧齿轮或输送带将秧片整体向前推送来完成送秧工作的。这种送秧方式只是在秧箱移到头，秧针横向取完一排秧苗后才进行一次。整体推送式送秧机构如图 4-14 所示，套在凸轮轴上的主动凸轮用键与轴连接，既随凸轮轴旋转又能在轴上移动。送秧凸轮用键与送秧轴连接，既可带动送秧轴转动，又能在轴上移动。在通常情况下，主动凸轮与送秧凸轮的位置是相互错开的，主动凸轮碰不到送秧凸轮。当移箱机构横向移到凸轮轴的右端时，便推动主动凸轮压缩其右边的弹簧，使主动凸轮向右移动到与送秧凸轮对准的位置。主动凸轮拨动送秧凸轮使送秧轴移动一个角度。当移箱机构横移到凸轮轴左端时，便通过送秧轮左端的凸台压缩其左边的弹簧，使送秧轮向左移动到与主动凸轮对准的位置。主动凸轮又拨动送秧凸轮，使送秧轴再转动一个角度。送秧轴两端固定有摆臂，当送秧轴转动时。摆臂随之转动并拨动棘爪和棘轮，带动与棘轮在同一根轴上的送秧齿轮或输送带转动一定角度。秧箱底板上开有几个孔，送秧齿轮或输送带就装在开孔处。当齿轮或输送带转动时，便把秧片向前推送，进行纵向送秧。每次送秧结束后，摆臂和棘爪分别靠扭簧复位，主动凸轮和送秧凸轮在各自弹簧的作用下回到原来的位置，二者又相互错开，主动凸轮拨不到送秧凸轮，所以纵向送秧只在秧箱横移到两端时进行。当移箱机构的滑块处于凸轮滑道直道位置时，秧箱停止左右移动，进行换向，给纵向送秧留出时间，创造了良好的工作条件。

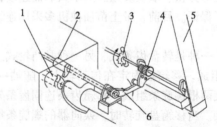

1.主动凸轮；2.从动凸轮；3.送秧星轮；4.棘轮；5.秧箱；6.抬把。

图 4-14　插秧机整体推送式纵向移箱机构

（4）其他部分

①牵引架。是连接动力行走部分和插秧工作部分的部件。牵引架上附有过埂器，当机器越过田埂时，驾驶员脚踩踏板，可以使秧船抬头而顺利过埂。

②机架和秧船。插秧工作部分的零件部件均安装在机架上并由秧船支承。秧船同时起整平地面的作用。

③操纵装置。包括离合器、插秧工作离合器及变速手柄、定位离合器，以及部分插秧机上有的液压操纵手柄等。

4.3.3　乘坐式高速插秧机

插秧机按操作方式可分为步行式插秧机(图 4-15)和乘坐式插秧机(图 4-16);按插秧速度可分为普通插秧机和高速插秧机。手扶步行式采用人在田间行走操作,操作人员的劳动强度大、作业效率低,目前使用量在逐渐减少。乘坐式高速插秧机由于工作效率高、操作轻便、作业质量好,目前已经在农业生产中大量推广。

图 4-15　步行式插秧机　　　　　　图 4-16　乘坐式插秧机

(1)高速插秧机特点

高速插秧机采用无级变速,作业的行走速度≥1m/s,使用乘坐式的操作方式,驾驶舒适性较好。目前,各类高速插秧机的基本结构是一样的,但是,在作业的行数、行距上各类插秧机有所不同。高速插秧机常见的行数有 6 行和 8 行,6 行高速插秧机比 8 行插秧机的工作效率低,8 行高速插秧机的动力采用柴油机。高速插秧机根据行距的不同,可分为 30cm和 25cm 两种行距,30cm 行距的插秧机适应插植密度较稀的水稻品种,25cm 行距的插秧机适应插植密度较密的水稻品种。以 VP6 高速插秧机为例,其特点有:①回转式插秧臂具有高速特点(转一圈插两次);②采用自动水平调节的横向液压仿形装置;③用监视器监控加秧时间和插秧臂状态。插秧离合器在"插秧"位置和"不插秧"位置,分别有指示灯提示,需要供秧时,会发出报警声响;④采用四轮驱动,出入田块和过埂过沟时,比较方便;⑤采用灵敏度很高的 6 段液压感应器,液压仿行机构可根据田块软硬程度自动调节纵向插植深度;⑥插秧深度和株距可方便调节;⑦方向盘液压系统助力,操作轻快、方便。

(2)结构原理

高速插秧机(图 4-17)由底盘部分和插植部分构成。底盘是插秧机的驱动部分,由发动机、传动系统、行走系统、操作系统等组成;插植部分主要由送秧机构、栽植机构等组成。高速插秧机工作时,发动机将动力传向驱动地轮的同时,一部分动力经万向节传送到传动箱,通过传动箱又分别将动力传递到送秧机构和栽植机构,在两大机构的相互配合下,栽植机构的秧针插入秧块抓取秧苗,并将其取出下移,当移到设定的插秧深度时,由栽植机构中的插植叉将秧苗从秧针上压下,完成一个插秧过程。同时,通过浮板和液压系统,控制行走轮与机体的相对位置和浮板与秧针的相对位置,使得插秧深度基本一致。

4.3.4　水稻钵苗移栽机械

(1)水稻钵苗移栽技术

水稻钵苗移栽技术即水稻抛秧栽培技术,它是采用软塑穴盘育秧,育秧时每穴秧苗相互独立,当秧苗生长到适合抛栽时,将秧苗从秧盘中取出,均匀地抛撒于大田,靠秧苗根部土坨下落时的力量贯入成泥浆状的田间,从而完成栽植作业。

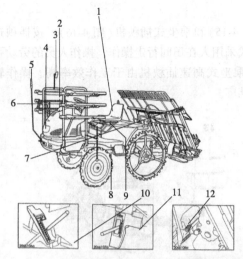
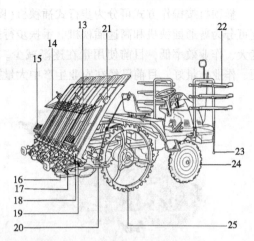

1. 驾驶座；2. 发动机；3. 后视镜；4. 前照灯；5. 中央标杆；6. 预备载秧台；7. 划线杆；
8. 燃料开关；9. 油箱；10. 取苗量调节手柄；11. 插植深度调节手柄；12. 横向切换手柄；
13. 载秧台；14. 苗床压杆；15. 阻苗器；16. 浮船；17. 秧爪；18. 压苗棒；19. 秧门导轨台；
20. 折叠式侧保险杆兼支架；21. 转向灯；22. 预备载秧；23. 侧标杆；24. 前轮；25. 后轮。

图 4-17　高速插秧机简图

水稻钵苗移栽技术是我国水稻移栽及农艺发展的一次创新。采取水稻钵苗机械化移栽技术，不仅能保证育苗环节能够育出健壮的水稻旱育秧苗，替代繁重的人工摆秧，提高作业效率，保证最佳移栽时节，而且机械移栽符合农艺要求的浅插、匀插、直插，移栽后秧苗起身快、分蘖早而多，可促进水稻早生、快发，增加水稻有效分蘖，具有"三省二增"，即省工、省种、省营养土、增产、增收的优点，对比毯式秧苗机插秧模式，在春季气候较低的年景，增产作用更为明显。水稻钵苗机械化移栽技术，对提高我国水稻种植机械化水平、促进水稻丰产的发展具有重要意义。

水稻钵苗移栽机在生产上应用的有两大类型：一类是水稻抛秧机；另一类是水稻钵体苗有序移栽机械，即水稻钵苗行栽机。

（2）水稻抛秧机

利用机械的方式模拟人工抛秧来完成水稻抛秧作业，秧苗在田间的分布呈无序状态。目前在生产中应用的有自走式和牵引式水稻抛秧机两种机型。以自走式水稻抛秧机为例，该抛秧机一般由发动机、传动变速箱、行走水田轮、操向手柄、牵引架、拖板、过埂器、机架、抛秧传动系统、抛秧甩盘、喂秧斗、护罩、秧箱等组成。自走式机型自配动力和行走装置，可独立作业，具有结构紧凑、操作转向灵活、地头转弯半径小等优点，如图 4-18 所示。

水稻抛秧机工作原理是利用旋转锥盘转动时的离心作用，将从锥盘中心部位喂入的带钵秧苗均匀地抛撒于大田，靠秧苗从锥盘获得的能量和自身的重量贯入田间定植，从而完成抛秧作业。水稻钵苗抛撒装置是水稻抛秧机的关键工作部件，按其工作原理的不同主要有旋转锥盘式和"扬场机式"水稻抛

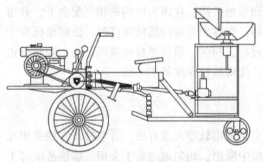

图 4-18　自走式水稻抛秧机结构图

秧装置。

①旋转锥盘式水稻抛秧装置(图 4-19)。

a. 构造：旋转锥盘式水稻抛秧装置是由抛秧盘、喂秧斗、护罩、机架和传动系统构成。其核心部件为抛秧盘，抛秧盘形状呈倒锥形或凹形旋转曲面，在曲面的内侧均布有 4~8 条突起的导秧轨。护罩安装在抛秧盘外围，喂秧斗配置在抛秧盘的后上方，出秧口与抛秧盘的中心部位对应。

b. 工作原理：利用抛秧盘旋转时产生的离心作用，将从抛秧盘中心部位喂入的秧苗逐渐加速后，使秧苗沿抛秧盘中的导秧轨运动，当秧苗到达抛秧盘的外圈时与抛秧盘脱离，并按照一定的规律被抛撒到大田，完成抛秧作业。

c. 特点：结构简单，对秧苗损伤小，作业幅宽大，一般可达 8~10m，生产率高，抛秧均匀度比人工作业好，但仍属于无序抛秧，作业质量有待提高。

②"扬场机式"水稻抛秧装置(图 4-20)。

a. 构造："扬场机式"水稻抛秧装置是由抛秧辊、抛秧皮带、喂秧斗、机架和传动系统构成。其核心部件为抛秧辊和抛秧皮带，抛秧皮带安装在两个皮带辊上，由皮带辊驱动，在抛秧皮带的上方装有抛秧辊，抛秧辊外层由弹性材料构成，喂秧斗配置在抛秧皮带的上方，抛秧辊的后方。

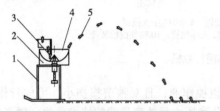

1. 机架；2. 护罩；3. 喂秧斗；4. 抛秧盘；5. 秧苗。　　1. 机架；2. 抛秧皮带；3. 喂秧斗；4. 抛秧辊；5. 秧苗。

图 4-19　旋转锥盘式水稻抛秧装置　　　　图 4-20　"扬场机式"水稻抛秧装置

b. 工作原理：利用抛秧皮带高速运动时的摩擦带动作用，从喂秧斗喂入的秧苗通过抛秧辊的挤压作用，将秧苗与抛秧皮带结合后，一起随皮带高速运动，是秧苗沿抛秧皮带运动方向抛掷出去，并按一定的规律被抛撒到大田，完成抛秧作业。

c. 特点：结构简单，秧苗的抛速和抛高较大，后抛距离大，最大可达 15~20m，作业幅宽大，一般可达 8~10m，生产率高。由于秧苗被突然加速和被抛秧辊挤压，因此对秧苗损伤大，特别是对秧苗的营养钵损伤严重。

抛撒式水稻抛秧机秧苗喂入均匀时，秧苗在田间的分布规律服从随机均匀分布，该机机构简单、重量轻、适应性强、便于操作、生产效率高，但该机型属于抛撒型水稻抛秧机，不能实现有序抛秧，作业质量有待提高。

③水稻钵体苗有序移栽机械(图 4-21)。水稻钵苗机械化摆栽技术，是通过钵形毯状秧苗或钵苗培育，利用摆栽机按钵精确取秧、摆栽，完成水稻钵苗移栽作业的技术。特点是秧苗根系带土多，伤秧和伤根率低，栽后秧苗返青快，发根和分蘖早，能充分利用低位节分蘖，有效分蘖多，有利于实现高产；同时按钵苗定量取秧，取秧更准确，机插漏秧率降低，机插苗丛间均匀一致有利于高产群体形成，实现机插高产高效。

水稻钵体苗有序移栽机械又称水稻钵苗行栽机或水稻钵苗摆栽机，其原理是机器的输秧拔秧装置将在软塑穴盘培育的水稻秧苗自动有序的输送和从育秧盘中拔取，并按一定的株距和行距栽植在田间，完成水稻钵苗移栽作业。该类型水稻钵苗行栽机是由发动机、行走变速箱、驱动轮、牵引架、拖板、运秧架支座、减速器、空盘回收架、导秧管、输秧拔秧装置等组成。工作时，发动机的动力通过行走变速箱分为两路，一路传递到驱动轮驱动机器前进；另一路通过万向节传递到减速器，减速后通过皮带传递到输秧拔秧装置，驱动输秧辊、拔秧辊工作。喂秧手将带有秧苗的育秧盘从运秧架内抽出放在拖板上并喂入到输秧辊上，输秧辊将秧盘卡住向前输送，拔秧辊将秧苗从育秧盘中单穴独立拔出，顺序放入导秧管，秧苗在重力作用下沿导秧管下滑分行落入大田泥浆中，完成栽植作业。空秧盘由输秧辊输送到空盘回收架内。

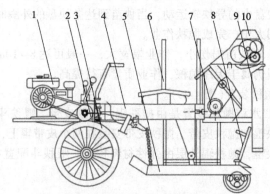

1.发动机；2.行走变速箱；3.驱动轮；4.牵引架；5.拖板；
6.运秧架支座；7.减速器；8.空盘回收架；9.导秧管；10.输秧拔秧装置。

图 4-21　水稻钵苗行栽机

该机结构简单，自动化程度高，由机器完成拔秧作业，且对秧苗损伤小，可成行作业，秧苗在田间有序分布，作业质量显著提高，可充分发挥水稻钵育移栽的技术优势，增产效果更加明显。

4.4　水稻直播机械

4.4.1　水稻直播的优缺点

直播就是将种子直接播种到大田，省去了育秧、插秧等工序。方法简单快捷、功效高，劳动强度和生产成本低。我国采用水稻直播栽培，历史悠久，后魏贾思勰著《齐民要术》就有关于直播发芽稻种的记载。从 20 世纪 50 年代起，水稻直播机经历了从仿制改装到自行设计过程。开始主要利用谷物条播机进行改装及带有窝眼轮式排种器的改良农具，70 年代进入自行设计阶段，机动与人力水稻直播机形成批量生产并推广使用。随着水稻插秧机的研制成功，有些地区利用水稻插秧机的行走装置配上排种机构进行水稻直播；有些大型国有农场在机械化水稻直播栽培技术方面，解决了保苗和苗期杂草控制等问题，达到稳定产量的要求。水稻直播机械化栽培在欧美国家较为普遍，如美国用飞机播种占水稻面积的 60% 左右；意大利于 20 世纪 60 年代改秧苗移植栽培为机械化直播栽培。随着除草剂的配合施用，更有利于水稻直播栽培的推广，促进水稻直播机的发展。

优点：播种出苗后，幼苗连续生长，不会因移栽伤根而造成缓苗，也可减少伤根造成软腐病菌侵入的机会，因此易获得丰产；直播也比较省工。例如，水稻分蘖节位低、分蘖早，根系旺，只要田间管理适当，可获得高产稳产。

缺点：直播后对种子发芽条件较难控制，幼芽和幼苗在田间也较难保护，易受高温、干旱及雨涝等灾害性天气危害；苗期间苗、治虫等管理也比较费工；直播用种量大。种子发芽和出苗受自然条件影响较大，田间杂草多，植株易倒伏。

4.4.2　水稻直播机

水稻直播机是在大田内完成水稻播种的机具。直播水稻大田生育期长，但比插秧栽培水稻省去育秧、拔秧两道工序。且水稻直播机比水稻插秧机结构简单、造价低，且便于机械操作和提高劳动生产率。水稻直播机按直播栽培方式分有水直播与旱直播机型。按播种方法可分为条播机、撒播机和穴播机。按排种工作原理分为机械式(槽轮式、窝眼轮式、型孔式、勺式、转盘式等)、气力式(气吸式、气吹式)和电磁振动式等。

①水直播。把水稻种子直接播到经过耕整的水田里，田面保持有水层或泥浆。播种深度难以控制，如图 4-22 所示。

②旱直播。水稻直播机一般由种子箱、排种器、输种管、开沟覆土装置、划行器等部件组成。其结构与谷物条播机相似，只是根据水稻种子与水稻田的特性，稍加改进。

干耕干整，干田播种，便于控制播种深度和实现旋耕播种等复式作业。对于土地平整度和水利条件要求较高，作业功效高、劳动强度和生产成本低，适合轮作和大规模经营。杂草多、锄草难、收获困难，目前技术不太理想，所以应用较少，如图 4-23 所示。

③芽播。种子催芽后再播入田间。解决了直接播种后，水稻种子在水田土壤中发芽阶段由于缺氧往往发芽率较低。直接解决了传统直播倒伏、鸟害和发芽率低的问题。加工和设备投资比较大，在国内还没有推广。

图 4-22　水直播　　　　　　　　　　　　图 4-23　旱直播

水稻直播机应向联合作业方向发展，即使筑畦、开沟、平土、播种、施肥、除草剂喷洒等作业一次完成，并能满足水稻不同品种、不同栽培方式的要求，以提高播种质量、工作可靠性和经济效益。

4.5　蔬菜苗嫁接装备

4.5.1　嫁接

(1)概述

嫁接是植物的人工繁殖方法之一，是把一株植物的枝或芽，嫁接到另一株植物的茎或根上，使接在一起的两个部分长成一个完整的植株。嫁接的方式分为枝接和芽接。嫁接是利用植物受伤后具有愈伤的机能来进行的，嫁接时，使两个伤面的形成层靠近并扎紧在一起，结果因细胞增生，彼此愈合成为维管组织连接在一起形成一个整体。影响嫁接成活的主要因素是接穗和砧木的亲和力，其次是嫁接的技术和嫁接后的管理。嫁接栽培技术是蔬菜育苗的一项重要技术。嫁接栽培技术能增强植株抗病能力，提高植株耐低

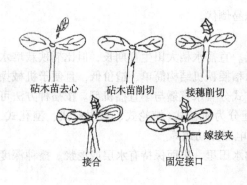

图 4-24　靠接法嫁接

温能力，有利于克服连作危害，扩大了根系吸收范围和能力，从而提高了蔬菜产品的产量。如图 4-24 所示为靠接法嫁接。

20 世纪 80 年代，蔬菜嫁接栽培技术在日本、韩国、中国和欧美各国普及。嫁接作业、嫁接苗愈合管理的技术性强，要求嫁接工人具有较高的技术水平，人工嫁接苗易出现成活率低下、苗株生长差异大等问题。这种状况制约了蔬菜嫁接育苗技术的推广与应用。

（2）蔬菜嫁接方法

蔬菜的嫁接方法有很多种。目前，国内外主要采用的嫁接方法包括：劈接法、靠接法、插接法、针接法、贴接法、套管法和平接法。贴接法、套管法和平接法作业步骤较少、操作方式较为简单，是最适合蔬菜嫁接机上采用的嫁接方式。蔬菜嫁接栽培技术在日本、韩国等一些农业发达国家应用广泛。在日本，仅西瓜、黄瓜和茄子这三种作物每年至少嫁接 10 亿棵，分别达到栽种总额的 100%、90% 和 96%。

（3）嫁接机的优点

嫁接机是一种采用机电控制技术，能够自动化或半自动化实现嫁接功能的机械装置，采用嫁接机替代人工进行嫁接作业，具有如下显著优势：

①提高嫁接速度，操作简单，切苗速度快，它能够极大地提高嫁接速度。

②成活率高，速度快，切削面光滑、平整，接穗和砧木的接口更紧密，理论上没有缝隙，从而使伤口更易于愈合，提高成活率。

③降低生产成本，由于嫁接苗的长速相当，有利于生产管理和规模化生产。使用嫁接机可以有效地降低生产成本，提高产品的竞争力。

4.5.2　嫁接机

（1）贴接法嫁接机

20 世纪 90 年代，日本井关公司与日本生研机构合作率先推出了商品化的 GR800 型半自动（人工单株上、下苗）瓜科嫁接机。该机采用的上苗方式为人工单株上苗，砧木和接穗的上苗方式采用缝隙托架上苗，运动部件的动力为气动方式。GR800 型半自动瓜科嫁接机的嫁接成功率可达 90% 以上，嫁接生产能力为 800 株/h。日本洋马公司与日本生研机构合作，开发出 AG1000 型全自动嫁接机。该机采用的上苗方式为 128 穴穴盘整盘上苗，一个作业循环嫁接一行 8 株苗，完成的嫁接苗以穴盘整盘自动下苗。AG1000 型全自动嫁接机的嫁接成功率可达到 97%。但是，AG1000 型全自动嫁接机对培育所需的砧木苗和接穗苗在形态和尺寸方面的要求非常高，导致其在生产中较难发挥作用，如图 4-25 所示。

欧洲的法国、荷兰、意大利等农业发达的一些国家，蔬菜的嫁接育苗相当普遍，每年由大规模的工厂化育苗中心向用户提供嫁接苗。最初，这些国家主要依靠从日本进口蔬菜嫁接机。2010 年，西班牙 CONIC SYSTEM 公司设计了一种由一名操作者作业的 EMP300 型全自动茄果类蔬菜嫁接用机，采用贴接法对接穗和砧木进行 65° 的切削，生产率为 400 ~ 600 株/h，嫁接成功率可达 98% 以上。

（a）GR800型半自动瓜科嫁接机　　（b）AG1000型全自动嫁接机　　（c）GRF800-U 的瓜类全自动嫁接机

图 4-25　贴接法嫁接机

（2）套管法嫁接机

1992 年，日本三菱公司根据日本全国农业协同组合联合会（JA）研究的嫁接技术，开发了 MGM600 型全自动茄科嫁接机。该机选择套管法作为嫁接机的嫁接生产方式，嫁接速率为 600 株/h，嫁接成功率可达 90%。MGM600 型全自动茄科嫁接机，首先将排成单列的砧木苗和穗木苗放置在指定位置；接着，嫁接机将自动切削完成的砧木苗和穗木苗接合在一起；最后，使用专用的弹性套管将其固定。该机自动化水平高，体积比较大，结构较复杂，价格较高。

为了降低大型嫁接机的制造成本，2003 年，日本洋马公司推出了 T600 型半自动瓜科自动嫁接机。该机体积较小、操作方便，采用平接套管法，只需一个人操作。操作人员以"并株"的形式将砧木苗和穗木苗送到嫁接机的托苗架上；随后，嫁接机自动完成砧木和接穗的切削、对接和安装固定套管作业。该机的生产率可达 600 株/h，嫁接成功率可达 98% 以上。

此外，日本烟草公司改进嫁接套管，以热缩管为接合材料研制出一种新的蔬菜嫁接机。该嫁接机具有塑料管收缩压榨嫁接苗使结合面处液汁增加，成活率高；加热后可给茎表面消毒、杀菌等优点。

荷兰设施园艺自动化生产装备技术世界领先。ISO Group 公司从 2006 年开始研究嫁接机技术，可嫁接番茄、辣椒和茄子，利用天然橡胶管固定嫁接苗。2007 年开发出 Graft 1000 全自动嫁接机，生产效率可达 1000 株/h，嫁接成功率为 99%，如图 4-26 所示。该机设有秧苗信息图像识别系统和秧苗输送系统，利用输送系统将穴盘中秧苗取出并单向输送排列，通过图像采集相机精准获取秧苗子叶和茎部参数，为切削机构提供切削基准，并实现砧木和接穗匹配嫁接选择。

图 4-26　Graft 1000 型蔬菜全自动嫁接机

（3）平接法嫁接机

由于天然橡胶受基础材料偏差和环境偏差影响导致降解不稳定，2010 年，荷兰 ISO Group 公司推出了 ISO Graft 1200 型蔬菜全自动嫁接机。该机秉承了荷兰园艺设施自动化程度高及智能性高的特点，具有庞大的嫁接装置及完善的输送系统，生产率可达 1050 株/h。ISO Graft 1200 型蔬菜全自动嫁接机仅需一人操作，采用平接法嫁接，嫁接成功率可达 98% 以上。后期，销售中考虑到成本问题，荷兰 ISO Group 公司又推出 ISO Graft 1100 型蔬菜全自动嫁接机如图 4-27 所示，且改进安装了视觉传感器，使机械手在切削工程中可以有选择地避开有桔梗的部分，保证了嫁接成功率。该机的生产率可达 1000 株/h，嫁接成功率可达 99%以上。

（a）ISO Graft 1200 型蔬菜全自动嫁接机　　　（b）ISO Graft 1100 型蔬菜全自动嫁接机

图 4-27　平接法嫁接机

（4）其他嫁接方式

韩国于 20 世纪 90 年代初，开始研究蔬菜嫁接机。韩国的大东机电有限公司推出 GR-600CS 型多功能半自动嫁接机。该机需要两名操作人员，采用靠接法嫁接，同时适用于茄科和瓜科蔬菜的嫁接。GR-600CS 多功能半自动嫁接机的生产率为 310 株/h，嫁接成功率可达 90%。该机具有外形尺寸小、质量轻、价格低等优点。随后公司推出 GR-800CS 型多功能全自动嫁接机。该机仅需要一名操作人员，采用靠接法嫁接，同时适用于茄科和瓜科蔬菜的嫁接。GR-800CS 多功能全自动嫁接机的生产率为 800 株/h，嫁接成功率可达 95%。

韩国的 Ideal System 有限公司研究出针式全自动嫁接机（图 4-28）。该机采用陶瓷制 5 角行针，以针接方式嫁接蔬菜。主要特点：嫁接部位不回转、固定性能好，适用于茄科蔬菜的嫁接。该机的生产率可达 1200 株/h，嫁接成功率为 95%。

（a）GR-600CS 多功能半自动嫁接机　　　　　（b）GR-800CS 多功能半自动嫁接机

（c）针式全自动嫁接机

图 4-28　韩国 GR 系列嫁接机

(5)国产蔬菜嫁接机

我国对蔬菜嫁接机的研究起步较晚,主要集中在高校和研究院所内。1998 年,中国农业大学的张铁中教授率先在国内开展了蔬菜嫁接机的研究,并成功推出适用于瓜类蔬菜的 2JSZ-600 型单臂蔬菜自动嫁接机。

该机采用贴接法嫁接作物,实现了砧木和穗木的取苗、切苗、接合、固定、排苗等嫁接过程的自动化操作。在嫁接作业中,砧木苗为带土作业,有效提高了嫁接成活率。该机的生产率为 600 株/h,嫁接成功率可达 95%。

图 4-29 2JSZ-600B 型双臂、双向蔬菜嫁接机

2009 年,以 2JSZ-600 型单臂蔬菜自动嫁接机为基础,张铁中教授领衔的研究团队推出一种 2JSZ-600B 型双臂、双向蔬菜嫁接机图 4-29。在嫁接作业中,该机采用双向嫁接机构,砧木和穗木苗从左右同时进入嫁接机切苗;随后,接合、固定后,从中间的排出嫁接苗。该机有效减少了搬运、切苗的时间,与 2JSZ-600 型单臂蔬菜自动嫁接机相比,显著提高了嫁接的速度。

2005 年,东北农业大学的辜松教授成功研制出 2JC-350 型插接式半自动瓜科果蔬嫁接机。该机适用于瓜类作物,采用人工上苗,生产率可达到 350 株/h,嫁接成功率达到 90%。

随后,在 2JC-350 型半自动嫁接机的基础上,辜松教授推出 2JC-450 型和 2JC-500 型两种旋转式半自动瓜科果蔬嫁接机。此系列机型均以插接法为嫁接方式,单株半自动上苗、卸苗,适用于瓜科蔬菜。此类机型操作简单,生产率保持在 400~500 株/h,嫁接成功率可达 90% 以上。

2008 年,辜松教授在 2JC-450 型半自动嫁接机的基础上,改进推出了 2JC-600 型旋转式瓜科果蔬自动嫁接机。该机型以插接法为嫁接方式,单株自动上苗、卸苗,适用于瓜科蔬菜。此类机型操作简单,生产率保持在 600 株/h 左右[图 4-30(a)],嫁接成功率可达 90% 以上。随后,辜松教授研发团队与国家农业智能装备工程技术研究中心合作研发了 2JC-1000A 型全自动嫁接机[图 4-30(b)]。该机生产率保持可达 1000 株/h,嫁接成功率可达 90% 以上。

(a)2JC-600型旋转式瓜科果蔬自动嫁接机   (b)2JC-1000A型全自动嫁接机

图 4-30 2JC 系列嫁接机

2008 年,国家农业智能装备工程技术研究中心面向设施农业育苗生产,开发研制了TJ-800型(图 4-31)瓜、茄科蔬菜自动嫁接机。该机采用贴接法进行嫁接作业,适用于瓜、茄科蔬菜,生产率为 800 株/h,嫁接成功率可达 95% 以上。

图 4-31　TJ-800 型嫁接机

近年来，国内又衍生出许多新的嫁接方式：

①流水线式多工位机械嫁接作业方式，主要针对半自动嫁接机，通过减少单工位的作业步骤、增加作业工位的方法来提高嫁接作业的生产率。

②改进斜插式蔬菜嫁接机提高嫁接成功率，通过调整夹持机构的厚度、夹持力大小和使用凸形与凹形的夹持片交叉夹紧等方式来提高嫁接成功率。这些方法均已进行了中期实验，效果很好。

目前，半自动蔬菜嫁接机已在我国日光温室、大棚等蔬菜种植基地广泛应用。

4.6　蔬菜苗移栽装备

蔬菜苗在育成秧苗后，将其移植到田间的机械称作栽植机械或移栽机械。移栽机根据自动化程度，可分为简易移栽机、半自动移栽机和自动移栽机。简易移栽机具有开沟和覆土压密器，栽植时，人工将秧苗直接放入开沟器开出的沟内。半自动移栽机增加一个栽植器，人工将秧苗放到栽植器内由栽植器栽入沟内。自动移栽机则从分秧、栽植到覆土压密全部由机器完成。

4.6.1　半自动蔬菜移栽机

目前的蔬菜移栽机大部分是半自动化，采用人工辅助喂苗的方式，将蔬菜钵苗移栽在田地中。下面以 2ZB-2 移栽机进行介绍。2ZB-2 型半自动蔬菜移栽机（图 4-32）是一款自走式的秧苗移栽机械，动力由一组 48V 12AH 的电池提供，配备 3kW 辅助发电机组。该机能自动设定株距、行距可调、轮距可调、采用人工投苗、机械移栽，适用于大部分蔬菜移栽。

图 4-32　2ZB-2 型半自动蔬菜移栽机

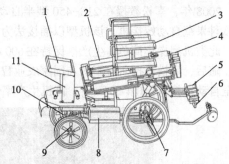

1.前苗盘；2.操作面板；3.测苗盘；4.苗盒；5.覆土压密器；6.鸭嘴；7.工作电机；8.电瓶；9.前桥；10.大梁；11.配电箱。

图 4-33　2ZB-2 型半自动蔬菜移栽机结构示意图

2ZB-2 型半自动蔬菜移栽机的结构组成如图 4-33 所示。该蔬菜移栽机由机架、苗盒、接苗盒、鸭嘴机构、镇压轮、工作电机、发动机、传动系统、行走装置、操纵控制装置等组成。工作时，人工将秧苗一钵一钵地放入到苗盒，当苗盒转动到接苗盒上方时，苗盒底部打开，将秧苗送入接苗盒，鸭嘴机构通过开穴、栽植、回转等工序，将秧苗栽入土中，镇压轮完成覆土工作。本机器可进行株距、行距和轮距的调整，以适应不同品种的蔬菜苗。

按栽植器结构分类，半自动蔬菜苗移栽机又可分为如下几类：

(1) 盘夹式栽植机

工作时人工将秧苗放置在转动的苗夹上，秧苗被夹持随圆盘转动，到达苗沟时，苗夹打开，秧苗落入苗沟，然后覆土，完成栽植过程。这类栽植机构简单，成本低，但穴距调整困难，栽植速度低，一般 30~45 穴/min，适用于裸苗栽培，如图 4-34 所示。

(2) 链夹式栽植机

苗夹安装在链条上，链条由镇压轮驱动，秧苗由人工喂入导苗夹上，由苗夹将秧苗栽植到田间(图 4-35)。这类栽植价格低，但生产率低并有伤苗等缺点。和盘夹式栽植机一样，适用于裸苗栽植。

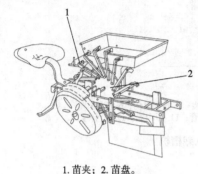

1. 苗夹；2. 苗盘。

图 4-34　盘夹式栽植机

图 4-35　链夹式栽植机

(3) 盘式栽植机

由两片可以变形的挠性圆盘来夹持秧苗如图 4-36 所示，由于不受苗夹数量的限制，其对穴距的适应性较好。特点是栽植深度不稳定、结构简单、成本低、圆盘寿命短。工作时，喂秧手将秧苗均匀地放置到供秧传送带的槽内，传送带将秧苗喂入栽植器中，以保证穴距均匀，并可减轻劳动强度。适用于裸苗及纸筒苗移栽。

(4) 吊筒式栽植机

工作时，吊筒在偏心圆盘作用下始终垂直于地面。当吊筒运行到上部位置时，栽植手将秧苗放入吊筒，当吊筒运行到最低位置时，吊筒底部尖嘴对开式开穴器在导轨作用下被压开，钵苗落入穴中，部分土壤流至钵苗周围，压密轮随之将其扶正压实。适用于钵体尺寸较大的钵苗移栽，尤其适合于地膜覆盖后的打孔栽植。缺点是结构复杂，喂苗速度低，生产率较低，如图 4-37 所示。

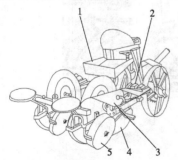

1. 秧箱；2. 供秧传送带；3. 挠性盘；
4. 开沟器；5. 镇压轮。

图 4-36　盘式栽植机

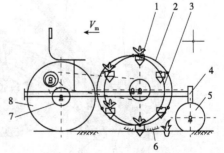

1. 吊筒栽植器；2. 栽植圆盘；3. 偏心圆盘；4. 机架；5. 压密轮；
6. 导轨；7. 传动装置；8. 仿形传动轮。

图 4-37　吊筒式栽植机

(5) 带式喂入栽植机

当机器前进时，开沟器开出栽植沟，与地轮同轴的链轮通过链条把运动按一定的传动比传给输送带，盛满钵苗的钵苗盘预先放置在盘架上。作业时操作者将钵苗盘取下，放在喂入机构后方使一排钵苗与输送带对齐，然后将一排钵苗推入输送带，钵苗经过输送、分钵、扶正完成喂入过程；经导苗管下落后被覆土、镇压，完成栽植过程，如图4-38所示。

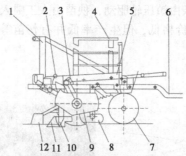

1.机架；2.扶正器；3.分钵器；4.盘架；5.喂入机构；6.座位；
7.镇压轮；8.覆土板；9.地轮；10.导苗管；11.开沟器；12.刮土器。

图4-38　带式喂入栽植机

4.6.2　自动蔬菜移栽机

如图4-39所示，洋马乘坐式全自动蔬菜移栽机是使用插秧机走行部，搭载了专用栽植部的2行自动蔬菜移栽机。该机功率为5.8kW、移栽行数为2行、株距为26~80cm，适用的垄高为不高于30cm，插植深度为3.5~7cm，托盘尺寸为长59cm、宽30cm、高4.4cm，移栽效率为1.65~2.55亩/h。

自动蔬菜移栽机由苗台、苗盘、取苗爪、开孔器、覆土轮、发动机、传动系统、行走装置、操纵控制装置等组成。通过调节株距变速手柄，可使株距在260~800mm范围内无级调节。苗台可搭载4张苗盘，左右感应滚轮独立控制，稳定栽植深度，在传动机构控制下，苗

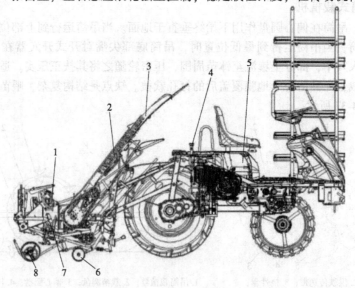

1.秧针（取苗爪）；2.苗盘；3.苗台；4.株距变速手柄；5.行走部；6.感应滚轮；7.开孔器；8.镇压轮。

图4-39　乘坐式全自动蔬菜移栽机

盘自动完成纵向和横向进给。开孔器上升至顶端的同时，取苗爪从苗盘中自动夹取一棵钵苗送至开孔器上方，钵苗落入开孔器。开孔器下降，当开孔器插入地下后，鸭嘴打开，钵苗自开孔器落入土中，随后覆土轮覆土镇压。在蔬菜苗落土后，开孔器在传动机构作用下上升。根据田块和苗的条件，调节合适的栽植深度。在开始作业，前进了 4~5m 以后，确认栽植深度，根据需要进行调节。

 ## 本章习题

一、简答题

1. 在作物栽培中，育苗移栽的栽培方式有哪些好处？

2. 简述田间播种覆土机的工作原理。

3. 简述自动苗盘播种机的工作原理。

4. 简述曲柄摇杆分插机构的工作原理。

5. 简述转盘齿条式横向送秧机构的工作原理。

6. 简述整体推送式纵向送秧机构的工作原理。

7. 简述高速插秧机的特点。

8. 简述水稻摆秧机的一般结构及工作原理。

9. 分析水稻直播的优缺点。

10. 目前蔬菜苗嫁接机的种类有哪些？

11. 简述吊桶式蔬菜苗移栽机的工作原理。

二、创新设计题

1. 根据离线原理设计一款水稻钵苗抛秧机。

2. 设计一款人工投苗的半自动蔬菜移栽机。

本章数字资源

第 5 章　田间管理机械

大田指大面积种植作物的田地，而田间管理是指大田生产中，作物从播种到收获的整个栽培过程所进行的间苗、除草、培土、灌溉、施肥和防治病虫害等各种管理措施的总称，即为作物的生长发育创造良好条件的劳动过程。田间管理必须根据各地自然条件和作物生长发育的特征，采取针对性措施，才能得到事半功倍的效果。田间管理机械主要包括中耕机械和植物保护机械。本章在介绍除草方法的基础上，重点对机械除草方法中使用的中耕机的类型和除草铲、松土铲和培土器等关键中耕部件做详细的阐述，并对作物生长过程中使用到的喷雾器、喷粉机及喷烟机等植物保护机械、果园中的管理机械的结构、工作原理及关键工作部件进行了详细的介绍，最后对航空植保中用到的无人机及相关技术做了简要的介绍。通过本章学习，读者能了解田间管理的相关知识，掌握常见的中耕机械和植物保护机械与装备的结构与原理。

5.1　大田除草管理

5.1.1　概述

杂草作为农作物强有力的竞争对象，与作物争夺养分和水分，直接影响作物的产量与质量，杂草也是病虫害的主要寄主，除草已成为农业生产上不可忽视的一个重要问题。据联合国粮食及农业组织报道，全世界杂草总数约 5 万种，其中 8000 种为农田杂草，而危害主要粮食作物的约 250 种。国内对于杂草的研究一般限于利用化学药剂控制杂草，但化学除草存在不少弊端，带来诸如农田中许多生物灭绝，杂草群落变迁，其抗药性增强且抗药谱扩大及环境污染、农药残留等问题。为了更好地控制草害，提高除草的生态经济效益，许多国家采用非化学除草方法，取得了很好的效果。

除草方法主要有两大类：机械除草(中耕除草)(图 5-1)和非机械除草。其中，非机械除草种类有化学药剂除草、火焰除草、电击除草、微波除草、生物除草、泡沫除草等。

5.1.2　非机械除草方法

(1)化学药剂除草

①分类。除草剂有两类：一类是灭生性除草剂，可除灭一切绿色植物；另一类具有选择性除草剂，即某种药剂只对某类植物(如单子叶植物或双子叶植物)起作用。

②特点。优点：消除行间杂草较其他方式简单易行；由于药剂具有选择性，不易误伤苗株，作业难度不大，机具前进速度较快，可提高工作效率；所使用的机具设备可与植保机械通用；不像火焰除草或机械除草产生高温或松动土壤，因而不影响作物幼苗的生态环境；可以消除撒播的作物丛中生长的杂草。缺点：最大的问题就是存在残留毒性的积累，留在空气中污染环境，在土壤中影响下茬作物的生长；除草剂价格贵、选择性不强、多年生杂草不易

（a）锄头除草

（b）中耕机除草

图 5-1　机械除草

除尽，各国都在加强研究高效、低毒、选择性强的除草剂。

③施用方式。一是将除草剂混入到土壤中（在进行表土耕作时）；二是将触杀式除草剂喷洒或涂刷到作物苗株上（须使用选择性强的除草剂）。

④除草剂喷施机械。喷施除草剂可用植保机械中的喷雾器、喷粉器和颗粒肥料的施撒机。专用的化学药剂除草机如药绳式除草剂施布机。它的工作原理是使连接在机架上的吸湿性强的软绳或尼龙绳由除草剂浸透，作业时带药的绳带轻拂杂草的叶面，药液顺势流到杂草的各个部位将杂草杀死。药液箱安装在机架上。靠重力作用使药液浸入软绳。装设药绳的机架高度可以调节的，以改变药绳的高低位置。优点：适应性强、环境污染小、用药量小、经济效益高。

（a）背负式喷雾器

（b）自走式喷雾器

图 5-2　除草剂喷施机械

（2）火焰除草

①概述。火焰除草是利用火焰消灭有害的杂草（图 5-3）。火焰除草是依据杂草耐受高温的能力较农作物差，高温会使杂草内部的液体膨胀而导致细胞破裂而死亡，故当杂草处于幼嫩时期，而作物已长出较粗的茎干并有足够的高度时，对准苗行的杂草喷射火焰，从而会得到良好的效果。

②特点。选择式火焰除草能消灭紧靠苗株生长的杂草，而丝毫不松动苗行的土壤；不存在毒性残留物；作用范围广；火焰除草装置的价格较贵；作业成本高。

图 5-3　火焰除草

③装置组成。火焰除草装置由压力罐、调压阀、汽化器、导燃器和喷嘴等组成。一般采用扁平的扇形喷嘴。

（3）电力除草

①概述。电力除草（图 5-4）是利用高压形成的电场来消灭杂草。除草机的高压电流穿透杂草的叶脉系统，使植物细胞中的水分蒸发，从而破坏植物细胞壁组织，使杂草枯萎，就像被过分煮熟的蔬菜一样，几天内野草会干枯散落在土壤上，最终变成肥料。

②特点。能除掉各种杂草，除后不再长；没有残留毒性造成的危害；需要与杂草接触，只能除去比作物高的杂草；电压高、功率消耗大、使用不当会威胁附近人员的安全。

图 5-4　电力除草

（4）其他除草技术

①微波除草。利用微波使杂草种子内部产生很大的热量，能杀死草籽，有效杀死病虫害。这是一种物理作用，没有毒性残留，除草速度是人工的 35～60 倍，比化学除草剂的效率也高得多。

②泡沫除草。利用安装在拖拉机上的一个特殊的泡沫发生器向苗行两旁喷洒泡沫，像化学药剂那样杀死杂草，但是由于泡沫的黏性，提高了效果，节省了药剂。

③塑料薄膜除草。在播种过程中或播种前后将塑料薄膜铺在种行上，并在种穴处打孔，使作物可以从孔中长出，这种方法可以起到提高地温和保持土壤水分的作用，同时薄膜的覆盖作用使作物幼苗周围的杂草无法生长，起到灭草的作用。

夏季利用透明薄膜覆盖地表，当地温升至 50℃时，既可将已出苗的杂草烫死，又能使土壤中的杂草种子活力降低或死亡，覆盖 1～4 周可使杂草出苗率减少 64%～90%。

④生物除草。生物除草包括应用植食性昆虫、病原菌、动物以及分泌异株相克的化合物的植物来防治杂草。它具有对环境无污染、对人畜安全等优点，因而近年来发展较快。据 1982 年统计，美国、苏联等 13 个国家和地区，研究利用 83 种病原菌防治 54 种杂草。全世界现已开发出 200 多种具有生防作用的生物，使近 100 种恶性杂草得到了有效的控制。

5.2　中耕机械

5.2.1　中耕机分类

(1)中耕的目的

农作物在苗期生长过程中，常需在苗株行间进行除草、松土或对苗株根部进行培土等作业。这些作业通常称为中耕作业。中耕是在作物生长期间进行田间管理的重要作业项目，其主要目的是及时改善土壤状况、蓄水保墒、消灭杂草、提高地温、促使有机物的分解，为农作物的生长发育创造良好的条件。

中耕机械是指在农作物生长过程中进行松土、除草、培土等作业的耕作机械。

旱作中耕机可装配多种工作部件，分别满足苗期生长的不同要求。主要类型有除草铲、松土铲、培土器等。中耕机还可以根据作物的行距大小和中耕要求，一般将几种工作部件配置成中耕单组，每个单组由几个工作部件组成，在两行作物的行间作业。目前在我国使用较多的是通用机架中耕机，它是在一根主梁上安装中耕机组，也可换装播种机和施肥机等，通用性强、结构简单、成本低。水田中耕机有人力耘禾器和机力水稻中耕机等。

(2)中耕作业的农业技术要求

①松土良好，但土壤位移小。
②除草率高，不损伤作物。
③按需要将土培于作物根部，但不压倒作物。
④中耕部件不黏土、缠草和堵塞。
⑤耕深应符合要求且不发生漏耕现象。
⑥间苗时应保持株距一致，不松动邻近苗株。

(3)中耕机类型

按不同的分类方法有：
①按动力可分为人力、畜力和机力中耕机。
②按与动力机的连接形式分为牵引式、悬挂式和直连式中耕机。
③按工作条件可分为旱地中耕机和水田中耕机。
④按工作性质可分为全面中耕机、行间中耕机、通用中耕机、间苗机等。
⑤按工作部件的工作原理可分为锄铲式中耕机和回转式中耕机。

5.2.2　中耕工作部件

中耕机的工作部件可分为锄铲式和回转式两种。其中，锄铲式应用较广，按作用可分为除草铲、松土铲和培土器三种。

(1)除草铲

①单翼铲。单翼铲(图 5-5)由倾斜铲刀和竖直护板两部分组成。前者用于锄草和松土，后者可防止伤根或断苗。因此单翼铲总是安装在中耕单组的左右两侧，将竖直部分靠近苗株，翼部伸向行间中部。没有垂直护板部分的单翼铲称为半翼铲。由于单翼铲是安装在苗株两侧，故有左翼铲、右翼铲之分；

②双翼铲。双翼铲(图 5-6)利用向左、向右后掠的两翼切断草根，左右两翼完全对称。通常置于行间中部，与单翼铲配合使用。

图 5-5　单翼铲

图 5-6　双翼铲

回转式除草器由两个相对转动的梳齿滚配置在每行苗幅的两侧，梳齿滚由地轮或动力输出轴驱动，工作时在苗间划出有规律的齿迹，可以除去生根较浅的草芽，疏松表土。

(2) 松土铲

松土铲(图 5-7)主要用于中耕作物的行间松土，有时也用于全面松土，它使土壤疏松但不翻转，一般工作深度 16 ~ 20cm。松土铲由铲头和铲柄两部分组成。铲头为工作部分，其种类很多，常用的有箭形松土铲、凿形松土铲、尖头松土铲和铧形松土铲等。

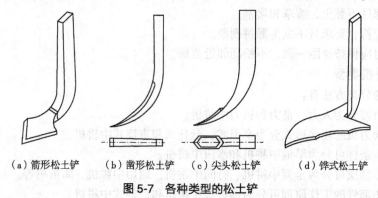

(a)箭形松土铲　　(b)凿形松土铲　　(c)尖头松土铲　　(d)铧式松土铲

图 5-7　各种类型的松土铲

①箭形松土铲。其铲尖呈三角形，与铲柄铆接，工作面为凸曲面，耕后土壤松碎，沟底比较平整，松土效果好，阻力比较小，在我国新设计的中耕机上，大多采用这种松土铲，应用比较广泛。

②凿形松土铲。其铲尖与铲柄为一整体，也可将铲柄与铲尖分开制造，再用螺栓连接，便于磨后更换。结构简单，松土深度较大，一般可达 18 ~ 20cm。铲尖呈凿形，它利用铲尖对土壤作用过程中产生的扇形松土区来保证松土宽度，扇形松土区上宽下窄，所以松土层底面不平整，松土深度不一致，但不搅动土层。

③尖头松土铲。铲尖单独制成，两头开刃，磨损后易于更换，还可调头使用。

④铧式松土铲。适于东北垄作地的第一次中耕松土作业，铲尖呈三角形，工作面为凸曲面，与箭形松土铲相似，只是翼部向后延伸比较长。

(3)培土器

培土器主要用于中耕作物的根部培土和开沟起垄。其类型可分为曲面可调式培土器、旋转式培土器、锄铲式培土器和铧式培土器等。目前，应用广泛的是铧式培土器。

①铧式培土器。由一个三角形铧、分土板和两个培土板等构成（图 5-8）。两个培土板左右对称配置，开度可调，由于铲胸（分土板）和培土板均为平面，故称平面型培土器。

工作时，铲尖切开土壤，使之破碎并沿铲面上升，土壤升至分土板后继续被破碎，并被推向两侧，由培土板将土壤培至两侧的苗行。

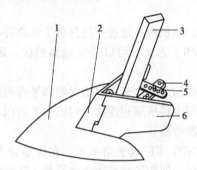

1.三角铧；2.分土板；3.铲柱；4.调节杆；5.螺栓；6.培土板。

图 5-8　平面铧式培土器

②旋转式培土器。旋转式培土器（图 5-9）利用类似圆盘耙的球面圆盘，安装成适当的偏角和倾角在苗行之间培土。将两个圆盘凹面相向或相反，可进行闭垄或开垄培土。将 2～4 组圆盘配置在行间，可用于大垄作物的中耕培土。

图 5-9　旋转式培土器

5.2.3　中耕仿形机构

(1)仿形机构概述

农机具或工作部件随地面起伏而上、下随动，即对地面起伏的适应能力，称为对地面的仿形性。中耕机作业时，要求在地表起伏不平的情况下亦能保持稳定的耕深，这就要求工作部件在作业时能随地面起伏而浮动，以保持其相对于地面的高低位置不变，从而获得均匀一致的入土深度。故中耕机上设有仿形机构。每组工作部件与机架相铰接的部分，称仿形机构。仿形可分整机仿形和单组仿形。

整机仿形：整机相对于拖拉机运动，以适应地形横向或纵向起伏的，称为整机仿形。

单组仿形：农业机械上一组工作部件相对于机架运动而仿形的，称为单组仿形。

上、下仿形：工作部件相对于水平面向上运动而仿形的，称为上仿形；反之，则称为下仿形。

对中耕仿形机构的要求，首先应满足最小耕深的上仿形量和最大耕深时的下仿形量的要求；其次中耕部件在上、下仿形运动的范围以内，受力作用合理，工作稳定，仿形性良好；最后仿形过程应平稳，不得因地表起伏较大而引起工作部件跳动。

（2）仿形机构分类

现在中耕机上的仿形机构主要有单杆单点铰链仿形机构、平行四杆仿形机构和多杆双自由度仿形机构三种形式。

①单杆单点铰接仿形机构。该机构是通过一拉杆将工作部件与机架铰接起来，工作部件在辅助弹簧的压力和自重的作用下入土，可以适应地面起伏。该机构具有一个运动的自由度。特点：结构简单。

②平行四杆仿形机构。该机构由工作部件、仿形轮和平行四杆机构组成。仿形轮与工作部件固联，再通过上、下拉杆与中耕机架相连接，构成一平行四杆机构，该机构只有一个自由度，并为仿形轮所约束。机构特点有：

a. 仿形量大，耕深稳定，工作部件入土角不变：在仿形轮上有足够合理的压力时，工作部件可随仿形轮模拟地表起伏，使沟底与地表大致平行，达到耕深一致的要求。

b. 仿形过敏：在平行四杆机构中，仿形运动中工作部件和仿形轮作相同的平面平移运动，故当仿形轮遇到局部地表起伏时，将引起锄铲的频繁跳动，导致耕深不稳定，沟底不平整，这种现象称为"仿形过敏"。

c. 仿形滞后：为不使仿形轮干涉耕起土壤，引起堵塞，仿形轮配置在工作部件前方一定距离处，这样，工作部件总要落后于地面的起伏，出现仿形滞后。设计时，尽量减小两者的距离。

③多杆双自由度仿形机构。其工作部件与仿形轮固结在一起，又与四杆机构后支架铰连。它是利用具有两个运动自由度的五杆机构将工作部件同机架铰接，靠仿形轮和工作部件的后踵控制耕深和入土角。入土性能好，在坚硬地面或阻力变化大时，也能稳定工作，但是结构复杂。

5.3　植物保护机械

5.3.1　植物保护概述

（1）植物保护的意义

农作物在生长过程中，常常遭受到病菌、害虫和杂草等生物的侵害，轻则局部或个别植物发育不良，生长受到影响，重则全株或整片作物被毁坏。受害作物不仅会使产量降低、品质变差，甚至会造成毫无收获，如不及时防治则会造成农业生产的巨大损失。因此必须做好植物保护工作，做到经济而有效，防重于治，把病虫害消灭在危害之前，以达到稳产高产的目的。

（2）植物保护的方法

植物保护的方法很多，按其作用原理及应用技术可分为以下几类：

①农业技术防治法。农业技术防治包括选育抗病、抗虫品种；增施有机肥料及化学肥料，以增强作物抗病虫能力；选择合适的播种期和及时收获，以避开病虫害；改进栽培方法，实行合理轮作、深耕和改良土壤，加强田间管理等。

②物理机械防治法。病虫害发生期，利用物理方法和相应工具来防治病虫害，如采用机

械捕打、果实套袋、药液浸种消灭害虫和病菌；利用成虫的趋光性，用紫光线灯（黑光灯）、超声波高频振荡、高速气流等诱杀害虫。

③生物防治法。通过大量地培育寄生蜂、微生物和利用益鸟等害虫的天敌，来消灭病虫害，如利用培育的赤眼蜂防治玉米螟和夜蛾等。采用生物防治措施，可减少农药残留对农产品、空气和水的污染，改善环境条件，因此，生物防治法日益受到重视。

④组织制度防治法。通过对植物的检疫，特别是对作物种子的检疫及有效的管理，可控制病虫害的扩大和蔓延。

⑤化学防治法。利用各种化学药剂通过专用设备来消灭病虫、杂草及其他有害生物的措施。这种方法的特点是操作简单、防治效果好、生产效率高，且受地域和季节的影响小，应用日益广泛，是目前主要使用的植保方法。但对环境和生态具有一定的破坏作用。

(3) 机械化化学防治方法

①喷雾法。通过高压泵和喷头将药液雾化成 100~300μm 的方法。有手动和机动之分。

②弥雾法。利用风机产生的高速气流将粗雾滴进一步破碎雾化成 75~100μm 的雾滴，并吹送到远方。特点是雾滴细小、飘散性好、分布均匀、覆盖面积大，可大大提高生产率和喷洒浓度。

③超低量法。利用高速旋转的齿盘将药液甩出，形成 15~75μm 的雾滴，可不加任何稀释水，故又称超低容量喷雾。

④喷烟法。利用高温气流使预热后的烟剂发生热裂变，形成 1~50μm 的烟雾，再随高速气流吹送到远方。

⑤喷粉法。利用风机产生的高速气流将药粉喷洒到作物上。

根据上述化学药剂施用的方法，植保机械的类型主要有喷雾机、弥雾机、超低量喷雾机、喷烟机、喷粉机。

5.3.2 植物保护机械分类

(1) 手动背负式喷雾喷粉机械

手动喷雾机的种类很多，结构也不尽相同，但按其工作原理可归纳为液泵式和气泵式两大类。

①手动液泵式喷雾机。组成：主要由药液箱、活塞泵、空气室、胶管、喷杆、开关及喷头等组成（图 5-10）。工作时，操作人员上下揿动摇杆，通过连杆机构的作用，使塞杆在泵筒内作往复运动，行程为 60~100mm，当塞杆上行时，上碗从下端向上运动，皮碗下面，由于皮碗和泵筒所组成的腔体容积不断增大，因而形成局部真空。这时，药液箱内的药液在液面和腔体内的压力差作用下，冲开进水球阀，沿着进水管路进泵筒，完成吸水过程。当皮碗从上端下行时，泵筒内的药液开始被挤压，致使药液压力骤然增高，进水阀关闭，出水阀被压开，药液即通过出水阀进入空气室。空气室里的空气被压缩，对药液产生压力（可达 800kPa），空气室具有稳定压力的作用。打开开关后，液体即经过喷头喷洒出去。

②手动气泵式喷雾机。组成：药液桶、气泵和喷头等（图 5-11），它与液泵式喷雾机的不同点就是不直接对药液加压，而是用泵将空气压入气密药桶的上部（药液只加到水位线，留出一部分空间以贮存压力空气），利用空气对液面加压，再经喷头把药液喷出。

工作原理（图 5-12）：压缩喷雾器是利用打气筒将空气压入药液桶液面上方的空间，使药液承受一定的压力，经出水管和喷洒部件成雾状喷出。当将喷雾器塞杆上拉时，泵筒内皮

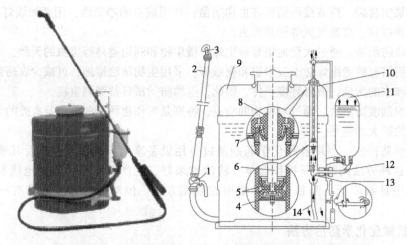

1.开关；2.喷杆；3.喷头；4.固定螺母；5.皮碗；6.活塞杆；7.毡圈；8.泵盖；9.药液箱；
10.缸筒；11.空气室；12.出水单向阀；13.进水单向阀；14.吸水管。

图5-10　手动液泵式喷雾机

图5-11　手动气泵式喷雾机

碗下方空气变稀薄，压强减小，出气阀在吸力作用下关闭。此时皮碗上方的空气把皮碗压弯，空气通过皮碗上的小孔流入下方。当塞杆下压时，皮碗受到下方空气的作用紧抵着大垫圈，空气只好向下压开出气阀的阀球而进入药液桶。如此不断地上下压塞杆，药液桶上部的压缩空气增多，压强增大，这时打开开关，药液就被压入喷洒部件，成雾状喷出。

③手动式喷粉机械。组成：药粉桶、齿轮箱、风机及喷撒部件等（图5-13）。手动喷粉器按操作者的支承方式有背负式和胸挂式两类；按风机的操作方式有横摇式、立摇式和撤压式等几种。

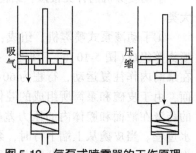

图5-12　气泵式喷雾器的工作原理示意图

工作原理：风机产生的高速气流，大部分吹向弯头，小部分吹至粉箱底部的吹粉管，从吹粉管的小孔吹出，并将药箱底部的药粉吹松散，送至粉门。同时由于大部分气流通过弯头时，在输粉管出口处造成一定的真空度，药粉就通过粉门、输粉管被吸入弯头，与大量的高速气流混合，经喷管喷出。

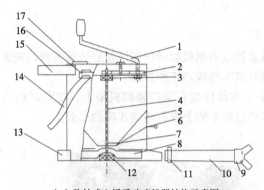
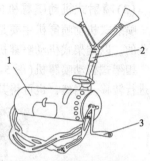

（a）胸挂式立播手动喷粉器结构示意图
1. 手柄；2. 齿轮；3. 上轴承；4. 风轮转动轴；5. 筒身；6. 粉门；
7. 输粉器；8. 风机叶轮；9. Y型喷粉头；10. 喷粉管；11. 卡箍；
12. 下轴承；13. 下支撑；14. 背带；15. 上支撑；16. 背带扣；17. 加粉盖。

（b）丰收—5型喷粉器
1. 药粉桶；2. 喷撒部件；3. 手柄。

图 5-13　手动式喷粉机械

（2）机动背负式喷雾喷粉机械

机动背负式喷雾喷粉机（图 5-14）是采用气流输粉、气压输液、气力喷雾原理，由汽油机驱动的机动植保机具。组成：机架、离心风机、汽油机、油箱、药箱和喷洒装置等。

图 5-14　机动背负式喷雾喷粉机械

①弥雾原理。离心风机与汽油机输出轴直连，汽油机带动风机叶轮旋转，产生高速气流，并在风机出口处形成一定压力，其中大部分高速气流经风机出口流经喷管，而少量气流经出风筒、进气塞、进气管、过滤网组合流进药箱内，使药箱中形成一定的气压。药液在压力的作用下，经出液阀门、输液管、开关流到喷头，从喷嘴周围的小孔以一定的流量流出，先与喷嘴叶片相撞，初步雾化，再与高速气流在喷口冲击相遇，进一步雾化，弥散成细小雾粒，并随气流吹到很远的前方。

②喷粉原理。喷粉如图 5-14 所示，和喷雾一样，汽油机带动风机叶轮旋转，大部分高速气流经风机出口流经喷管而少量气流经出风筒进入吹粉管，然后由吹粉管上的小孔吹出，使药箱中的药粉松散，以粉气混合状态吹向粉门体。由于弯头下粉口处有负压，将粉剂吸到弯头内。这时粉剂被从风机出来的高速气流，通过喷管吹向远方。

③超低量喷雾原理。由风机产生的高速气流，从喷管流到喷头后遇到分流锥，从喷口以环状喷出，喷出的高速气流驱动叶轮，使齿盘组装高速旋转，同时药液由药箱经输液管进入空心轴，从空心轴上的孔流出，进入前、后齿盘之间的缝隙，于是药液就在高速旋转的齿盘离心力作用下，沿齿盘外圆抛出，破碎成细小的雾滴。这些小雾滴又被喷口内喷出的气流吹

向远处。

(3)喷射式机动喷雾机械

喷射式机动喷雾机主要是利用由电动机或内燃机驱动的高压泵通过喷头将药液进行雾化作业的。以担架式机动喷雾机为例介绍其基本构成和工作原理。

担架式机动喷雾机(图5-15)的各个工作部件装在像担架的机架上,作业时由人抬着担架进行转移。当然,也可将其安装在机动运载车辆上进行移动式喷洒作业。

图5-15　担架式机动喷雾机

组成:动力机、喷枪或喷头、调压阀、压力表、空气室、流量控制阀、滤网、液泵(三缸活塞泵或隔膜泵)、混药器等。

工作原理:当动力机驱动液泵工作时,水流通过滤网,被吸液管吸入泵缸内,然后压入空气室建立压力并稳定压力,其压力读数可从压力表标出。压力水流经流量控制阀进入射流式混药器,借混药器的射流作用,将母液(即原药液加少量水稀释而成)吸入混药器。压力水流与母液在混药器自动均匀混合后,经输液软管到喷枪,作远射程喷射。喷射的高速液流与空气撞击和摩擦,形成细小的雾滴而沉积在农作物上。

(4)喷杆式机动喷雾机械

喷杆喷雾机(图5-16)是装有横喷杆或竖喷杆的一种液力喷雾机。它作为大田作物高效、高质量的喷洒农药的机具,近年来,已深受我国广大农民的青睐。该机具可广泛用于大豆、小麦、玉米和棉花等农作物的播前、苗前土壤处理、作物生长前期灭草及病虫害防治。装有吊杆的喷杆喷雾机与高地隙拖拉机配套使用可进行诸如棉花、玉米等作物生长中后期病虫害防治。该类机具的特点是生产率高、喷洒质量好(安装狭缝喷头时喷幅内的喷雾量分布均匀性变异系数不大于20%),是一种理想的大田作物用大型植保机具。

图5-16　喷杆式机动喷雾机械

(5) 喷烟机械

喷烟机 (图 5-17) 是利用高温气流、高压气流或高压将药液汽化成直径小于 50μm 的固体或胶态悬浮体。

① 喷烟机的类型。热雾、冷雾和常温烟雾。

a. 热雾是将很小的固体药剂粒子加热后喷出，粒子吸收空气中的水分，使之在粒子外面包上一层水膜。

b. 冷雾则是液体汽化后冷凝而产生的烟雾。

c. 常温烟雾机是指在常温下利用压缩空气使药液雾化成 5~10μm 的超微粒子的设备。

② 喷烟机的工作原理。空气经过滤清器进入空气压缩机，压缩后进入进气通道；汽油箱内的汽油经过管路并在油量控制阀和油量补偿器的作用下，从燃烧扩散器喷出；从燃烧扩散器喷出的汽油与通过进气通道来的空气混合，通过火花塞的作用，在燃烧室内燃烧形成 1000℃ 的高温混合气；高温混合气经过导火管吹向喷嘴，到达喷嘴出口的混合气温度一般为 380~580℃，速度为 250~300m/s；由于在喷嘴处的气流速度很高，故此处的压力很低，药液箱内的药液在压力差的作用下，经过药液导管及流量控制阀，从喷嘴喷出，喷出的药液与高速运动的高温混合气相遇，被蒸发成细小的微粒，最后从喷口喷出。该机的工作幅宽 50~100m，喷射高度为 7~10m，作业效率为 30~40hm²/h。

图 5-17　喷烟机械

5.3.3　植保机械的主要工作部件

根据前面所述内容，我们已经了解到，不管植保机械的类型和工作原理有多大区别，结构复杂与否，但就其主要工作部件而言都是由高压泵和喷射部件组成的。

(1) 喷雾机的喷射部件

植保机械最终通过雾化装置 (即喷射部件) 将药液喷洒在农作物上，喷射部件的性能优劣直接影响对作物病虫害的防治效果。在喷药量相同的情况下，雾滴直径越小，雾滴数目越多，覆盖面积大且比较均匀，并能渗入微细空隙粘附在植株上，流失少，防治效果好。因此，喷射部件是植保机械的重要工作部件，同时也是国内外专家主要研究的对象。

按照工作原理，喷雾机的喷射部件——喷头可分为液力式、气力式、离心式等型式。

① 液力式喷头。液力式喷头 (图 5-18) 主要是利用高压泵对液体施加一定压力，通过喷头进行雾化药液成为雾滴，是目前植保机械中应用最广泛的一种雾化装置。主要有涡流式喷头、扇形喷头、撞击式喷头三种型式。

a. 涡流式喷头：其特点是喷头内制有导向部分，高压药液通过导向部分产生螺旋运动。涡流式喷头根据结构不同分为切向离心式喷头、涡流片式喷头和涡流芯式喷头三种型式。

b. 扇形喷头：扇形喷头有狭缝式喷头和冲击式 (反射式) 喷头，药液经喷孔喷出后均形成扁平扇形雾，其喷射分布面积为一矩形。

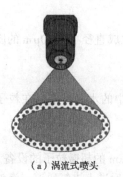

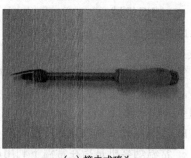

（a）涡流式喷头　　　　　　（b）扇形喷头　　　　　　（c）撞击式喷头

图 5-18　液力式喷头

c. 撞击式喷头：它由扩散片、喷嘴、喷嘴帽和枪管等组成。喷嘴制成锥形腔孔，出口孔径一般为 3~5mm。其雾化原理是由喷雾胶管流来的高压药液，通过喷嘴到达出口处，由于过水断面逐渐减小，其压力逐渐下降，流速逐渐增高，形成高速射流液柱，射向远方。

②气力式喷头。气力式喷头（图 5-19）是利用较小的压力将药液流导入高速气流场，在高速气流的冲击下，药液流束被雾化成为直径 75~100μm 的细小雾滴。高速气流一般由风机产生。

③离心式喷头。离心式喷头（或超低量喷头）是

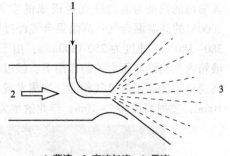

1. 药液；2. 高速气流；3. 雾滴。

图 5-19　气力式喷头

将药液输送到高速旋转的雾化元件上（如圆盘等），在离心力的作用下，药液沿着雾化元件外缘抛射出去，雾化成细小雾滴（雾滴直径为 15~75μm）。

离心式喷头的雾化元件根据驱动方式不同可分为电机驱动和风力驱动式两种基本类型。其中电机驱动式多用于手持式超低量喷雾机上，也可用于大型机力式喷雾机上。风力式多用于背负机动超低量喷雾机上。

a. 电机驱动式离心喷头（图 5-20）：其主要工作部件是一个旋转的圆盘。其雾化原理

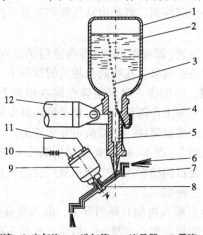

1. 药液箱；2. 药液；3. 空气泡；4. 进气管；5. 流量器；6. 雾滴；7. 药液入口；
8. 雾化器；9. 电动机；10. 电池；11. 开关；12. 把手。

图 5-20　电机驱动式离心喷头

是当动力机驱动双齿盘作高速旋转时，注入在齿盘中心附近的药液在齿盘离心力作用下，克服了齿盘对药液的摩擦阻力，沿盘表面均匀而连续不断地向外缘扩展，扩展面积越大其药液膜也就越薄。当药液膜扩展至齿盘拐角处时，药液膜部分地甩出和分流到另一齿盘上，经前后两齿盘相互交换地扩展，直到两齿盘边缘的锯齿尖处，在齿尖集中成一雾滴并迅速飞离。

　　b. 风送离心式超低量喷头（图 5-21）：为了克服单一喷头的缺点，我国将旋转盘与高速气流配合，利用高速气流带动齿盘旋转，成功地研制出了风力式离心喷头，保证在无风的条件下，具有较好的工作性能。

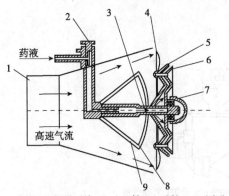

1. 喷管；2. 调量开关；3. 空心轴；4. 叶轮；5. 后齿盘；
6. 前齿盘；7. 轴承；8. 分流锥盘；9. 分流锥体。

图 5-21　风送离心式超低量喷头

　　c. 静电喷头（图 5-22）：为了提高药液沉附在农作物表面上的百分率，近年来国内外对静电喷雾技术进行了广泛深入的研究。

　　静电式喷头的工作原理是通过充电装置使雾滴携带一极性电荷，同时，根据静电感应原理，地面上的目标物将引发出和喷嘴极性相反的电荷，并在两者之间形成静电场。带电雾滴受喷嘴同性电荷的排斥，而受到目标物异性电荷的吸引，使雾滴迅速飞向目标，减少漂移量，节省农药，保护环境。

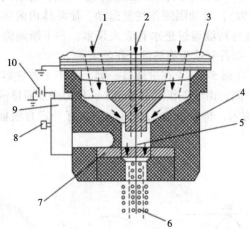

1. 高压空气入口；2. 高压液体入口；3. 喷头座；4. 客体；5. 雾滴形成区；6. 雾流；
7. 环形电极；8. 调节器；9. 高电压直流电源；10. 伏直流电源。

图 5-22　静电喷头

（2）喷雾机的辅助部件

　　喷雾机的辅助部件主要包括液泵、药箱、搅拌装置、空气室、调压阀、射流混药器等，在本节中只讲药液泵和空气室。

　　喷雾机的液泵是喷雾机的重要组成部分，其作用是将药液转换为高压药液，从而克服管道阻力，通过喷头雾化而喷洒到农作物上。喷雾机常用的液泵有往复式和旋转式两大类。前者主要包括活塞泵、柱塞泵和隔膜泵；后者主要包括离心泵、滚子泵和齿轮泵等。其中，以往复泵应用最广。

①往复泵(容积泵)。往复泵常用的有活塞泵、柱塞泵、离心泵、转子泵和隔膜泵。

活塞泵是喷雾机中使用较多的一种,工作原理:通过活塞的移动,利用缸筒容积的变化达到吸液和排液的目的。有单缸、双缸和三缸等形式。单缸活塞泵,如皮碗式活塞泵和皮碗式气泵多用于手动喷雾机上。双缸和三缸泵多用于机动喷雾机。活塞泵具有较高的喷雾压力及良好的工作性能。

a. 皮碗式活塞泵(图5-23):它由活塞杆、泵筒、皮碗活塞、吸液球阀、吸液管和滤网、排液球阀、空气室等组成。

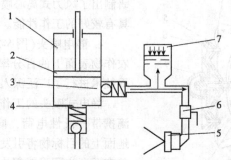

1. 液泵; 2. 活塞; 3. 出液阀; 4. 进液阀; 5. 喷头; 6. 开关; 7. 空气室。

图5-23 皮碗式活塞泵原理图

b. 隔膜泵(图5-24):它由隔膜、出水球阀、空气室、进水阀片等组成。工作时通过摇杆机构(或曲柄连杆机构),带动隔膜作往复运动,使泵体内的体积发生变化,在泵内外压力差的作用下,不断地将药液通过进水管吸入泵室,并不断地将药液经出水球阀压入空气室,并经出水口接头、喷杆和喷头喷洒到农作物上。

②旋转泵(转子泵)(图5-25)。在进液口一侧,由于工作室容积不断扩大,形成局部真空而吸液;在排液口一侧,由于工作室不断缩小,压力增加而排液。旋转泵体积小,结构简单,流量和压力比较均匀,排量可达120L/min,具有一定自吸能力,但因工作压力较低,应用受限。

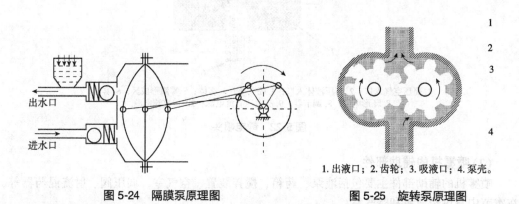

1. 出液口; 2. 齿轮; 3. 吸液口; 4. 泵壳。

图5-24 隔膜泵原理图　　　　**图5-25 旋转泵原理图**

③往复泵的空气室。因为往复泵的工作过程只有吸液和排液过程,吸液时将无液体排出,故其排液量是脉动的。为了获得均匀的排液量,往复泵必须与空气室配合使用(图5-26)。

空气室的工作原理：活塞在排液过程中，高压药液进入空气室，使空气室顶部的空气受到压缩，药液存起来，不至对喷头有过大的冲击压力。当活塞在吸液过程中，高压药液的压力显著下降，此时，空气室内的压缩空气膨胀，使药液从空气室内排出，对低压药液增压。因此，空气室具有稳定压力的作用，以保持喷雾机正常工作。

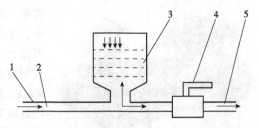

1. 排液管；2. 高压药液；3. 空气室；4. 流量阀；5. 喷液管。

图 5-26　往复泵空气室

5.4　茶园果园管理机械

5.4.1　随行自走式果园割草机

果园割草是果园管理的一项重要作业，用工量多、劳动强度大。目前，应用于割草作业的机具较多，常见的机力割草机有乘坐式、悬挂式、手推式和背负式。但大多用于牧草收割或草坪管理，能够适应山地果园复杂地形的割草机较少。随着农业现代化的发展，我国果林地区对割草机的推广应用越来越重视。

随行自走式果园割草机是山地中小型果园完成行间割草作业的一种机具，它能够实现机具行走与割草作业分别控制。手动控制行走离合可以实现操作人员随行，降低了劳动强度。随行自走式果园割草机能够满足农艺作业要求和丘陵山地中小型果园环境特点，具有一定的爬坡能力，灵活性高，作业性能稳定，割草效果良好，漏割率低，碎草效果好，有效降低了人工作业劳动强度。其宽度小于 1m，最小转弯半径 1m，爬坡能力达到 15°，割幅 530mm，割高 0~100mm，割刀形式多采用锤片式割刀，最大功率 4.6kW，具有前进和后退档，前进最快速度 0.5km/h。自走式果园割草机工作示意图如图 5-27 所示。

随行自走式果园割草机由发动机、机架、变速箱、刀盘、切割刀、割刀离合、行走离合、驱动轮及割茬调节系统组成。工作时，发动机分别为割草机行走系统和切割装置提供动力。发动机动力经变速箱传递给驱动轮来驱动机具前行；当割刀离合结合后，皮带张紧，发动机部分动力经皮带传输给切割器刀轴，刀轴带动切割刀高速旋转实现对杂草的切割作业。随行自走式果园割草机结构如图 5-28 所示。

5.4.2　乘坐式果园割草机

乘坐式果园割草机（图 5-29）适用于农田、果园、绿化带、草坪等杂草生长场所的割草

图 5-27　MH60 随行自走式割草机工作示意图

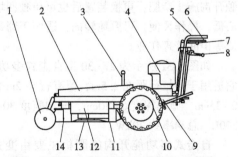

1. 前轮；2. 机罩；3. 割刀离合；4. 发动机；5. 扶手；6. 行走离合；7. 档杆；8. 割茬高度调节杆；9. 机架；10. 驱动轮；11. 割刀；12. 排草口；13. 刀盘；14. 刀罩

图 5-28　随行自走式果园割草机结构

图 5-29 9GZ-221 乘坐式割草机

作业。该割草机要求果园地势较为平坦，因车轮直径小，果园内不宜有大的沟壑，但可存在一定的坡度，可在 25°左右的陡坡环境中正常工作。切割宽度约 1m，切割高范围 0~15cm，最佳的割草高度为草高 30~60cm，最高效率可达每小时 7.5 亩，粉碎较为细致，覆盖较为均匀，草屑落于根际。乘坐式果园割草机采用启动保护、座椅自测、整车护栏等装置，安全性高。

果园乘坐式割草机(图 5-30)主要由发动机、机架、割盘、行走装置、操纵装置组成。机架为整体焊接结构，切割装置通过三点悬挂与机架连接，并随机架一起沿行驶方向运动。前轮在机具作业时具有减震作用，提高运行整机的稳定性。割草机的动力通过带传动传给带轮，进而通过主轴带动刀具旋转，完成割草；同时把动力传给后桥，从而控制行走轮，实现自走。由于乘坐式割草机需要先把草压倒后再进行割刈，故车体前方面积小，割草入口处扩大，减少草被车体前方压倒面积，从而使割草性能提高，割草更干净，割草面积更广。

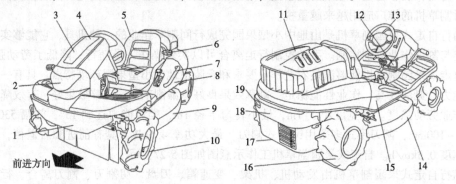

前进方向

1. 车体前方保险杠；2. 车头灯；3. 工具箱；4. 前车罩；5. 座椅；6. 油箱盖；7. 两侧安全扶手；8. 左侧外壳；9. 左侧割刀罩；10. 前方轮胎；11. 引擎盖；12. 工具箱；13. 方向盘；14. 右侧割刀罩；15. 右侧车盖；16. 后方轮胎；17. 后方车盖下；18. 后方保险杠；19. 车尾灯。

图 5-30 乘坐式割草机结构

5.4.3 自走式多功能开沟施肥机

自走式多功能开沟施肥机能一次性完成开沟、施肥、回填(化肥+有机肥)作业，也可单独开沟施土杂肥，更换装置后也可单独回填、旋耕、除草、喷药等作业；该机型体积小、重心低、操作灵便，可原地转向，适用于葡萄、果树、核桃、枸杞、蓝莓等经济作物的开沟施肥等田间管理作业。

如图 5-31 所示为 2F-30 型自走式多功能开沟施肥机，该机宽度为 1m，长度为 2.49m，它适用于种植行距在 2.5m，留有行头 2m 以上的种植区域，地块坡度小于 8.5°。开沟深度 0~35cm，施肥深度 0~30cm，开沟宽度 30cm，旋耕幅宽 105cm，除草幅宽 100cm，药箱容量 300L，总功率约 20kW。

自走式多功能开沟施肥机主要由变速箱、机架、履带、传动箱、发动机、开沟机、施肥箱、排肥器等组成，其结构如图 5-32 所示。该机工作原理：发动机输出两路动力，通过三角带一路传给变速箱，通过齿轮传动驱动机器行走；一路传给传动箱，通过齿轮传动驱动开沟机工作。使用农家肥时，开沟机将土抛到沟的两侧，人工将肥料放到沟里后，可通过更换回填机将土回填；使用复合肥时通过更换刀具和护罩，施肥后直接将土

开沟施肥自动回填功能　　　　开沟功能　　　　　旋耕功能

除草功能　　　　　回填功能　　　　　喷药功能

图 5-31　2F-30 型自走式多功能开沟施肥机

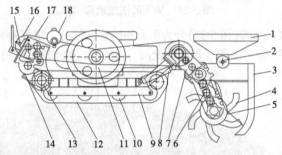

1. 施肥箱；2. 排肥器；3. 开沟机罩壳；4. 开沟刀；5. 开沟刀安装座；6. 开沟传动箱；
7. 传动箱；8. 油缸；9. 机架；10. 履带支撑轮；11. 柴油机；12. 履带；13. 履带驱动轮；
14. 变速箱；15. 变速箱；16. 变速箱离合器；17. 三角皮带；18. 液压油箱。

图 5-32　自走式多功能开沟施肥机结构

回填，一次性完成施肥作业。通过更换箱体本机还可完成旋耕、除草、回填等作业，提高了机器的利用率（图 5-33）。

图 5-33　自走式多功能开沟施肥机作业图

5.4.4　果园风送式喷雾机

　　我国果园机械化最早开始于植保机械，果园植保是各项果园管理作业中机械化水平最高的。近年来，背负式喷雾喷粉机、便携式脉冲烟雾机以及一些先进的自动化喷雾施药器械逐渐在果园中得到应用，这里重点介绍果园自走式风送式喷雾机和遥控履带式自走喷雾机。

果园风送式喷雾机(图5-34)是一种适用于较大面积果园施药的大型机具,通常采用四轮驱动或履带式行走机构,依靠风机产生的强大气流将雾滴吹送到果树的各个部位。风机的高速气流有助于雾滴穿透茂密的果树枝叶,并促进叶片翻动,提高药液附着率且不会损伤果树枝条或损坏果实。如3WZ-500L型果园风送式喷雾机药箱容量可达500L以上,一天可完成200亩左右的打药作业。

图5-34　果园风送式喷雾机作业

果园风送式喷雾机结构(图5-35)分为动力和喷雾两部分。喷雾部分由药液箱、轴流风机、四缸活塞式隔膜泵或三缸柱塞泵、调压分配阀、过滤器、吸水阀、传动轴和喷洒装置等组成。

1.液肥喷洒装置;2.前机罩;3.行驶系统仪表盘;4.方向盘;5.喷洒系统仪表盘;6.调节阀;7.药箱;
8.后机罩;9.喷头;10.风机总成;11.后轮;12.油箱;13.前轮;14.座椅。

图5-35　3WZ-500L自走式风送喷雾机结构

如图5-36所示,果园风送式喷雾机发动机为整机行驶和液压系统提供动力。一路由发动机通过皮带将动力传递到变速箱,变速箱通过万向传动轴,将动力再传递给分动箱,分动箱将动力通过前、后万向传动轴分别传递到前、后车桥以及车轮,实现四轮驱动,驱动机器行驶;另一路由发动机通过皮带将动力传递到齿轮泵,为液压系统提供动力。齿轮泵工作时,将液压油从液压油箱经滤网吸入齿轮泵,然后进入分配阀,一路通过升降油缸进行升降和倾倒;另一路进行转向,该机转向除二轮和四轮转向行走外,还可进行侧向行走。

喷雾系统工作时,先往药箱中注入50L左右的水,启动发动机,喷雾系统发动机通过皮带和电磁离合器带动液泵和轴流风机,完成喷雾和风送。液泵工作,将水从药箱自吸到射流泵,射流泵将水源处的水吸入药箱,完成加水过程;加水的同时,将搅拌球阀打开,进行液力搅拌;机器在作业时,液泵工作,将药液从药箱经过过滤器吸入泵内,加压后经调压阀,

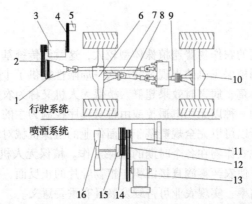

1. 变速器；2. 皮带Ⅰ；3. 发动机Ⅰ；4. 皮带Ⅱ；5. 油泵；6. 前车桥；
7. 主传动轴；8. 前传动轴；9. 后传动轴；10. 后车桥；11. 发动机Ⅱ；
12. 皮带Ⅲ；13. 液泵；14. 皮带Ⅳ；15. 电磁离合器；16. 风机。

图 5-36　动力传动系统

一部分回流到药箱，另一部分经扇形无缝喷雾装置进行喷洒。

5.4.5　遥控履带式自走喷雾机

　　目前，市场上还有遥控履带式自走喷雾机(图 5-37)，机器在原有的风送式自走喷雾机的基础上增加遥控系统模块化设计，结合喷雾、自走、远距离遥控为一体，实现了全功能的无线遥控，可以在 100m 范围内用遥控器进行控制，实现人机分离。与现有喷雾机相比，有效避免了农药对人体的伤害，底盘各功能(前进、后退、左转、右转、加挡、减挡、油门加减)全部采用摇杆式无线遥控操作，方便、简单、可靠。遥控器采取电脑双功发射，防止遥控器和接收机有一方发生故障，底盘都能立刻停止工作，确保安全作业；此外，该机具可与多种作业机具配套，提高了履带底盘的利用率，降低购置成本，如果园喷雾机、粉碎机、施肥机、大型喷烟机、果园枝条修剪机、旋耕地机、挖坑机、坚果采摘机等作业机具配套。但是这种机型对果园果树排布要求相对较高，更加适用于大面积规范化种植、果树排列整齐的果园。

图 5-37　遥控覆带式自走喷雾机

图 5-38　双轨遥控自走式喷雾机

5.4.6　双轨遥控自走式喷雾机

　　台州市温岭市新河杨杨家庭农场的葡萄大棚内推广应用了双轨遥控自走式喷雾机(图 5-38)，大棚面积共 10 亩，安装了双轨道 1020m，采用热镀锌角钢，总费用约 4.5 万元，平均每米轨道造价约 45 元。双轨遥控自走式喷雾机由双轨遥控运输机与喷雾机组装而成，运输机由蓄电池供电驱动，可遥控，载重约 750kg，该机总价格 7500 元左右。经试验，10 亩大棚葡萄喷一次药仅用半小时，省工非常显著，而且效果好，对人安全。

5.5　航空植保

由于生长到中后期的农作物普遍植株体型较大，这就给传统基于地面行驶的施药机械带来极大的局限性。农用植保飞机的出现为解决这一局限性提供了十分理想的途径，尤其在应对具有突发性质的虫、草、病害时效果超群。植保无人机又称为农用无人机、遥控飞行喷雾机，是用于农业生产的一种以无线电遥控或由自身程序控制为主的不载人飞机。由于植保无人机是在空中作业，所以可以完全规避基于地面作业的植保机械对农作物的碾压损害，可以方便快捷且有效地完成农作物在各个时期的植保工作。植保无人机在空中飞行施药过程中，由旋翼所产生的气流可使农药雾滴直接沉积于植物叶片的正反面，极大地提升了药物的弥散效果，对提高农药利用率、实现农业可持续发展具有重要意义。

植保无人机不仅可以喷洒农药、叶面肥，还可以辅助授粉作业、农田信息采集等作业，相比普通机械植保作业，植保无人机虽然也有一些不足之处，如不适用于低空飞行，飞行时由于速度过快会对药液造成较大的飘移，使得施药效率较低。但无人机具有体积小、操作灵活、适应性强，喷施农药、防治病虫害作业效率高、劳动强度低、对人健康危害小等优点，近些年来，我国已研发出多种适合于不同工况下的植保无人机，与农业物联网紧密结合的植保无人机在我国得到了迅速发展，水稻田、小麦地、高山茶园、烟草地、果树林等农业领域利用无人机对农作物施药的普及量正在与日俱增。

植保无人机按动力类型可以分为油动无人机和电动无人机。按照旋翼结构可以分为固定翼、单旋翼和多旋翼。固定翼载荷大、飞行速度快，但价格高且不能垂直起飞，比较适合平原地区的大面积作业。下面主要介绍电动的多旋翼和单旋翼植保无人机。

5.5.1　多旋翼植保无人机

相较而言，多旋翼植保无人机（图 5-39）特点是操控、构造比较简单，便于维护保养，机器整体重量较为轻便，价格相对便宜。

多旋翼植保无人机主要包括飞行器平台、动力系统、喷洒系统、控制系统、显示系统、通信链路等部分组成。飞行器平台也就是指整个机身，它提供了飞行器的基本框架，装载各种设备、电池乃至其他机身配件。动力系统则由电机、电子调速器、螺旋桨、电池、充电器共同构成，为整个飞行器提供飞行的动力，其中充电器属于地面设备。喷洒系统包括药箱、水泵、水管、喷头等，是无人机的实际执行喷洒农药的系统。控制系统由显示系统、操作系统构成，在显示系统里，通信设备将飞行器的高度、速度、电量、姿态、位置等各种丰富的信息传达到地面，地面操作人员就可以根据显示系统提供的信息对飞行器进行操纵。而在操作系统里，作业人员能够通过操作设备将控制意图传达到多旋翼无人飞行器，实施相应的飞行及操作。通信链路则由地面端与天空端共同构成，正是由于通信链路的存在，才能实现飞行器信息的回传，以及地面人员对飞行器的实时操纵。

植保无人机可自主规划航线，先使用遥控器进行航线规划，在规划完之后遥控器的显示屏上面会有规划的地块状况以及自动生成的航线和障碍物的标记。接着，根据实际的病虫害严重情况调整亩施药量、飞行高度、作业速度、喷幅等参数。然后连接飞机电池，调出规划的任务，点击执行任务就可以进行自主作业。同时，植保无人机还具有 AB 点作业和手动作业功能，可以根据实际地况选择合适的作业方式。

5.5.2　单旋翼植保无人机

单旋翼植保机的优点有：较高的载重能力，续航时间较长，单一风场，可以有效控制喷洒药剂的漂移问题，由于单旋翼本身是非自稳系统，喷洒农药则要求高精度姿态，因而对于飞控技术的要求更高。如图 5-40 所示，单旋翼电动植保无人机主要由电池、电机、主旋翼桨、药箱、水泵、喷杆、喷头、尾舵机、尾桨、GNSS 天线、飞控等组成。单旋翼电动植保无人机通过地面遥控或 RTK 厘米级精准定位，来实现喷洒作业。

图 5-39　多旋翼植保无人机作业图　　　　图 5-40　单旋翼电动植保无人机

5.5.3　载波相位差分技术(RTK)

植保无人机如利用 GPS 定位，缺点是定位误差大，经常出现重喷漏喷现象，无法达到农药喷洒要求。目前，在推广应用载波相位差分技术(real-time kinematic，RTK)，RTK 技术是指实时动态载波相位差分技术，关键在于使用了 GPS 的载波相位观测量，并利用了基准站和移动站之间观测误差的空间相关性，通过差分的方式除去移动站观测数据中的大部分误差，从而实现高精度(cm 级)的定位。

 本章习题

一、简答题

1. 中耕机一般由哪些主要的部件组成？各部件的功用是什么？
2. 手动液泵式喷雾机的结构及工作原理是什么？
3. 空气室的作用及工作原理是什么？
4. 化学药剂的施用方法有哪些？
5. 喷头的类型及工作特点是什么？
6. 喷雾机常用的液泵类型有哪些？
7. 常见的植物保护方法有哪些？
8. 常见的除草方法有哪些？

二、创新设计题

1. 设计一款能够同时完成除草与培土的中耕机。
2. 设计一款简易电动背负式喷雾机。

本章数字资源

第6章 节水灌溉机械

我国人均水资源占有量为 2200m³，仅为世界平均水平的 1/4，被列为世界上最缺水的国家之一。随着我国工业化、城镇化进程的加速，工业用水、城市用水量急剧增加，水资源供需矛盾日益明显。农业是用水大户，用水量占全国总用水量的 60% 以上。2019 年，全国耗水总量为 3201.0 亿 m³，其中农业灌溉耗水量 2387.6 亿 m³，占耗水总量的 74.6%。耕地实际灌溉亩均用水量 368m³，农田灌溉水有效利用系数仅为 0.559。发展节水农业、提高农业水资源利用率，是我国农业发展急需解决的问题。节水灌溉就是按照作物需水规律和供水条件，在充分利用降水和土壤水的前提下高效利用灌溉用水，最大程度满足作物需水要求，获得农业最佳经济效益、社会效益和生态环境效益而采取多种措施的总称。各地方由于水资源环境及气候、土壤、地形和社会经济条件的不同，节水的标准和要求也有所不同。

本章主要介绍了节水灌溉技术体系及装备的发展概况、农用水泵的类型、原理和特点、地面灌溉技术、节水灌溉系统的具体设计以及节水灌溉技术的发展方向。通过本章学习，读者能了解和掌握主要节水灌溉技术及工作原理和性能特点。

6.1 节水灌溉技术及装备发展概况

6.1.1 节水灌溉技术体系

节水灌溉的根本目的是为了提高农业灌溉用水的有效利用系数和产出率，实现农业生产节水、高产、优质、高效。节水灌溉关乎灌溉用水从水源到田间，到被作物吸收、形成产量的全过程，涉及水资源调配、输配水、田间灌水和作物吸收环节。节水灌溉技术体系实际上是由水资源、工程、农业、管理等环节的节水技术措施组成的一个综合技术体系，一般包括节水工程技术、节水农业技术、节水管理技术和水资源综合利用技术。

①节水工程技术。节水工程技术是农业节水灌溉技术体系的核心，常采取的措施有渠道防渗技术、低压管道输水灌溉技术、喷微灌技术和滴灌、渗灌、微灌、控制性分根交替灌、膜上灌、膜下灌、施水播种等各种地面灌溉节水技术。

②节水农业技术。节水农业技术指的主要是与生物技术相结合的节水技术，包括根据水资源状况调整作物种植结构、推广耐旱作物品种、节水栽培技术，采取深耕蓄水及秸秆覆盖等旱作农业和保墒措施等。

③节水管理技术。包括对地表水、地下水资源进行统一规划、统一管理、统一调配，并根据作物的需水规律，制定科学的灌溉制度和健全的节水政策、法规。

④水资源综合利用技术。水资源综合利用技术，就是采用必要的工程措施，对天然状态下的水进行有目的的干预、控制和改造的技术。这些技术包括地表水、地下水、土壤水的综

合利用技术、废污水、灌溉回归水的回收处理、利用技术及劣质水的利用技术等。

本章将重点围绕节水工程技术展开。

6.1.2　节水灌溉机械化发展概况

节水灌溉机械化是指由供水装置(泵站、给水栓)、输水器材(管材、渠道)和田间配水设备(管灌、喷灌、微灌等)组成的灌排系统完成机械化作业的过程,是减少旱涝灾害、用少量的水获取更多农作物产量,提高经济效益、生态效益和社会效益的有效手段。

新中国成立以来,我国节水灌溉机械化的发展经历了几个明显的阶段,分别是工具改革和仿制苏联产品阶段、产品改进和试点应用阶段、联合攻关和引进技术阶段、整顿产品质量与加强科学研究阶段,以及自主创新和产业化推广阶段。

①工具改革和仿制苏联产品阶段。新中国成立以来,中央重工业部和农业部就组成了水车委员会,组织有关单位研制适用于深浅水位的解放式水车,1953 年我国开始仿制苏联的中小型水泵,其中沈阳水泵厂自行设计了中国第一台单级双吸离心泵,第一机械工业部生产出小型离心泵和混流泵系列产品。1954 年,上海建成我国第一个喷灌工程,名为"上海市大场人工降雨灌溉站"。这些工作为我国节水灌溉机械化的发展打下了良好的基础。

②产品改进和试点应用阶段。1962 年,第一机械工业部、农业机械部组织全国水泵行业技术人员成立联合设计组,对 20 世纪 50 年代仿制的水泵进行改进设计,生产出我国第一个量大面广的水泵产品。1963 年,农业机械部组织制定了全国性的排灌机械系列型谱,指出今后的主要问题是解决深层水的提水机具,大型轴流泵和高扬程水泵,要求发展节能的灌溉机械。20 世纪 60 年代我国开始研发大型轴流泵,其中中国农业机械化科学研究院与无锡水泵厂联合开发的 3CJ 长江牌大型全调节式轴流泵,叶轮直径达到 3.0m,是当时我国叶轮直径最大的一种水泵。这一阶段,我国喷灌机械化的发展迎来一个热潮,黑龙江建设兵团 31 团研发出我国第一代拖拉机悬挂式远射程喷灌机,宁夏引进我国第一代移动式金属管道喷灌系统,全国研制出 80 多种喷灌机,其中典型代表产品,包括轻小型喷灌机组、悬挂式远射程喷灌机、双臂式喷灌机、移动式管道喷灌系统和射流式喷头。

③联合攻关和引进技术阶段。1976 年,中国科学院首次将喷灌和滴灌两项灌溉新技术列为全国科技 10 年规划重点项目,成立灌溉新技术协调小组,制定了《灌溉新技术发展规划》,提出了 10 项重点研究课题。这一阶段,涌现了一批标志性的科研成果,包括我国第一台滚移式喷灌机、第一台电动圆形喷灌机、第一台电动平移式喷灌机、第一台水动圆形喷灌机、第一个喷头系列 PY_1 摇臂式喷头、第一个喷灌泵系列、第一台绞盘式喷灌机 JP90/300型等。这一期间,我国第一次大规模引进国外的先进喷灌设备,引进的产品主要包括一批圆形和平移式喷灌机、滚移式喷灌机、绞盘式喷灌机和双臂式喷灌机,为我国喷灌机械化的发展起到促进和借鉴作用。

④整顿产品质量与加强科学研究阶段。1981 年 2 月开始,国家水利部针对喷灌技术推广试点中存在的问题,组织行业专家开展产品质量监督和质量评比,下达排灌机械产品更新换代和关键部件技术攻关、产品标准制定等攻关课题。1982 年,中国农业机械学会排灌机械专业委员会与江苏工学院排灌机械所共同创刊《排灌机械》杂志,对排灌机械的研究进一步加强,高效低耗轻小型喷灌机系列产品成为主推机型,排灌机械化的发展上了一个新的台阶。

⑤自主创新和产业化推广阶段。20 世纪 90 年代以来,我国将发展节水灌溉作为实现排

灌机械化的重点。"八五"期间，中国农业银行发放节水灌溉贴息贷款 7.4 亿元，在全国建立 100 个农业综合节水增产示范区，探索节水灌溉技术的推广途径。"九五"期间，国务院批准建设 300 个节水增产重点县。1998 年，国家科技部立项"农业高效用水科技产业示范工程"项目，建成井灌类型区、山丘区雨水汇集贮存类型区、井渠结合灌溉类型区等 8 种不同模式的农业高效用水科技产业示范区，取得明显的节水增产效益。进入 21 世纪，对节水灌溉技术及设备的研发力度进一步增大，在智能化同步控制模块、低压喷头配置、塔架车通过性能、桁架研制、大型自走式喷灌机型谱、变量精准控制技术的试验研究上取得了突破性成果。

6.2　农用水泵

6.2.1　水泵的类型

水泵产品是排灌机械化系统首部的重要供水元件，可以输送液体或使液体增压。它将原动机的机械能或其他外部能量传送给液体，使液体能量增加，主要用来输送液体，包括水、油、酸碱液、乳化液、悬乳液和液态金属等。水泵性能的技术参数有流量、吸程、扬程、轴功率、水功率、效率等。水泵被广泛运用于农业排涝和灌溉生产当中。根据不同的工作原理，水泵可分为叶片式泵、容积式泵等；叶片式泵又包括离心泵、旋涡泵、混流泵、轴流泵等；容积式泵主要包括往复泵和转子泵。按工作原理进行水泵的分类，如图 6-1 所示。

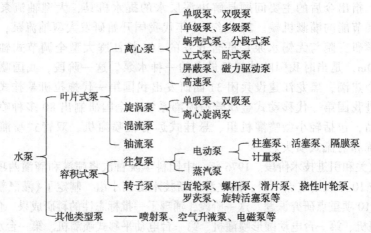

图 6-1　按工作原理的水泵分类

叶片式泵指的是利用叶片和液体的相互作用来输送液体的泵，如离心泵、混流泵、轴流泵等。它的特点是传递的能量是连续的，流量会随压力的变化而变化，一般不具备自吸功能，适用于低压力和大流量场合。

容积式泵指的是利用工作室容积的周期性变化来输送液体的泵，如活塞泵、柱塞泵、齿轮泵、滑片。它的特点是传递的能量是非连续的，而在一定转速或泵速下，流量是一定的，几乎不随压力的改变而改变，容积式泵具有自吸能力，适用于高压力和小流量场合。

其他类型泵一般指的是利用流体能量来输送液体的泵，如射流泵、水锤泵。或只改变液体位能的泵，如水车等。

除了按工作原理分类，我们还可以按用途将水泵分为给水泵、生活泵、冲洗水泵等；按介质将其分为清水泵、热水泵、污水泵、油泵等；按材质，将水泵分为铸铁泵、不锈钢水泵；按级数分为单级泵、多级泵，也可以按形式分为立式泵和卧式泵。

6.2.2　主要农用水泵的原理和特点

（1）离心泵

离心泵（图 6-2）依靠高速旋转的叶轮使液体受到离心力的作用实现液体的输送，故名为离心泵，是叶片式泵中最常用的一类。

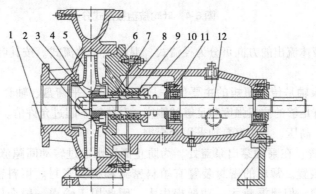

1. 泵体；2. 叶轮螺母；3. 止动垫圈；4. 密封环；5. 叶轮；6. 泵盖；7. 轴套；
8. 填料环（机械密封无此环）；9. 填料（或机械密封）；10. 填料或机械密封压盖；11. 悬架轴承部件；12. 轴。

图 6-2　离心泵的构造

①离心泵的构造。

a. 泵体：泵体又叫泵壳，其内腔形成叶轮工作室、吸水室和压水室。泵壳通常铸成蜗壳形，蜗壳形流道沿流出的方向不断增大，可使其中水流的速度保持不变，以减少由于流速的变化而产生的能量损失。泵的出水口处有一段扩散形的锥形管，水流随着断面的增大，速度逐渐减小，而压力逐渐增大，水的动能转化为势能。一般泵体顶部设有放气或加水的螺孔，以便在水泵启动前用来充水和排走泵壳内的空气。

b. 叶轮：叶轮是泵的核心组成部分，它把电动机输入的机械功直接传给液体，使液体获得动能、势能及压力能，是泵最重要的工作元件。叶轮由叶片、盖板和轮毂组成。目前，多数叶轮采用铸铁、铸钢或青铜制成，若用于输送特殊液体，则需采用 SUS304 或更高要求的材料。

叶轮按其吸水方式可分为单吸式叶轮与双吸式叶轮，如图 6-3 所示。单吸式叶轮单边吸水，叶轮的前盖板与后盖板呈不对称状；双吸式叶轮两边吸水，叶轮盖板呈对称状，一般大流量离心泵多数采用双吸式叶轮。

叶轮按其盖板情况可分为闭式（a）、半闭式（b）和开式（c），如图 6-4 所示。污水泵往往采用闭式叶轮单槽道或双槽道结构，以防止杂物堵塞；砂泵则往往采用半闭式及开式结构，以防止砂粒对叶轮的磨损及堵塞。

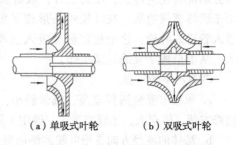

（a）单吸式叶轮　　　（b）双吸式叶轮

图 6-3　叶轮按吸水方式分类

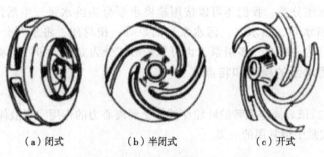

（a）闭式　　　　　　（b）半闭式　　　　　　（c）开式

图6-4　叶轮按盖板形式分类

叶轮按其液体流出的方向可分为径流式、混流式和轴流式。按其叶片形式可分为前向、后向和径向。

c. 泵轴：泵轴是传递扭矩的主要部件，它把叶轮、平衡盘、轴套、键、联轴器组合到一起。泵轴应有足够的抗扭强度和足够的刚度，其挠度不超过允许值。轴的材料一般采用碳素钢或不锈钢，高压、大功率泵轴采用合金钢。

d. 密封装置：在泵轴穿出泵盖处，为防止高压水通过转动间隙流出及空气流入泵内，必须设置密封装置。常用的密封装置有填料密封和机械密封。填料密封结构简单、价格便宜、维修方便，但泄漏量大、功耗损失大，因此用于输送一般介质，如水等。机械密封（也称端面密封）的密封效果好，泄漏量很小，寿命长，但价格贵，加工安装维修保养要求高。

e. 平衡装置：单侧进水的离心泵，由于进出口存在压力差，使转子受到一个从压出端指向吸入端的一个力，叫作轴向推力。轴向推力必须采用不同的方法平衡，否则将会导致泵体震动，严重时可能会造成机件过度摩擦，甚至机器损坏。平衡装置主要有平衡孔和平衡盘等。通常单级离心泵用平衡孔，大容量多级的离心泵用平衡盘平衡轴向力。平衡盘装在泵的出口端最末一级叶轮的后面。动盘用键连接在轴上，同轴一同旋转。

②工作原理。电机带动叶轮叶片旋转，迫使叶轮内的流体旋转。当叶轮飞快旋转时，叶轮内的液体在叶轮内叶片的推动下跟着旋转，旋转的流体在惯性离心力作用下，从中心向叶轮边缘流去，最后以较高压力和速度从叶片的端部被甩出，然后进入泵壳内的蜗室或扩散管（或导轮），当液体流到扩散管时，由于液流的断面渐渐扩大，流速减慢，一部分动能转化为静能，压力上升，最后从排出管排出，这个过程为压出过程；与此同时，由于流体流向边缘，在叶轮中心形成了低压区，流体将在吸水池液面压力作用下，经过吸入管进入叶轮，这个过程称为吸入过程。叶轮不断旋转，流体就会不断地被压出和吸入，从而形成了泵的连续工作。

③离心泵的特点。

a. 单级单吸泵扬程较高，流量较小，结构简单，使用方便；单级双吸离心泵流量高，检修方便，体积大，比较笨重，一般用于固定的农业灌溉作业。

b. 液体的流经方向是沿叶轮的轴向吸入，垂直于轴向流出，即进出水流方向互成90°。

c. 由于离心泵靠叶轮进口形成真空吸水，因此在起动前必须向泵内和吸水管内灌注引水，或用真空泵抽气，以排出空气形成真空，而且泵壳和吸水管路必须严格密封，不得漏气，否则形不成真空，无法完成液体吸入过程。

d. 由于叶轮进口不可能形成绝对真空，因此离心泵吸水高度一般不超过 10m，加上水流经吸水管路带来的沿程损失，实际允许安装高度(水泵轴线距吸入水面的高度)远小于 10m。若安装过高，则不吸水；此外，由于山区比平原大气压力低，因此同一台水泵在山区，特别是在高山区安装时，其安装高度应降低。

(2)轴流泵

①轴流泵的构造。轴流泵(图 6-5)是叶片式泵的一种，外形呈圆筒状，其主要部件有叶轮、导叶、出水弯管、吸入管、泵轴、轴承和轴封装置等。

a. 叶轮：叶轮是决定轴流泵性能的主要部件，轴流泵叶轮无前后盖板，是开式的。叶轮通常由叶片、轮毂、导水锥等组成。中、小型泵的叶轮一般用优质铸铁制成，大型泵的叶轮则多用铸钢制成。轴流泵的叶片一般为 2~6 片，呈扭曲形，装在轮毂上。固定式叶轮的叶片和轮毂铸成一体，半调节式叶轮的叶片用螺母和定位销紧固在轮毂上。叶片根部上刻有基准线，而在轮毂上刻有几个不同安装角度的位置线。

叶片安装角度不同，泵的性能曲线也将随之变化，根据使用要求，可把叶片安装在某一位置上。当工作条件发生变化，需要调节时，要先关机后再把叶轮拆卸下来(泵轴不必从轮毂上卸下)，将螺母松开，转动叶片，使叶片根部基线对准

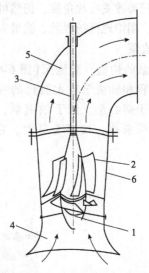

1. 叶轮；2. 导叶；3. 轴；4. 吸入管；5. 出水弯管；6. 外壳。

图 6-5　轴流泵的构造

轮毂上某一要求的角度线，然后把叶片螺母拧紧，插上定位销，装好叶轮即可。应注意的是，每片叶片调好的角度要相等，否则运行时会产生振动。

b. 导叶：导叶为轴流泵的压水室，装在叶轮上方，由导叶、导叶毂和外壳组成。导叶一般有 6~12 片，固定于导叶毂和外壳上，外壳呈倒圆锥状。导叶体的主要作用是将从叶轮流出的水流的旋转运动变为轴向运动，并使流速逐渐降低，从而将部分动能转化为压能。导叶内还装有下导轴承。

c. 出水弯管：水流从导叶体出来以后通过一段扩散管进入出水弯管，弯管的作用是把水流平顺地引出泵体，弯管弯角通常为 60°。

d. 吸入管：吸入管的主要作用是把水流以最小的损失均匀平顺地引入叶轮。一般采用符合流线型的铸铁喇叭管，其直径约为叶轮直径的 1.5 倍。大型轴流泵一般不用喇叭口，而采用现场浇制的进水流道。

e. 泵轴和轴承：泵轴用于传递扭矩，一般用优质碳素钢制成。大型全调节式轴流泵的泵轴常做成空心轴，以便于在里面安装叶片。轴流泵的轴承有两种，一种是导轴承，另一种是推力轴承。

f. 轴封装置：轴封装置设于泵轴穿出泵壳的轴孔处，用以防止压力水的泄漏，常用的轴封装置为填料环，其构造与离心泵的填料函相似，只是无水封管和水封环，泵内压力水可直接进入填料中进行润滑和冷却。

②工作原理。轴流泵靠旋转叶轮的叶片对液体产生的作用力使液体沿轴线方向输送。水泵叶轮安装在水面之下。泵运行时，动力机带动叶轮在水中高速旋转，水流相对于叶片产生急速的绕流，叶片对水产生升力作用，连续不断把水向上推送。由于叶轮淹没在水下，水泵起动前无需充水，故不需要设底阀和进水管。轴流泵不允许关闸起动，所以出水管路上不装闸阀。

③轴流泵的特点。轴流泵的显著优点是流量大、结构简单、重量轻、外形尺寸小、占地面积小；轴向吸入，轴向流出；启动前不需要灌水，操作简单。对调节式轴流泵，当工作条件变化时，只要改变叶片角度，仍然可保持在较高效率下工作，但由于扬程太低，主要适用于适合平原、湖泊地区扬程低、流量大的系统。

（3）混流泵

①混流泵的构造。混流泵（图6-6）是介于离心泵和轴流泵之间的一种泵型。具有离心泵较高扬程和轴流泵较大流量的特点，适合于平原河网地区和丘陵灌区使用。混流泵的转速高于离心泵，低于轴流泵，一般在300～500rad/min。它的扬程比轴流泵高，但流量比轴流泵小，比离心泵大。它的主要构成包括泵体、叶轮、泵盖、皮带轮、轴承体。

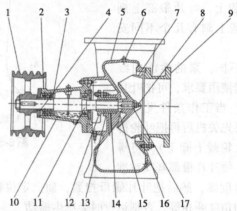

1.皮带轮；2.挡套；3.轴承；4.轴承体端盖；5.泵体；6.丝堵；7.叶轮；8.叶轮螺母；9.泵盖；10.轴承体；11.轴；12.填料压盖；13.填料；14.填料环；15.轴套；16.纸垫；17.叶轮螺母。

图6-6　混流泵结构图

②混流泵的工作原理。混流泵的构造介于离心泵和轴流泵之间。当原动机带动叶轮旋转后，对液体的作用既有离心力又有轴向推力，混流泵靠这两种力的作用而实现抽水，是离心泵和轴流泵的综合，液体斜向流出叶轮。混流泵的转速高于离心泵，它的扬程比轴流泵高，但流量比轴流泵小，比离心泵大。

③混流泵的特点。混流泵广泛应用于农田灌溉、防涝排洪、污水处理、电站冷却系统等领域。在大流量、低扬程的应用场合下，轴流泵扬程和流量的变化范围小，高效区窄，抗气蚀性能差，使用混流泵代替轴流泵，能够在发挥轴流泵优点的基础上补偿这些缺点。

（4）活塞泵

①活塞泵的构造。活塞泵主要由泵缸、活塞、进出水阀门、进出水管、连杆和传动装置组成。

②活塞泵的工作原理。活塞泵（图6-7）靠动力带动活塞往复运动，使得泵腔工作容积周

期变化，实现吸入和排出液体。当活塞向上运动时，进水阀开启，水进入泵缸，同时活塞上的水阀关闭，活塞上部的水随活塞向上提升；当活塞向下运动时，进水阀关闭，活塞上的阀门开启，同时使泵缸下腔的水压入上腔，并升入出水管，如此反复进水和提升，使水不断从出水管排出。

　　活塞泵的流量是由泵缸直径、活塞行程及活塞每分钟的往复次数确定的；扬程取决于装置管路特性，同一台活塞泵流量不变，而扬程可随着装置管路特性变化，即扬程提高，而流量不变，只在高压区，流量稍有减少。

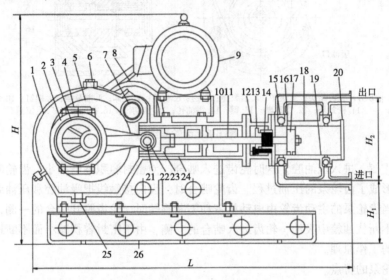

1. 箱盖；2. 连杆；3. 连杆铜套；4. 连杆螺丝；5. 偏心轮；6. 加油孔；7. 齿轮油；8. 皮带轮；9. 电机；10. 箱体；11. 泵轴；12. 垫料架；13. 垫料压盖；14. 垫料；15. 单向球阀；16. 活塞环；17. 活塞；18. 泵体；19. 单向球阀座；20. 泵盖；21. 连杆箱；22. 连杆小铜套；23. 十字头；24. 往复缸；25. 放油孔；26. 底盘。

图 6-7　活塞泵结构

　　③活塞泵的特点。活塞泵又叫电动往复泵，从结构上分为单缸和多缸，其特点是扬程较高。适用于输送常温无固体颗粒的油乳化液等。用于油田、煤层注水、注油、采油；膛压机、水压机的动力泵、水力清砂、化肥厂输送氨液等。若过流部件为不锈钢时，可输送腐蚀性液体。另外，根据结构材质的不同还可以输送高温焦油、矿泥、高浓度灰浆、高黏度液体等。活塞泵的流量 $Q = 0.71 \sim 6000 \text{m}^3/\text{h}$，排出压力 $P \leqslant 39.2\text{MPa}$，大多数情况下 $P \leqslant 24.5\text{MPa}$。

(5) 齿轮泵

　　①齿轮泵的构造。齿轮泵主要结构是分离三片式结构，如图 6-8 所示，三片是指泵盖 4，8 和泵体 7，泵体 7 内装有一对齿数相同、宽度和泵体接近而又互相啮合的齿轮 6，这对齿轮与两端盖和泵体形成一密封腔，并由齿轮的齿顶和啮合线把密封腔划分为两部分，即吸油腔和压油腔。两齿轮分别用键固定在由滚针轴承支承的主动轴 12 和从动轴 15 上，主动轴由电动机带动旋转。

　　②齿轮泵的工作原理。齿轮泵是依靠泵缸与啮合齿轮间所形成的工作容积变化和移动来输送液体或使之增压的回转泵。当泵的主动齿轮按图示箭头方向旋转时，齿轮泵左侧（吸油腔）齿轮脱开啮合，齿轮的轮齿退出齿间，使密封容积增大，形成局部真空，油箱中的油液在外界大气压的作用下，经吸油管路、吸油腔进入齿间。随着齿轮的旋转，吸入齿间的油液

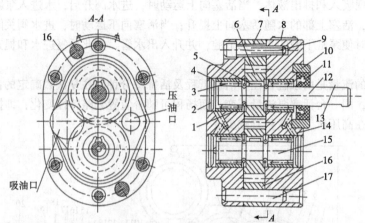

1.轴承外环；2.堵头；3.滚子；4.后泵盖；5.键；6.齿轮；7.泵体；8.前泵盖；9.螺钉；10.压环；
11.密封环；12.主动轴；13.键；14.泻油孔；15.从动轴；16.泻油槽；17.定位销。

图6-8　齿轮泵结构

被带到另一侧，进入压油腔。这时轮齿进入啮合，使密封容积逐渐减小，齿轮间部分的油液被挤出，形成了齿轮泵的压油过程。齿轮啮合时，齿向接触线把吸油腔和压油腔分开，起配油作用。当齿轮泵的主动齿轮由电动机带动不断旋转时，轮齿脱开啮合的一侧，由于密封容积变大则不断从油箱中吸油，轮齿进入啮合的一侧，由于密封容积减小而不断地排油，这就是齿轮泵的工作原理。

③齿轮泵的特点。

优点：结构简单紧凑、体积小、质量轻、工艺性好、价格便宜、自吸力强、对油液污染不敏感、转速范围大、能耐冲击性负载、维护方便、工作可靠。

缺点：径向力不平衡、流动脉动大、噪声大、效率低、零件的互换性差、磨损后不易修复、不能做变量泵用。

困油问题：齿轮泵要能连续地供油，就要求齿轮啮合的重叠系数 $\varepsilon > 1$，也就是当一对齿轮尚未脱开啮合时，另一对齿轮已进入啮合，这样，就出现同时有两对齿轮啮合的瞬间，在两对齿轮的齿向啮合线之间形成了一个封闭容积，一部分油液也就被困在这一封闭容积中。齿轮连续旋转时，这一封闭容积便逐渐减小，到两啮合点处于节点两侧的对称位置时，封闭容积为最小，齿轮再继续转动时，封闭容积又逐渐增大。在封闭容积减小时，被困油液受到挤压，压力急剧上升，使轴承上突然受到很大的冲击载荷，使泵剧烈振动，这时高压油从一切可能泄漏的缝隙中挤出，造成功率损失，使油液发热等。当封闭容积增大时，由于没有油液补充，因此形成局部真空，使原来溶解于油液中的空气分离出来，形成了气泡，油液中产生气泡后，会引起噪声、气蚀等一系列恶果。以上情况就是齿轮泵的困油现象。这种困油现象极为严重地影响着泵的工作平稳性和使用寿命。

径向不平衡力：齿轮泵工作时，在齿轮和轴承上承受径向液压力的作用。如图6-8所示，泵的右侧为吸油腔，左侧为压油腔。在压油腔内有液压力作用于齿轮上，沿着齿顶的泄漏油，具有大小不等的压力，就是齿轮和轴承受到的径向不平衡力。液压力越高，这个不平衡力就越大，其结果不仅加速了轴承的磨损，降低了轴承的寿命，甚至使轴变形，造成齿顶和泵体内壁的摩擦等。为了解决径向力不平衡问题，在有些齿轮泵上，采用开压力平衡槽的办法来消除径向不平衡力，但这将使泄漏增大，容积效率降低等。

(6) 螺杆泵

①螺杆泵的构造。螺杆泵,又名螺旋扬水机、阿基米德螺旋泵,它是利用螺旋叶片的旋转,使水体沿轴向螺旋形上升的一种泵。螺杆泵的装置包括原动机、变速传动装置和螺旋泵三部分,如图 6-9 所示,螺旋泵主要由螺旋叶片 1、泵轴 2、轴承座 3 和外壳 4 组成。

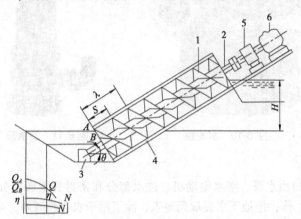

1.螺旋叶片; 2.泵轴; 3.轴承座; 4.外壳; 5.变速传动装置; 6.原动机。

图 6-9 螺杆泵结构

②螺杆泵的工作原理。螺杆泵是依靠泵体与螺杆所形成的啮合空间容积变化和移动来输送液体或使之增压的回转泵。其工作原理与齿轮泵相似,只是在结构上用螺杆取代了齿轮。螺杆泵按螺杆数目分为单螺杆泵、双螺杆泵和三螺杆泵等。螺杆泵倾斜装在上、下水池之间,螺杆泵的下端叶片浸入水面以下。当泵轴旋转时,螺旋叶片将水池中的水推入叶槽,水在螺杆的旋转叶片作用下,沿螺杆轴一级一级往上提升,直至螺杆泵的出水口。不同于叶片式水泵将机械能转换为输送液体的位能和动能,螺杆泵只改变流体的位能。

③螺杆泵的特点。螺杆泵结构简单,制造容易,效率较高,便于维修和保养,但扬程低,转速低。多用于灌溉、排涝,以及提升污水、污泥等场合。螺杆泵的流量和压力脉冲很小,噪声和振动小,有自吸能力,但螺杆加工较困难。泵有单吸式和双吸式,但单螺杆泵仅有单吸式。泵必须配带安全阀(单螺杆泵不必配带),以防止由于某种原因如排出管堵塞使泵的出口压力超过容许值而损坏泵或原动机。

(7) 水轮泵

①水轮泵的构造。水轮泵是由作为动力用的水轮机和离心泵组成的提水机械。水轮机的转轮由水流驱动旋转,再由转轮驱动水泵叶轮,进行提水作业。

②水轮泵的工作原理。水轮泵是水轮机与离心泵结合为一体的中、小型输水泵,又称水力抽水机。它直接利用水的下落作为动力推动水轮运转。在落差大于 1m、流量大于 0.1m³/s 的河流、水库和渠道上均可安装水轮泵提水。占水轮泵绝大多数的低、中水头水轮泵(水头为 20m 以下)一般采用立式结构。

③特点。水轮泵(图 6-10)中的水轮机一般为轴流式,离心泵的压出室一般采用蜗壳式。泵设在水轮机之上,整机全部淹没在水中运转,因此无需吸水管。泵和水轮机之间采用水润滑轴承。水轮泵结构简单,制造容易,操作方便,维修费用低,不抽水时接动力输出轴可带动加工机械或小型发电机,特别适合于山区农村使用。

图 6-10　水轮泵　　　　　　　图 6-11　潜水泵

（8）潜水泵

潜水泵（图 6-11）由水泵、潜水电动机、进水部分和密封装置四部分连成整体。使用时整个机组潜入水中工作，把地下水提取到地表，除了用于农业灌溉外，可用于生活用水、矿山抢险、工业冷却、海水提升、轮船调载，还可用于喷泉景观。

潜水泵为单吸多级立式离心泵；潜水电机为密闭充水湿式、立式三相鼠笼异步电动机，电机与水泵通过爪式或单键筒式联轴器直接；配备有不同规格的三芯电缆；起动设备为不同容量等级的空气开关和自耦减压气动器、输水管为不同直径的钢管制成，采用法兰联结，高扬程电泵采用闸阀控制。

潜水电机轴上部装有迷宫式防砂器和两个反向装配的骨架油封，防止流砂进入电机。潜水电机采用水润滑轴承，下部装有橡胶调压膜、调压弹簧，组成调压室，调节由于温度引起的压力变化；电机绕组采用聚乙烯绝缘，尼龙户套耐水电磁线，电缆联结方式按电缆接头工艺，把接头绝缘脱去刮净漆层，分别接好，焊接牢固，用生橡胶绕一层。再用防水粘胶带缠 2~3 层，外面包上 2~3 层防水胶布或用水胶黏结包一层橡胶（自行车里胎）以防渗水。

潜水泵每级导流壳中装有一个橡胶轴承；叶轮用锥形套固定在泵轴上；导流壳采用螺纹或螺栓联成一体。高扬程潜水泵上部装有止回阀，避免停机水锤造成机组破坏。电机密闭，采用精密止口螺栓，电缆出口加胶垫进行密封。电机上端有一个注水孔，有一个放气孔，下部有个放水孔。电机下部装有上下止推轴承，止推轴承上有沟槽用于冷却，和它对磨的不锈钢推力盘，承受水泵的上下轴向力。

6.2.3　农用水泵的性能参数

水泵的性能参数主要包括水泵的流量、扬程、转速、功率、效率、气蚀余量、进出口径、叶轮直径、泵重量等。水泵的选用原则为满足农业生产流量和扬程的要求。以离心泵为例，阐述水泵的相关性能参数。

①流量。流量指的是单位时间内排出液体的体积，流量用字母 Q 表示，计量单位通常为立方米/小时（m³/h）或升/分钟（L/min）、升/秒（L/s）。泵的抽水重量公式如下：

$$G = Q \cdot r \tag{6-1}$$

式中：G——抽水重量；

r——液体密度。

例如，某台泵的流量为 50m³/h，求抽水时每小时抽水的重量，水的密度为 1000kg/m³。

解答：根据抽水重量计算公式 $G=Q \cdot r$，代入 Q 值 $50 \mathrm{m}^3/\mathrm{h}$，水的密度 $1000\mathrm{kg}/\mathrm{m}^3$，可得泵的抽水重量为 50t。

②扬程。扬程指的是单位重量液体通过泵后获得的能量，用字母 H 表示。泵的扬程包括吸程在内，近似于泵出口和入口的压力差，单位为 m。泵的压力用 P 表示，单位为 MPa。扬程的计算公式如下：

$$H=P/r \tag{6-2}$$

式中：P——泵的压力；

　　　r——液体密度。

③功率。指水泵在单位时间内对液流所做功的大小，单位是 W 或 kW。水泵的功率包含轴功率(P)、有效功率(P_e)、动力机配套功率(P_g)、水功率(P_w)和泵内损失功率等五种。

轴功率(P)：指动力机经过传动设备后传递给水泵主轴上的功率，亦即水泵的输入功率。通常水泵铭牌上所列的功率均指的是水泵轴功率。

有效功率(P_e)：指单位时间内，流出水泵的液流获得的能量，即水泵对被输送液流所做的实际有效功，扬程、流量与比重的乘积为：

$$P_e=r \cdot Q \cdot H \tag{6-3}$$

动力机配套功率(P_g)：动力机配套功率为与水泵配套的原动机的输出功率，考虑到水泵运行时可能出现超负荷情况，所以动力机的配套功率通常选择得比水泵轴功率大。

水功率(P_w)：水泵的轴功率在克服机械阻力后剩余的功率，也就是叶轮传递给通过其内的液体的功率。

泵内损失功率：被用来克服水泵运行中泵内存在的各种损失的功率，分为机械损失、容积损失和水力损失。

④泵的效率。泵的效率是指泵的有效功率与轴功率之比，用字母 η 表示。

⑤额定流量、额定转速、额定扬程。根据设定的工作性能参数进行水泵设计所能达到的最佳性能，称为泵的额定性能参数，包括泵的额定流量、额定转速和额定扬程。泵的额定性能参数，一般是产品目录样本上指定的参数值。

⑥气蚀。气蚀是指离心泵启动时，若泵内存在空气，由于空气的密度很低，安装后产生的离心力很小，在叶轮中心区域所形成的低压不足以将液位低于泵进口的液体吸入泵内，不能输送液体的现象。

⑦气蚀余量。泵在工作时，液体在叶轮的进口处因一定真空压力下会产生液体汽化，汽化的气泡在液体质点的撞击运动下，叶轮等金属表面产生剥落，从而破坏叶轮等金属构件。此时的真空压力叫汽化压力。气蚀余量指的是在泵吸入口处单位重量液体所具有的超过汽化压力的富余能量，单位为米(水柱)标柱，用 NPSH 表示。

⑧吸程。吸程为必需气蚀余量 Δh，即泵允许吸液体的真空度，也是泵允许几何安装高度，单位为 m。吸程=标准大气压$(10.33\mathrm{m})$-气蚀余量-安全量(0.5)。

例如，某泵所需的气蚀余量为 4.0m，求吸程 Δh。

则吸程 $\Delta h=10.33-4.0-0.5=5.83(\mathrm{m})$。

根据设计流量和设计扬程，就可以在《水泵样本》中的"水泵综合性能型谱图"或"水泵规格性能表"等技术资料中初步选择所需的水泵型号。

泵的适用范围和特性比较见表 6-1。

表 6-1　泵的适用范围和特性比较

指标		叶片泵			容积泵	
		离心泵	轴流泵	旋涡泵	往复泵	转子泵
流量	均匀性	均匀			不均匀	比较均匀
	稳定性	不恒定，随管路情况变化而变化			恒定	
	范围(m³/h)	1.6~30000	150~245000	0.4~10	0~600	1~600
扬程	特点	对应一定流量，只能达到一定扬程			对应一定流量可以达到不同扬程，由管路系统确定。	
	范围	10~2600m	2~20m	8~150m	0.2~100MPa	0.2~50MPa
效率	特点	在设计点最高，偏离越远，效率越低			扬程高时效率降低很少	扬程高时效率降低很大
	范围	0.5~0.8	0.7~0.9	0.25~0.5	0.7~0.85	0.6~0.8
结构特点		结构简单，造价低，体积小，重量轻，安装检修方便			结构复杂，振动大，体积大，造价高	同叶片泵
适用范围		黏度较低的各种介质(水)	特别适用于大流量，低扬程，黏度较低的介质	特别适用于小流量，较高压力的低黏度清洁介质	适用于高压力，小流量的清洁介质(含悬浮液或要求完全无泄漏可用隔膜泵)	适用于中低压力，中小流量，尤其适用于黏度高的介质

6.3　地面灌溉技术

农业灌溉方式一般可分为传统的地面灌溉、喷灌及微灌。

地面灌溉是利用地面灌水沟、畦或格田进行灌溉的方法，是人类历史上最古老的和最常见的灌溉方法。灌溉水引入农田后，在重力和毛细管作用下渗入并浸润土壤，田间工程设施简单，不需能源，易于实施，至今仍为世界各国广泛采用。地面灌溉的缺点是容易造成表层土壤板结，水利用率较低，灌水均匀度较差，用工量较大。为了提高灌水质量，除了要求有完整的田间输水渠道网外，还需确定合理的畦、沟和格田规格，改进灌水工具和精细平整土地。灌水时还要确定适宜的入畦流量、入沟流量和封口成数(封口时水流达到整个畦沟长度的成数)。喷灌是借助水泵、管道系统或利用自然水源的落差，把具有一定压力的水喷到空中，散成小水滴或形成弥雾降落到植物上和地面上的灌溉方式。微灌是利用微灌设备组装成微灌系统，将有压水输送分配到田间，通过灌水器以微小的流量湿润作物根部附近土壤的一种灌溉方式。设施大棚内是高湿环境，为便于控制湿度，减少病害发生，常采用微灌方式进行灌溉。水肥一体化技术是指通过灌溉系统施肥，作物在吸收水分的同时吸收养分，常与喷灌和微灌相结合，又称肥水同灌、灌溉施肥、随水施肥等。

6.3.1　按浸润方式分类

按其湿润土壤的方式可分为畦灌、沟灌和淹灌。

①畦灌(图 6-12)。从末级灌水渠将水引入畦田中，灌溉水在畦面上以薄层水流的形式在重力作用下沿畦长方向流动，同时向土壤中垂直入渗浸润土壤。

灌溉时，用临时土埂将农田分隔成长条形畦田，水流从畦首引入，在重力作用下沿田面坡度以薄水层向前推进，同时渗入土壤。畦灌适用于小麦、谷子、蔬菜等窄行密植作物。高质量的畦灌要求是灌水均匀，深层渗漏损失小，不冲刷土壤，不溢埂跑水。畦块越小越容易达到这些要求。但畦块越小，所需要的田间工程也越多，费工也多。根据多数灌区的试验，畦田灌水技术随土质和田面坡度而异。重质土壤的田面坡降宜小，畦宜长，单宽流量宜小，封口成数宜大；轻质土壤则与之相反。不同土质的田面坡降为 1/1000~1/500；畦长变化为 50~200m，平均为 100m 左右；单宽流量为 2~5L/(s·m)；封口成数为 7~9 成。

②沟灌（图 6-13）。灌溉时，从末级灌水渠将水引入灌水沟中，灌溉水在沟中沿沟长方向流动，部分水靠重力作用和土壤毛细管作用通过沟壁浸润土壤。

在作物行间开沟，水流在沟中顺坡流动，同时向下及两侧入渗。沟灌可保持垄背土壤疏松，减少灌水定额，适用于棉花、甘蔗等宽行作物。沟距通常等于作物行距，沟距一般不超过 1m。当作物行距小于 50cm，土壤渗透性好时，有时也采用两行一沟，即隔沟灌。沟长一般 100m 左右，土壤透水性强的沟长宜短，地面坡度平缓的宜长。

图 6-12 畦灌

（a）沟灌

（b）隔沟灌

图 6-13 沟灌

入沟流量通常为 0.2~2.0L/s，沟长度较小的，入沟流量取小值，沟长的取大值。沟灌的改进方式是涌流式，向灌水垄沟轮流、间歇供水，可以大幅度减小灌水沟首部与尾部的入渗水量差别，提高灌水均匀度，节约用水量。

③格田灌溉（图 6-14）。又称为淹灌，从末级渠道将水引入用土埂围成的格田，并保持一定深度的水层，靠垂直入渗浸润土壤。在田面建立一定深度的水层，用于水稻灌溉或洗盐灌溉。为使田面水层均匀，对格田要精细平整，一块格田内高低差不宜超过 3~5cm。格田面积一般为 1~5 亩，呈矩形或正方形。

④漫灌（图 6-15）。只有简单的土埂，引水入田后，任水漫流渗入土壤。各种地面灌水技术的适用性不同。对于密植作物，一般应选用畦灌；对于水稻或冲洗改良盐碱地，可选用格田淹灌；而对宽行作物则适宜选用沟灌；漫灌适用于灌溉天然草场或引洪淤地。

6.3.2 按灌溉技术分类

按技术类别，地面灌溉可分为以下几类：

图 6-14　格田灌溉

图 6-15　漫灌

（1）控制性分根交替灌溉技术

控制性分根交替灌溉技术（图 6-16）是指从作物根系生长空间来控制土壤的浸润方式，人为控制或保持作物根区土壤区域性干燥，交替使作物根系始终有一部分生长在干燥或较干燥的土壤中，限制该部分吸水，让其产生水分胁迫信号，传递至叶气孔，形成最优气孔开度，同时使另一部分生长在湿润区的根系正常吸水，减少作物蒸腾耗水，减少棵间全部湿润时的无效蒸发和总的灌溉用水量，从而达到节水目的。交替灌溉的实质是交替隔沟、干湿交替。

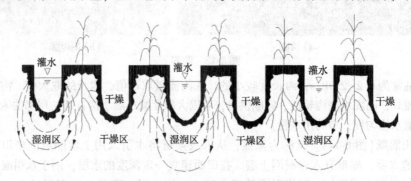

图 6-16　控制性分根交替灌溉原理

（2）低压管道输水灌溉技术

低压管道输水灌溉技术（图 6-17）是通过管道系统把水直接输送到田间，对农田实施灌溉。

管道输水一般在低压条件下运行，工作压力一般不超过 0.2MPa。相对于土渠输水，管道输水由于消除了渠床渗漏、水面蒸发及渠床上杂草蒸腾，可将渠系田间控制性交替隔沟灌溉水利用系数提高到 0.95。目前，低压管道输水灌溉只用管道将水送至地头，没有直接送

图 6-17　低压管道输水灌溉技术

入灌水区域，田间还需布置输水沟，为进一步节水，减少输水过程的损失，提高土地利用率，更为理想的方法是用硬管将水送至地头，在出水口加装阀门，连接输水软管，使水从水源直到灌溉沟全部在管道内流动。

(3)膜上灌溉技术

膜上灌溉是一种膜上输水、膜孔渗水、局部灌溉的节水灌溉方式。水流在地膜上流动，利用地膜的防渗作用及保水作用达到节水目的。而且膜上灌溉有利于保持土壤疏松不板结，可改善土壤的水、肥、气、热环境条件。

6.3.3　地面灌溉的增效措施

为了提高地面灌溉的质量，达到灌水均匀、适量、省水、保肥、高效和增产的目的，宜采取以下 3 个措施：

①修建完善的田间工程，精细地平整土地。

②根据水流在田间的运动规律，尽快完成水在田面上的流动过程，以达到灌水均匀的目的，如小畦灌、长畦分段灌、块灌和涌流灌溉等。

③采用先进的田间灌水设施，如用带孔硬管和移动软管代替传统的灌水垄沟，以自动闸阀保持格田内恒定水层，以及实行沟畦灌水自动化等。

6.4　喷灌系统

6.4.1　喷灌系统的组成

喷灌是把经水泵加压或自然落差形成的有压水通过压力管道送到田间，再经喷头喷射到空中，形成细小水滴，均匀地洒落在农田，达到灌溉的目的。其优点是灌水均匀、少占耕地、节省人力、对地形的适应性强。主要缺点是受风力影响大、设备投资高。喷灌几乎适用于除水稻外的所有大田作物，以及蔬菜、果树等。它对地形、土壤等条件适应性强，使农田灌溉从传统的人工作业变成半机械化、机械化，甚至自动化作业，加快了农业现代化的进程。与地面灌溉相比，大田作物喷灌一般可省水 30% ~ 50%，增产 10% ~ 30%。但在多风、蒸发强烈地区容易受气候条件的影响，有时难以发挥其优越性，在这些地区进行喷灌系统的设计，应先深入分析其适应性。

喷灌具有节水、增产、省工、省地、应用范围广等优点。但设备的一次性投入较大、易受风力影响、蒸发损失大、地表湿润而土壤深层湿润不足。喷灌的主要工作部件是喷头，喷头按其运动方式可分为摇臂式和悬臂式两类。不同厂家生产的喷头结构有所不同，但是都由喷体、转动机构、转向机构及密封机构等组成。

6.4.2　喷头的种类和性能指标

①种类。旋转式喷头、固定式喷头(折射式、缝隙式、漫射式)和喷洒孔管。

②性能指标。压力、流量、射程、喷灌强度、水滴的打击强度、喷洒水量分布特性。

6.4.3 喷头的工作原理

(1)摇臂式喷头的结构与工作原理

摇臂式喷头(图6-18)的结构包含：喷体、摇臂转动机构、旋转密封机构、扇形换向器等。

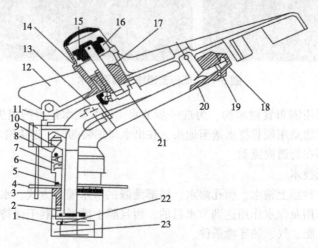

1.空心轴；2.减磨垫；3、9、19.O型密封圈；4.限位环；5.空心轴套；6.防砂弹簧；7.弹簧罩；
8.喷体；10.换向器；11.反转钩；12.摇臂；13.喷管；14.防水帽；15.弹簧座；16.摇臂弹簧；
17.衬套；18.喷嘴；20.摇臂轴；21.轴端垫；22.垫片；23.接头。

图6-18 摇臂式喷头

其工作可以分为：

①喷撒。压力水经喷管内的稳流器整流后，沿锥形流道提高流速，将压能逐渐转化成动能，然后从喷嘴高速射出。射流水柱与空气碰撞并受摇臂的撞击而粉碎成细小的雨滴。

②转动。压力水经喷嘴(18)射出，首先冲击摇臂(12)头部导水器上的导水板，使摇臂获得射流的作用力向外摆动，并将摇臂弹簧(16)扭紧。接着摇臂在弹簧力的作用下回摆，使导水器以一定的速度进入射流水柱。由于射流对偏流板的冲击作用，摇臂加速回摆，并撞击喷体，使之顺时针转动3°~5°。此时导水板又受到射流冲击再次外摆，进入下一循环。

③转向。当喷体按上述原理转动至换向器上的拨杆碰到限位环时，拨杆便拨动换向弹簧，迫使摆块转动到突起能与反向钩相碰的位置；此时摇臂在水力作用下，通过反向钩的直接撞击摆块突起，而获得反作用力使喷嘴快速反转；待拨杆随喷体反转到喷嘴另一个限位环时，则迫使摆块转到突起喷不到摇臂上反向钩的位置，摇臂又可自由地转动并使喷头顺时针旋转。

图6-19 折射式固定喷头

(2)固定式喷头的结构与工作原理

①折射式喷头的结构及工作原理。当喷头工作时，有压水流由喷嘴直接垂直射出后，遇到折射锥的阻拦，形成薄水层而向四周射出，在空气阻力作用下，伞形的薄水层就散裂为小水滴而降落到地面(图6-19)。

②缝隙式喷头的结构及工作原理。有压水流经过固定不动的缝隙喷嘴喷出，形成一个扇形的薄水层，然后在空气阻

图 6-20　缝隙式固定喷头

力的作用下逐渐裂散成水滴，降落到地面(图 6-20)。

③离心式喷头(图 6-21)的结构及工作原理。当喷头开始工作时，经过竖管的有压水流沿切线方向或沿螺旋孔道进入喷体，使水流绕垂直的锥形轴或壁面产生涡流运动，这样水从喷孔中呈中空的环状锥形薄水层，并同时具有沿径向外的离心速度和沿切向旋转的圆周速度向外喷出，甩出的薄水层水流在空气阻力作用下，被裂散成细小的水滴而降落在喷头四周的地面上。

6.4.4　喷灌系统的分类

(1)固定管道式喷灌

干支管都埋在地下(也有的把支管铺在地面，但在整个灌溉季节都不移动)，这样管理更省人力，可靠性高，使用寿命长，但设备投资较高(图 6-22)。

图 6-21　离心式固定喷头　　　　　　　　图 6-22　固定管道式喷灌

(2)半移动式管道喷灌

干管固定，支管移动，这样可大大减少支管用量，从而使得投资成本为固定式的 50%～70%，但是移动支管需要较多人力，如管理不善、支管容易损坏。通过机械移动支管的方式，可以克服因支管移动带来的费工、易损等不足(图 6-23)。

(3)中心支轴式喷灌

支管支撑在高 2~3m 的支架上，全长可达 400m，支架可以自主行走，支管的一端固定在水源处，整个支管绕中心点绕行，像时针一样，边走边灌，可以使用低压喷头，灌溉质量好，自动化程度很高。我国已有产品在华北和东北已有一定的使用经验，适用于大面积的平原(或浅丘区)，要求灌区内没有任何高的障碍(如电杆、树木等)。其缺点是只能灌溉圆形的面积，地块的边角区域需要额外补灌。中心支轴式喷灌适合于我国平原地区，以及大规模

图 6-23   半移动式管道喷灌

图 6-24   中心支轴式喷灌

农场使用(图 6-24)。

(4)滚移式喷灌

滚移式喷灌通常将喷灌支管(一般为金属管)用法兰连成一个整体,每隔一定距离以支管为轴安装一个大轮子。在移动支管时用一个小动力机推动,使支管滚到下一个喷位。每根支管最长可达400m。这种机型我国已有产品,适用于矮秆作物,如蔬菜、小麦等,要求地形比较平坦(图 6-25)。

图 6-25   滚移式喷灌

(5)大型平移喷灌

为克服中心支轴式喷灌机只能灌圆形面积的缺点,在中心支轴式喷灌机的基础上,研制出可使支管作平行移动的喷灌系统。平移喷灌的灌溉面积为矩形,其缺点是当机组行走到田

图 6-26 大型平移喷灌

头时，要牵引到原来出发地点，才能进行第二次灌溉，且平移技术要求高(图 6-26)。

(6)绞盘式喷灌

绞盘式喷灌采用盘在一个大绞盘上的软管给喷头供水。灌溉时，软管逐渐收卷在绞盘上，喷头边走边喷，灌溉面积为矩形田块。纹盘式喷灌，田间工程少，机械设备比中心支轴式简单，造价低，工作可靠性高。但一般要采用中高压喷头，能耗较高，适用于灌溉粗壮的作物，如玉米、甘蔗等。同时，要求地形比较平坦，地面坡度不能太大(图 6-27)。

图 6-27 绞盘式喷灌

(7)中小型喷灌机组

这是我国在 20 世纪 70 年代用得最多的一种喷灌模式，常见的形式是配有 1~8 个喷头，用水龙带连接到装有水泵和动力机的小车上，动力功率为 3~12 马力。使用灵活，投资为固定管道式的 20%~60%，劳动力消耗量大，管理要求高。近年来，发展的规模有降低的趋势，较适用于中小型的农场和田块。

6.4.5 过滤器

喷微灌技术要求灌溉水中不含造成灌水器堵塞的污物和杂质，而实际上湖泊、库塘、河流等水源，都不同程度含有污物和杂质。因此，要对灌溉水进行严格的过滤。喷微灌系统中常用的过滤设备有砂石过滤器、离心过滤器、筛网过滤器、叠片式过滤器等。在选配过滤设备时，主要根据灌溉水源的类型、水中污物种类、杂质含量等，同时考虑所采用的灌水器的种类、型号及流道端面大小等来综合确定。

(1)砂石过滤器

砂石过滤器(图 6-28)是通过均匀介质层进行过滤的，其过滤精度视砂粒大小而定。主要用于水库、塘坝、沟渠、河湖及其他开放水源，可分离水中的水藻、漂浮物、有机杂质及淤泥。工作时水从壳体上部的进水口流入，通过在介质层孔隙中的运动向下渗透，杂质被阻隔在介质上部。过滤后的净水经出水口流出。选用时，可以单独使用，也可和其他过滤器组合使用。

1. 滤水帽；2. 砂床；3. 配水盘；4. 进水口；5. 添加介质孔；6. 检修孔；7. 出水口。

图 6-28 砂石过滤器

（2）离心过滤器

离心过滤器（图 6-29）是基于重力及离心力的工作原理，清除重于水的固体颗粒。可分离水中的砂子和石块，主要用于含砂水流的初级过滤。工作时水由进水管切向进入离

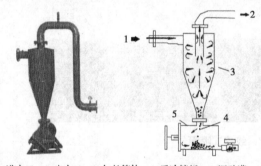

心过滤器体内，旋转产生离心力，推动泥砂及密度较高的固体颗粒沿管壁移动，形成旋流，使砂子和石块进入集砂罐，净水则顺流沿出水口流出，完成水砂分离。

离心过滤器内部没有滤网，也没有可拆卸的部件，保养维护很方便，工作时可以连续自动排砂。但是在开泵和停泵的瞬间，过滤效果会受水流失稳的影响，因此常与网式过滤器同时使用，提高过滤效果。

1. 进水口；2. 出水口；3. 加长筒体；4. 反冲挡板；5. 沉砂灌。

图 6-29 离心过滤器

（3）筛网过滤器

筛网过滤器（图 6-30）是一种简单有效、造价低廉的过滤设备，在微灌系统中使用最为广泛。筛网过滤器主要由进水口、滤网（尼龙筛网或不锈钢网）、出水口和排污冲洗口等几部分组成，安装时应注意水流方向与过滤器的安装方向一致。筛网过滤器主要用于过滤灌溉水中的粉粒、砂和水垢等污物，也能用来过滤含有少量有机污物的灌溉水，但有机物含量稍高时过滤效果很差，尤其是当压力较大时，大量有机污物还能"挤"过滤网进入管道，造成微灌系统与灌水器的堵塞。

（4）叠片过滤器

叠片过滤器（图 6-31）的外形与筛网过滤器基本相同，主要差别在于过滤芯不同，叠片过滤器由数量众多的片状滤片叠合而成，每片滤片上有流道，水从两个滤片之间的"缝隙"穿过，污物被挡在滤片外周，从而实现过滤。

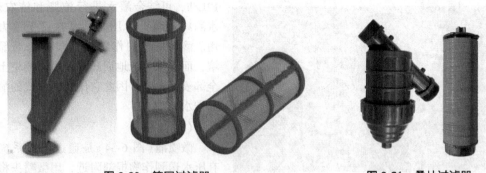

图 6-30　筛网过滤器　　　　　　　　图 6-31　叠片过滤器

(5) 自动反冲洗过滤系统

自动反冲洗过滤系统中的过滤装置有叠片或砂石构成,反冲洗原理基本一致,这里仅以叠片过滤装置为例。自动反冲洗叠片过滤系统如图 6-32 所示,设备在工作时,叠片在弹簧和水力的作用下被压紧,水中杂质被截留。反冲洗时,控制器控制专用的三向阀,改变水流方向,需要反冲洗的单体中叠片自动松开并旋转,利用其他单体过滤器后的净水将杂质通过排污管冲出。相对于手动清洗的过滤系统而言,自动反冲洗过滤系统无须人工清洗,可根据进出水口压力差(即堵塞程度)或设定的冲洗周期自动反冲洗,可避免人为遗忘而影响系统运行。

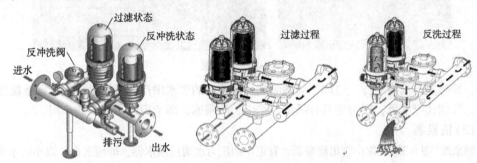

图 6-32　自动反冲洗叠片过滤系统

6.5　微灌系统

6.5.1　微灌的种类

微灌就是利用专门设备,将有压水流变成细小的水流或水滴,湿润作物根部附近土壤的灌水方式。微灌可将水灌至每株植物附近的土壤中,维持较低的水压力满足作物生长需要,是一种精确控制水量的局部灌溉方法。

微灌的优点是能最大程度减少灌溉水的损失、提高灌水均匀性,以求用最少的水生产出最多的农产品,同时还可以节省灌溉用工量,提高管理水平和产出效益。微灌与地面灌溉相比,缺点是设备投资较大,维护成本较高;同时,由于微灌灌水器出口很小,易被水中的矿物质或有机物堵塞,减少系统中水量分布的均匀度,严重时会使整个系统无法正常工作,对水源质量、过滤的要求较高。

(1) 滴灌

滴灌(图 6-33)是利用安装在末级管道上的滴头,将输水管内的有压水流通过消能,将压力水以间断或连续的水流形式灌到作物根区附近土壤表面的灌水形式,流量一般为 2~

图 6-33 滴灌

12L/h，可结合灌水进行施肥和施农药。水滴离开滴头时压力为零，只受重力作用。滴灌只湿润作物根系附近的局部土壤，而不像传统地面灌溉或喷灌要将土壤全部表面灌水，因此它比其他形式的灌溉都省水。

（2）微喷灌

微喷灌（图 6-34）是通过管道系统将有压水送到作物根部附近，用微喷头将灌溉水喷洒在土壤表面进行灌溉的一种灌溉

图 6-34 微喷灌

方法。微喷灌与滴灌一样，也属于局部灌溉。微喷灌的节水增产效果明显，抗堵塞性能优于滴灌，耗能比喷灌低，同时还具有降温、除尘、防霜冻、调节田间小气候的作用。

（3）涌泉灌

涌泉灌（图 6-35）又称小管出流灌溉，管道中的压力水通过灌水器，即涌水器，以小股水流或泉水的形式施到土壤表面的一种灌水形式。对于高大果树，通常绕树干修一圈渗水小沟，以分散水流均匀湿润果树周围土壤。涌泉灌的特点是抗堵能力强，水质净化处理简单，操作简便。

图 6-35 涌泉灌

（4）渗灌

渗灌（图 6-36）属于地下暗管灌溉，是利用一种特殊的渗水毛管埋至地下 30~40mm，压力水通过管壁上的毛细孔，以渗流的形式湿润周围的土壤。渗水毛管的流量通常为 2~3mL/h。渗灌将水直接施到地表下的作物根区，其流量与地表滴灌相接近，可有效减少地表蒸发。是目前最为节水的一种灌水形式。渗灌不破坏土壤，方便耕作和抗老化，但抗堵塞性能较差，维护困难，使其寿命较低，因此未能实现大面积推广。

6.5.2 微灌系统的组成及作用

微灌系统由水源、控制首部、输配水管网及灌水器四部分组成。智能化微灌系统的组成除了这四部分，一般还包括施肥喷药系统、墒情监测系统、智能检测控制系统等，如图 6-37 所示。不同微灌系统的差别主要在灌水器。

图 6-36 渗灌

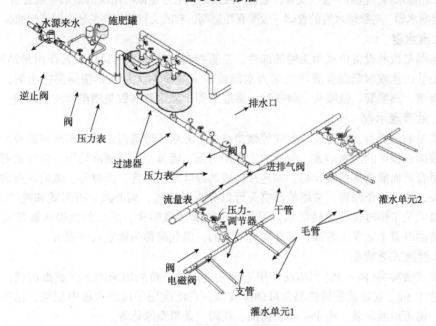

图 6-37 微灌系统示意图

现以微灌系统为例介绍其组成和作用。

(1)水源

微灌系统的水源可来自河流、湖泊、水库、渠道、地下水、泉水和汇集的雨水等,水质需符合微灌要求。当水源不能满足微灌要求时,需要修建引水、提水、蓄水等水源工程。当水源含砂量很大时,需修建沉淀池用于去除灌溉水源中的大固体颗粒,为了避免在沉淀池中产生藻类植物,应尽可能将沉淀池或蓄水池加盖。

(2)控制首部

控制首部包括水泵、动力机、肥料和化学药品注入设备、过滤器、控制设备和测量仪器。其作用是从水源抽水、水肥混合后加以过滤,定量压入微灌系统中去,并通过测量仪器监测系统压力与流量等主要指标的运行情况。

①水泵与动力机。微灌常用的水泵有潜水泵、深井泵、离心泵等,动力机可选柴油机、电动机等。

②过滤设备。过滤设备安装在输水管道之前,其作用是将灌溉水中的固体颗粒滤去,避免污物进入系统,造成微灌系统堵塞。

③肥料和化学药品注入设备。用于将肥料、除草剂、杀虫剂等直接施入微灌系统,注入

设备应设在过滤设备之前。

④流量压力仪表。流量压力仪表用于测量管线中的流量和压力，包括水表、压力表等。

⑤阀门。阀门是直接用来调控微灌系统压力流量的部件，安装在需要控制的部位上，种类有闸阀、逆止阀、空气阀、水动阀、电磁阀等。

⑥控制系统。控制系统用于对微灌系统进行自动控制，具有定时或编程等功能，能根据用户给定的指令操作电磁阀或水动阀，实现对微灌系统进行控制。

（3）输配水管网

输配水管网是将首部枢纽处理过的水按照要求将定量的低压水或水肥混合液输送分配到每个灌水单元和灌水器，包括干管、支管、毛管三级管道。毛管是微灌系统的最末一级管道，其上安装或连接灌水器。各级输水管的首端一般配有控制阀，有的支管控制阀前装有网式过滤器。

（4）灌水器

灌水器是微灌设备中最为关键的部件，是直接向作物施水的设备，其作用是消减压力，将来自毛管的水或水肥混合液均匀变为水滴或细流或喷洒状施入作物周围的土壤，包括滴头、滴灌带、滴灌管、微喷头、微喷带、渗灌管等，灌水器多数是用塑料注塑成型。

6.5.3　微喷灌水器

微喷是利用折射、旋转或辐射式等微型喷头，或微喷带等灌水器，将水或肥液均匀喷洒到作物表面或根区的灌水形式，微喷的工作压力低、流量小，与滴灌均属于微灌范畴。适用于所有适合叶面灌溉的低矮作物，如连片种植的绿叶菜、花卉、药材等。微喷系列的灌水器是微喷头，按其工作原理，常用的微喷头可以分为射流式、离心式、折射式和缝隙式四种。射流式微喷头工作时转轮旋转洒水，习惯上也称旋转微喷头，后三种微喷头都没有运动部件，在喷洒时整个微喷头各部件都是固定不动的，因此统称为固定式微喷头。

（1）射流式微喷头

射流式微喷头（图6-38）利用反作用原理使之旋转，喷洒出来的水滴成细雨状，喷洒半径可高达4.5m。射流式旋转微喷头可倒挂安装，广泛应用于设施大棚中蔬菜、花卉等作物的灌溉；也可地插安装，用于果园、苗圃、花园、条带型绿化等。

（2）折射式微喷头

折射式微喷头（图6-39）又称平面雾化微喷头，其主要部件有进出水口、折射锥和支架。采用平面撞击雾化原理，进水口来水在进入急剧缩小的出水口时形成高速水流，撞击到精密的平面上，经与空气混合，形成细密的水雾。既可以用于有效灌溉，同时具有良好的加湿降温功效，可以用于扦插育苗等场所。根据喷雾量大小等不同需求，可以选用相应的喷嘴，一般流量从25~120L/h左右，射程0.6~1.4m。推荐过滤精度达到100目，工作压力200~300kPa。

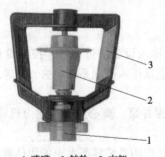

1.喷嘴；2.转轮；3.支架。

图6-38　射流式微喷头

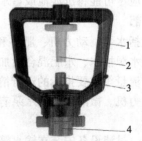

1.支架；2.折射锥；3.出水口；4.进水口。

图6-39　折射式微喷头

(3) 涡流雾化微喷头

涡流雾化微喷头(图 6-40)是一种利用离心力来喷洒的微喷头,喷嘴采用涡流式流道设计,抗堵塞,易拆装清洗,无须高压,即有很好的雾化效果。常用于蔬菜、花卉、茶园、药材(铁皮石斛等)种植场,以及扦插苗床、养殖场的加湿降温。

图 6-40　涡流雾化微喷头工作实景

(4) 微喷带

微喷带(图 6-41)又称多孔管、喷水带、喷灌带、微喷灌管,如图 6-41 所示,是在可压扁的塑料软管上采用机械或激光直接加工出水小孔,进行滴灌或微喷灌的节水灌溉设备。将每组 3 个出水孔、5 个出水孔或更多出水孔的微喷带直接铺设在地面,直射在空中的水流就能形成类似细雨的微喷灌效果。微喷带安装、拆卸方便、可移动性能好、价格低廉、成本投入低,但其壁厚薄,使用寿命短。

图 6-41　微喷带

6.5.4　滴灌灌水器

滴灌是按照作物的需水要求,通过整体式的滴灌带、滴灌管,安装在毛管上的滴箭、滴头或其他孔口式灌水器将水或肥液一滴一滴地、均匀而又精准地滴入作物根区附近土壤中的灌水方法。滴头是滴灌系统中最关键的部件,是直接向作物施水、肥的设备。其作用是利用滴头的微小流道或孔眼消能减压,使水流变为水滴均匀地施入作物根区土壤中。常用的滴灌灌水器有滴灌带、滴灌管、管上式滴头、滴箭。

(1)滴灌带

滴灌带(图6-42)是滴头与毛管制造成一个整体,兼具配水和滴水功能的软带。滴灌带滴头通常有侧翼迷宫式、贴片式。其中,以贴片式应用最广。侧翼迷宫式滴灌带强度、水力性能、寿命等均不如贴片式,国外基本淘汰,国内应用也较少。

贴片式滴灌带的滴头采用迷宫式流道设计,具有一定的压力补偿功能。滴头一次性注塑成型,热熔黏接于管道内壁,压力损失小,水流呈全紊流。滴头有自过滤窗,抗堵塞性能好,具有出水均匀、灌水精度高等特点。滴灌带广泛用于各类行植的大田作物、温室作物、果树园林苗木等的地面滴灌和膜下滴灌,是目前应用最为广泛的滴灌产品,性价比高。贴片式滴灌带常规直径为16mm,滴头流量从1~4L/h不等,滴头间距为10~50cm,壁厚为0.2~0.6mm,工作压力为40~200kPa,过滤精度要求120目。滴头流量越大,流道越大,抗堵塞性能越好,但是极限铺设长度就越短。可根据当地水质情况、种植规划、作物需水量等因素选择合适滴灌带型号。每个型号对应特定的壁厚、滴头间距滴头流量。0.2mm壁厚适用于一年生作物,投资低;0.3mm壁厚为最常用的规格;0.6mm壁厚可定制地埋式专用滴水口,综合成本低。

图6-42 滴灌带

(2)滴灌管

滴灌管(图6-43)的滴头有装在管上的也有装在管内的。装在管内的滴灌管称为内镶式滴灌管,为目前市面上最流行的滴灌管。内镶式滴灌管采用圆柱式迷宫流道设计,圆柱式滴头与管内壁一体热熔黏合,具有高强度的整体式结构。滴头进水口设有多孔滤窗,避免土壤中微小颗粒、作物根须等进入滴头,大幅提高了滴头的抗堵塞性能。

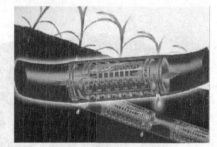

图6-43 滴灌管

相比于滴灌带而言,滴灌管寿命更长,适合于多年生植物,多年使用。可广泛应用于茄果类蔬菜、地栽花卉、果树等所有成行种植的作物。如图6-43所示,滴灌管的常规管径为12~20mm。直径12mm适合于日光温室等短行铺设,经济实用;直径16mm为最常用规格;直径20mm沿程水头损失小,适用于高速公路绿化灌溉等长距离铺设。滴灌管过滤精度要求120目,滴头流量一般为1~4L/h,滴头间距为20~50cm,壁厚为0.6~1.5mm,滴头流量和间距也可根据实际需求定制。

此外,还可定制大株距作物专用滴灌管,滴头采用不等间距布置,可实现在同一条滴灌管上规律性地布置不同间距的滴头出水口,适合于果树等大株距的作物,避免水肥浪费。

(3) 管上式滴头

管上式滴头(图 6-44)通常内设迷宫流道,部分可拆卸清洗;可单独安装在 PE 管上,根据植株距离灵活定位,也可与滴箭、小管出流等配合使用;工作压力为 80~200kPa。适用于果树等种植间距较大的经济作物。在额定工作压力下保持恒定的灌水流量,能确保大坡度、复杂地形条件灌溉系统的均匀性。

(a) HW1823可拆卸式滴头   (b) HW1822整体式滴头

(c) HW1826压力补偿滴头   (d) HW1824流量可调滴头   (e) 滴头工作实景图

图 6-44 管上式滴头

滴头种类很多,常用的有整体式、可拆卸式、压力补偿式、流量可调式等。压力补偿式适合应用于地形较复杂的山地或对灌溉质量要求较高的作物,压力在一定范围内变化时,能保证出水量保持不变。当滴头堵塞时,可拆卸式可拆下清洗,大大提高了使用寿命。滴头流量悬殊较大,可根据实际需要灵活选择。

(4) 滴箭

如图 6-45 所示,滴箭是滴灌中常用的一种灌水器,具有灌溉精准、出水均匀等优点,是盆花、盆栽植物、苗木及立体绿化等作物灌溉最合适的灌水器。有弯箭和直箭,可单箭、双箭、四箭、八箭等随意组合,施工方便。箭头部分长约 10cm,用于插入土壤或栽培基质中固定导流;柄部长约 5cm,设有精细迷宫流道和精密滤网,插入内径 3mm 左右的软管中。工作水压 100kPa 时,单箭流量为 1.0L/h 左右。值得注意的是应避免选择材质较脆的滴箭,避免箭柄折断在毛管里无法使用。通常情况下滴箭与滴头配套使用,通过滴头控制流量,使灌溉更加均匀。

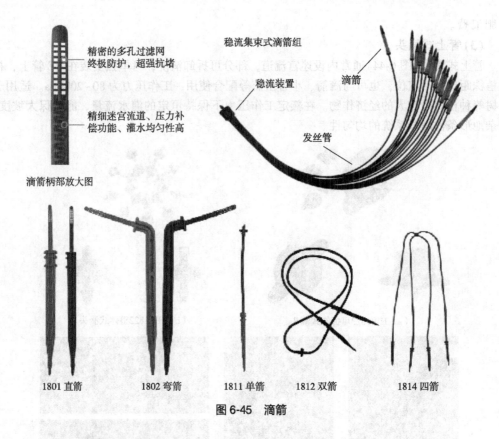

图 6-45　滴箭

6.6　节水灌溉系统设计

6.6.1　设计依据

建设方案编制依据：

①项目区的基础条件。

②《节水灌溉工程技术规范》(GB/T 50363—2006)。

③《灌溉与排水工程设计规范》(GB 50288—2018)。

④《喷灌与微灌工程技术管理规程》(SL 236—1999)。

⑤《喷灌工程技术规范》(GB/T 50085—2007)。

⑥《微灌工程技术规范》(GB/T 50485—2009)。

6.6.2　设计案例

(1)区域基本情况

某地农业园区智能化标准型微灌工程采用低压管道输水灌溉。系统组成包括水源工程、首部系统、施肥喷药系统、输水管网部分和灌水部分、墒情监测系统、智能检测控制系统等。项目建设面积为 7655 亩。根据建设基础和规划目标，该灌区智能化标准型微灌工程分为两类，新建项目建设面积为 2482 亩，提升改造项目建设面积 5173 亩，新建项目优先实施。

①水源工程。该地降雨充沛，水源丰富，农业园区水源工程建设基础较好。地貌为湖畈平原，湖泊星罗棋布。农田土层深厚、质地细黏，地下水位较高，渍水比较严重，土壤以水稻土为主，有机质丰富，但养分释放缓慢。常年平均气温 16.4℃，常年降水量平均为

1401.8mm，年日照时数平均为 1801h，无霜期年平均为 233d。在本建设方案中，水源工程根据各项目的实际情况，按需设置。

②首部系统。项目区灌溉系统主要解决干旱期果树灌水及全年各生育期的灌水及施肥要求，园区所处地区水资源丰富，但需要过滤才可达到灌溉水质要求，需要配套加压泵，实现提水。新建提灌设施和供水加压设备，并用 $\phi400$ 聚氯乙烯输水干管将灌溉水送入项目区。过滤系统主要是除去水中的杂质，防止灌水器的物理堵塞，首部过滤系统选用离心过滤器和自动反冲洗钢网过滤器组成的组合过滤器。为防止未溶解的肥料造成滴管滴头堵塞，在施肥系统之后需要再设一套过滤系统。

③施肥装置。选用可调流量文丘里施肥系统，实施水肥药一体化，以使用固体可溶性肥料为主，也能兼用液体肥料，可提高肥料利用率和设备利用率。在灌溉过程中可以保持恒定的养分浓度。不需要外部能源，从敞口肥料罐吸取肥料的花费少，吸肥量范围大，操作简单，安装简易，方便移动，适用于自动化且抗腐蚀性强。

(2) 区域灌溉系统设计

以该区域葡萄种植园区为例，进行区域灌溉系统设计。

①种植情况。葡萄种植面积 220 亩，大棚种植，GP825 大棚尺寸为长 60m，宽 8m，大棚间距 2m，共需建设大棚 356 座。种植密度为行距 1.5m，株距 1.0m，每个大棚种植 4 行。

②灌水定额。黏壤土的土壤持水量 $\theta_{max}=28.5\%$，$\theta_{min}=19.5\%$；需水敏感作物允许消耗的水量占田间持水量比例 α，取值 30%，土壤湿润比 p 为 90%，计划湿润层 H 取 0.4m，则设计灌水定额公式如下：

$$\begin{aligned}
m_{滴} &= \alpha(\theta_{max}-\theta_{min})pH\times1000 \\
&= 30\%\times(28.5\%-19.5\%)\times90\%\times0.4\times1000 \\
&= 9.72\text{mm}
\end{aligned}$$

③灌水周期。水果膨大期平均耗水量 e 取 5mm/d，则灌水周期 T 公式如下：

$$T=m_{滴}/e=9.72/5=1.94\text{d}，取值为 2 日。$$

④每次灌溉持续时间 t。毛管间距 S_l 为 1.5m，滴头间距 1m，则：

$$t=m_{滴}\cdot S_e\cdot S_l/q_{滴}=9.72\times1\times1.5/5=2.92，取值为 3h。$$

⑤轮灌区数目。对于固定式微灌系统，水泵工作时数按 12h 计算，即开启时间比例 k 为 0.5，每组毛管的开启时间为 3h，灌水周期为 2，则轮灌区数量为 8 个。

$$N\leqslant24kT/t=24\times0.5\times2/3=8 \text{ 个}$$

⑥管径选择。计算大棚毛管进口设计流量，大棚毛管长度为 60m，滴头流量为 3.28L/h，滴头间距 1.0m，则：

$$Q_{毛}=(60/1)\times3.28/1000=0.1968\text{m}^3/\text{h}$$

每个大棚 4 只毛管，每个轮灌区大棚数为 45 个，每个轮灌区 1 个支管，则 $Q_{支}=0.1968\times4\times45=35.424\text{m}^3/\text{h}$

管径计算，根据经验公式

$$D_{支}=13\sqrt{Q_{支}}=13\sqrt{35.424}=77.37\text{mm}$$

因此，支管管径 ϕ 取 80。

⑦水头损失计算。

沿程水头损失为：$h_f=0.948\times10^5LQ^{1.77}/D^{4.77}$。

支管沿程损失为：$h_f=0.948\times10^5\times45\times10\times0.356\times35.424^{1.77}/80^{4.77}=7.01\text{m}$。

局部水头损失根据经验约为沿程水头损失的10%，故支管局部水头损失为0.701m。

毛管沿程损失为：$h_f = 0.948 \times 10^5 \times 45 \times 10 \times 0.356 \times 0.1968^{1.77} / 40^{4.77} = 0.02m$，故毛管管局部水头损失为0.002m。

首部水头损失为9m，最大吸水高度按5m计算，则总水头H为：

$$H = 5 + 9 + 7.01 + 0.701 + 0.02 + 0.002 = 21.733m，水泵扬程至少为22m。$$

(3) 管网铺设

①管道布设形式。各级输水管道全部采用国产PE管。输水管沿着温室长度方向铺设，滴灌带沿着作物的种植行，即与输水管方向垂直，滴灌管沿每条种植行向铺设，每行种植铺设一条滴灌管。

②灌水器选择。灌水器选择内镶柱状滴头滴灌带。滴头设计工作压力为1.0kg/cm²，单滴头设计流量为3.28L/h，滴头间距为100cm。

③控制部分。由田头配水阀、排水阀组成，温湿度传感器、无线/物联网。配备手机智能远程控制的网络数据处理器，通过远程服务，直接用手机控制灌溉系统，如图6-46所示。智能监控中心可配套收费系统、控制系统、查询系统、智能施肥、智能喷药、参数设置和设备管理功能，也可根据需求，选择适宜的控制模式，如图6-47所示。

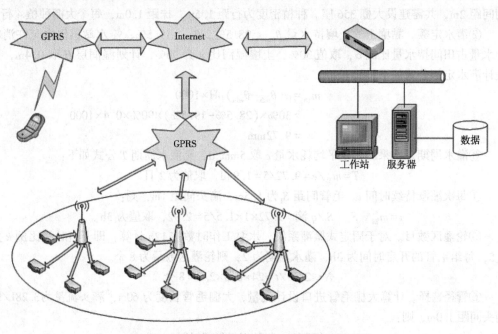

图6-46　智能化标准型微灌工程控制系统示意图

6.6.3　节水灌溉技术发展方向

(1) 水肥一体化技术

与传统模式相比，水肥一体化实现了水肥管理的革命性转变，即渠道输水向管道输水转变、浇地向浇庄稼转变、土壤施肥向作物施肥转变、水肥分开向水肥一体转变。因此，有专家指出，水肥一体化技术是发展高产、优质、高效、生态、安全现代农业的重大技术。目前，常用形式是微灌与施肥的结合，且以滴灌、微喷与施肥的结合居多。微灌系统中通过增加施肥装置，可以将可溶性肥料或农药溶液按一定剂量注入压力管道，使之随灌溉水一起施入田间，实现随水施肥。

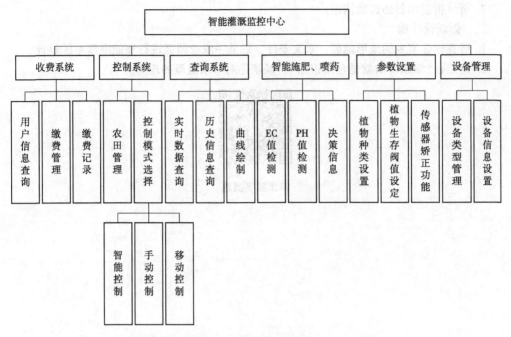

图 6-47　智能化标准型微灌工程监控中心示意图

（2）施水播种技术

行走式施水播种技术是以拖拉机为动力，配备简单的贮运水装置，并在播种机上增加施水功能装置，在作物播种的同时给种区施水，为种子的萌发创造条件，以解决干旱问题。

行走式施水播种机主要有覆膜穴播穴灌机、覆膜条播条灌机、施水条播机及硬茬施水条播机等几种。

（3）节水灌溉发展的趋势

①因地制宜综合考虑，软管卷盘式喷灌机及人工移动式喷灌机比较符合我国国情。

②地下灌溉具有较大的发展前景。

③地面灌溉仍是当今世界占主导地位的灌水技术，随着高效田间灌水技术的成熟，输配水有向低压管道化方向发展的趋势。

④农业高效节水灌溉管理水平将越来越高。

⑤节水综合性技术的开发利用，是提高水分利用率的重要途径，也是节水灌溉发展的方向。

🌲🌲 本章习题

一、简答题

1. 什么是泵？泵如何进行分类？

2. 分析离心泵的主要结构，并阐明其工作原理。

3. 分析齿轮泵的主要结构，并阐明其工作原理。

4. 按灌溉技术进行分类，地面灌溉有哪些类型？

5. 请阐述摇臂式喷头的机构和工作原理。

6. 请阐述中心支轴式喷灌的优缺点及适用范围。

7. 请分析过滤器的选型依据。

二、创新设计题

1. 请查询你家乡的地形地貌、水文条件，对某一农业园区进行智能灌溉系统设计。

2. 请结合"绿水青山就是金山银山"，谈谈你对节水灌溉的理解。

本章数字资源

第 7 章　收获机械

收获作业是农业生产中最重要的环节之一，也是劳动用工和强度最大的作业环节之一，且具有很强的季节性，收获作业进度的快慢和质量的好坏，直接影响作物的产量和质量。农作物收获机械是收取成熟作物的整个植株或果实、种子、茎、叶、根等部分，由于各种作物的收取部位、形状、机械物理性质和收获的技术要求不同，因此收获机械的收获方式和机械结构也不同。本章主要介绍谷物、蔬菜、林果和茶叶收获机械，重点对稻麦全喂入和半喂入联合收获机械的结构组成和工作原理做了介绍。本章还对丘陵山地林果收获后的运输装备做了介绍。通过本章学习，读者应掌握一般农作物收获机械的结构原理，能运用机械设计方法并结合农艺知识解决其他农作物的机械化收获问题。

7.1　谷物收获机械

谷物收获机械的作业对象以水稻和小麦为主。按其收获方式可分为分段收获机械和联合收获机械两大类。

7.1.1　机械化收获的农艺

(1)分段机械化收获

用多种相对独立的机械(收割机、运输车、脱粒机、扬场机等)分别对作物完成收割、运输、脱粒、清选等作业。这种方法在西方发达国家已经完全淘汰，但在发展中国家仍在大量使用。其特点是设备简单、价格低廉、维护保养简便，对使用技术要求低，适用于经营规模较小、经济发展水平不高的地区。但需要较多劳动力，劳动生产率低、作业周期长、收获积累损失大。

收割机械只完成收割，而后由其他机械完成脱粒、清选等。如一些山地、丘陵，用小型收割机收割稻麦。包括割晒机和割捆机，按照使用方式又分为背负式和手扶式两种。

①割晒机。割晒机(图 7-1)工作时，被割刀切断的谷物茎秆形成与前进方向平行的顺向放铺，以便于晾晒后的捡拾联合作业。

②割捆机。将谷物茎秆割断后进行自动打捆，然后放于田间。捆绳台上的打结绳通过捆绳制动器调整捆绳的张力，然后通过张紧杆和捆绳导管到达捆绳针。当捆绳上的禾秆到达设定的压紧密度时，捆绳针转动把捆绳穿过打结嘴，并送入打结器压绳板，打结嘴转动180°，完成打结动作。打结器压绳板也随着转动，其上的割刀把已打好的捆绳与下一次要打的捆绳割断(图 7-2)。

③脱粒机。脱粒机(图 7-3)是指能够将农作物籽粒与茎秆分离的机械，主要指粮食作物的收获机械。根据作物的不同，脱粒机种类不同。脱粒装置对谷物脱粒的机械作用过程比较复杂，在某种作物脱粒时常以一种作用力为主，也有靠几种作用力来完成脱粒，一般有冲击、揉搓、梳刷、碾压等。脱粒机具要求脱尽率达98%以上，籽粒压碎率(麦、豆)和破壳

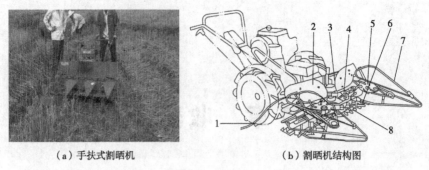

（a）手扶式割晒机　　　　　　（b）割晒机结构图

1. 铺禾杆；2. 后挡板；3. 转向阀；4. 上输送带；5. 拨禾轮；6. 切割器；7. 分禾器；8. 下输送带。

图 7-1　割晒机

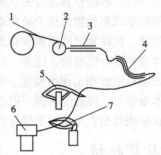

（a）手扶式割捆机　　　　　　（b）打结器原理图

图 7-2　割捆机

（a）稻麦脱粒机　　　　　　　（b）玉米脱粒机

图 7-3　脱粒机

率（稻谷）在 0.5% 以下。如"打稻机"适用于水稻脱粒，用于玉米脱粒的称为"玉米脱粒机"。打稻机俗称"打谷机"，为最常见水稻脱粒机械。需要先将水稻收割以后，通过这种机械将水稻谷粒与茎秆分离。打稻机分为两类，一类依靠人力驱动，称为"人力打稻机"，为半机械化工具；另一类为动力驱动，则称为"动力打稻机"。打稻机的出现大大降低了水稻脱粒的劳动强度，同时也改善了农业生产力。

中国最早的脱粒工具为连枷（图 7-4）和石磙，前者是靠人力敲打脱粒，后者是用人力或畜力拉动石磙碾压脱粒。现在许多国家已广泛采用谷物联合收割机进行收获脱粒。联合收割机能同时完成谷物的收割、脱粒、分离和清选等作业，它的总损失率不超过谷物总收获量的1.5%，清洁率高于 96%。

（a）扬场机　　　　　　　　　（b）连枷

图 7-4　清洗机械与工具

④清选装置。清选装置的功用是将脱离装置脱下和分离装置分出来的谷物混合物中颖壳、碎茎和断穗等清除干净，将细小夹质物排除机外，以得到清洁的谷粒。对清选装置的性能要求是谷粒中的混杂物应小于 2%；清选时谷粒损失不大于脱出谷粒总量的 0.5%；其生产率应与收割、脱粒装置相适应。

（2）联合收获

联合收获机械（图 7-5）集切割、输送、脱粒、清选、装粮等功能，从收割到谷粒归仓一次完成。联合收获机械按作物喂入脱粒部时的方式将其分为全喂入联合收割机和半喂入联合收割机。把割后的作物茎秆、籽粒全部喂入脱粒部的称为全喂入联合收割机。把只有穗部进入脱粒部而茎秆则随夹持输送装置在机器外的称为半喂入联合收割机。全喂入联合收割机相对于半喂入而言，具有结构简单、便于维修，操作便捷，价格较低，可以兼收小麦和油菜等特点。但也存在含杂率及破损率高，油耗相对较高；因将秸秆揉碎，使秸秆的用途大为减少；稻茬需留地较高等缺点。

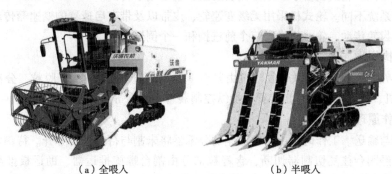

（a）全喂入　　　　　　　　　（b）半喂入

图 7-5　联合收割机

7.1.2　全喂入联合收割机

全喂入联合收割机按动力配置，可分为牵引式、悬挂式和自走式等。自走式联合收割机按行走部件分为轮式和履带式两种。轮式自走式联合收割机主要在北方旱粮作业区使用，而在浙江等南方稻区以履带式联合收割机为主。按照动力的供给方式分为带发动机和不带发动机；按照作物的喂入方式分为全喂入和半喂入；按照作物的流动方向分为 L、T、N 和直流型；按照对地形的适应性分为平地型和坡地型。部分分类如图 7-6 所示。

轮式联合收割机一般成本较低，移动方便，在公路上跑得快，也就等于降低了来回成本，而履带式一般还要额外的大卡进行运输。但履带式在地形差、土地软的状况下的工作能

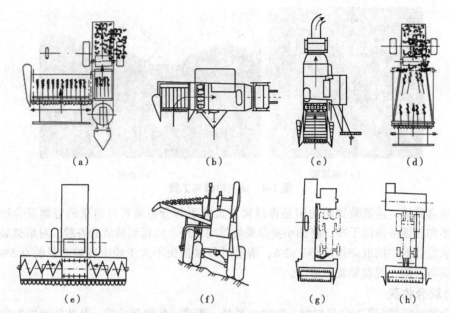

(a) 牵引式(带发动机, L型); (b) 牵引式(不带发动机, 横向直流型); (c) 牵引式(不带发动机, 纵向直流型); (d) 自走式; (e) 自走式(T型); (f) 坡地型; (g) 半悬挂式; (h) 全悬挂式。

图 7-6 联合收割机的类型

力要强于轮式。轮式稻麦联合收割机与履带式收割机的工作原理基本相同,但在结构上主要有以下几点区别:

①转向不同。轮式机多了一个方向机总成,主要用于转向。

②传动系统不同。轮式机采用无级变速轮、皮带以及带有启速器的变速箱传动,履带式采用变速箱齿轮传动。轮式机设有三个前进挡和一个倒退挡。

(1)结构组成

如图 7-7 所示,全喂入联合收割机由割台、输送装置、脱粒系统(脱粒、分离、清选装置)、发动机、传动系统、行走装置、操纵控制装置、粮仓等组成。

(2)工作原理

①切割与输送。工作时,由割台两侧的分禾器将未割与待割作物分开。待割作物在拨禾轮的扶持下经割台往复切割器切断,含籽粒部分由割台螺旋推运器、助运板推至割台一端(也有在中间),再由伸缩扒指(拨齿)往后拨,最后由输送槽内的输送链耙抓取经倾斜输送器送至切流脱粒系统。

②脱粒。送至脱粒系统的作物在脱粒滚筒、凹板筛、脱粒滚筒顶盖的作用下作轴向螺旋运动,在这个过程中籽粒脱落、茎叶变形,已脱籽粒和部分颖杂及短茎秆在离心力作用下通过凹板分离后落下,在风机及往复振动筛(上筛和下筛)的配合作用下,轻杂物从后侧吹出机外。长茎秆则在键式逐稿器的抖松作用下逐步向后移出机外。

③清选。籽粒落入谷粒螺旋和谷粒升运器送至集粮箱(粮仓),断茎秆及穿过筛网的短茎秆落入杂余螺旋和复脱器的物料经复脱筒复脱后,再由升运搅龙送至往复振动筛再清选,没有穿过凹板的茎叶则从右侧的排出口向后排出机体。谷物最后通过放粮搅龙、卸粮管卸入装粮车辆。

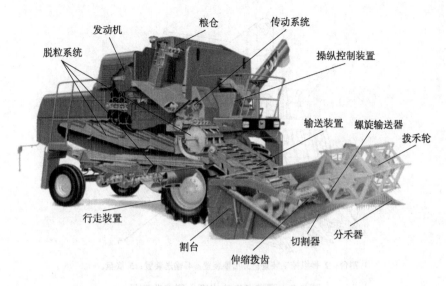

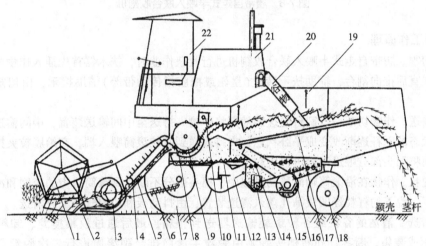

1.拨禾轮；2.切割器；3.割台螺旋推运器和伸缩扒指；4.输送链耙；5.倾斜输送器（过桥）；
6.割台升降油缸；7.驱动轮；8.凹板；9.滚筒；10.逐稿轮；11.阶状输送器（抖动板）；
12.风扇；13.谷粒螺旋和谷粒升运器；14.上筛；15.杂余螺旋和复脱器；16.下筛；
17.逐稿器；18.转向轮；19.挡帘；20.卸粮管；21.发动机；22.驾驶室。

图 7-7　全喂入联合收割机

7.1.3　半喂入联合收割机

(1)结构组成

履带自走式半喂入联合收割机(图 7-8)由割台、输送装置、脱粒装置、清选装置、集粮出粮与排杂装置、动力传动系统、底盘、操纵控制装置等组成。相对于全喂入而言，履带自走式半喂入联合收割机有以下优点：结构紧凑简单、造价较低、滚筒消耗功率少、节能。可以低割茬收割，谷物损失率低，并且保持茎秆完整，为茎秆的后续处理创造条件。接地压力小，水田通过性能好，并可收割倒伏作物，消耗功率少。但是采用立式割台其割幅会受到限制。

履带自走式半喂入联合收割机必须有谷物夹持输送、换向及交接机构，结构复杂、工艺性高、价格昂贵，使用成本相对较高。

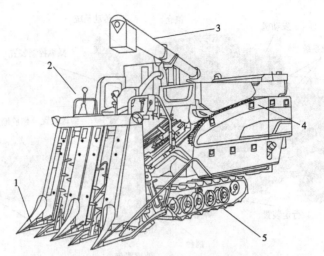

1.割台；2.操纵控制装置；3.出粮装置；4.输送装置；5.底盘。

图 7-8　履带自走式半喂入联合收割机

(2)工作原理

①切割。履带自走式半喂入联合收割机进行收获作业时，扶禾器首先插入作物中，将作物梳整扶直后推向割台，辅助扶禾装置(星轮或橡胶指传动带等)辅助拨禾，由切割装置进行切割。

②输送。作物切断后，割台输送链随即将作物夹持送至中间输送装置，中间输送夹持链把垂直状态的禾秆逐渐改变成平卧状态，夹持输送到脱粒滚筒喂入端，交给脱粒夹持链，沿滚筒轴向将穗头部分喂进滚筒进行脱粒。

③脱粒。作物在沿滚筒轴向移动过程中，穗头部分不断受到滚筒弓齿的梳刷和冲击，籽粒被脱下。脱下的籽粒经凹板筛孔落入清选装置，由抖动板和风扇气流配合清选。

④清选。清洁的谷粒经谷粒螺旋输送器送到粮箱，最后通过放粮搅龙、卸粮管卸入装粮车辆或装袋。断茎秆和断穗头等则由脱粒主滚筒排至副滚筒进行二次脱粒。杂物由副滚筒排杂口排出机外。脱粒后的茎秆始终由夹持链夹持从滚筒出口处排出，落在重力集堆装置上，进行定量堆放。有的机器在茎秆排出处安装茎秆切碎装置，把茎秆切碎后还田。

7.2　蔬菜收获机

根据食用器官分类法，蔬菜可分为根菜类、茎菜类、叶菜类、果菜类等。蔬菜机械化收获的工序主要包括切割、采摘或拔取各种蔬菜的食用部分，并进行装运、清理、分级和包装等作业。由于蔬菜的食用部分极易损伤，机械收获难度较大。而现有的蔬菜收获机械多为一次性收获，选择性收获机械尚处于研发阶段。

7.2.1　甘蓝收获机

甘蓝收获机能够一次性完成对甘蓝的挖掘、输送、球茎分离及去土收集等工序。目前，常见的甘蓝收获机由拖拉机牵引工作(图 7-9)，主要包括引拔装置、挖掘切根装置、提升输送装置和水平输送装置等。

①引拔装置。为固定的导向椎体，类似于谷物收割机上的扶禾器，其功能是能够很好地

引导扶正甘蓝。引拔装置与地面呈一定的角度，机器向前行驶时，引拔装置的前端对行进入甘蓝球的下面将甘蓝扶正，并沿引拔装置两边的椎体向上运动，拔起甘蓝。

②挖掘切根装置。由双圆盘切割刀构成，安装在提升输送机构尾部的上端，双圆盘切割刀相向回转滑切，将所收集拔取的甘蓝根茎部切断，甘蓝在提升输送链的作用下，被带动到圆盘式切割器部位，通过传动系统将动力传递到刀轴，从而带动刀轴作平面回转运动，同时刀盘上的刀片实现整体回转式运动，对连续进入切割区的甘蓝根茎产生锯切与剪切，从而实现甘蓝球与根茎部及其外部残叶的分离，完成切割工序。

③提升输送装置。主要工作部分为一组回传链条，其作用是与夹持、固定等机构同步配合将拔取的甘蓝向上输送。提升输送装置主要由主被动传动链轮、链条、拨齿及传动机构组成。

④水平输送装置。主要由传送带、支撑架、挡杆和传动装置组成。当甘蓝球及外部残叶从提升装置运动到水平输送装置时，外部残叶随着输送带的运动而落至地面，干净的甘蓝球则在挡杆的阻挡作用下落入后面的集装箱内，完成收获甘蓝的最后一道工序。

图 7-9　甘蓝收获机在进行收获作业

7.2.2　小叶菜收获机

4UM-100型小叶菜类蔬菜收获机(图7-10)主要由动力部分(采用电机驱动)、采摘部分(往复式切割器与拨禾轮)、传动部分(链传动与偏心轮连杆机构等)、输送部分(皮带传输)、机架部分、收集箱等组成。采摘机构采用切刀在拨禾轮的辅助下进行小叶菜的采摘，采摘机构安装在收获机的最前端，采摘后的小叶菜通过皮带输送到收集箱内，动力则由电动机经变速机构输入获机主轴。

在收获机进行作业时，由电动机带动收获机前进，经拨禾轮的推动，把小叶菜推至往复式切割器前进行切割，拨禾轮同时对切割完的小叶菜具有向输送装置进行推送的作用，防止小叶菜堆积在割刀上。被切割后的小叶菜经输送带运送到收集箱，适时卸出。小叶菜收割机工作时要求是畦平，否则切割效果不好。

7.2.3　番茄收获机

2TD-16型番茄收获机(图7-11)主要由切割捡拾装置、果秧分离装置、输送装置等组

图 7-10　4UM-100 型小叶菜收获机

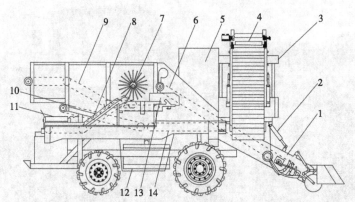

1.切割捡拾装置；2.液压油缸；3.驾驶室；4.卸料输送链；5.液压油箱；6.果秧输送链；7.果秧分离装置；
8.果实升运链；9.抛秧输送链；10.下皮带输送链；11.横向输送链；12.集果器；13.色选装置；14.果实输送链。

图 7-11　番茄收获机结构示意简图

成。工作时由切割捡拾装置将生长在田间的番茄秧切割下来，果秧输送链将番茄果秧输送到果秧分离装置，通过分离装置的周期性振动，实现番茄果与秧的分离，分离后的番茄秧被抛秧输送链抛落到田间，番茄通过果实输送链、横向输送链、果实升运链输送到色选装置进行分选，合格的番茄经卸料输送链输送到运输拖车上，不合格番茄落到集果器中或田间。

切割捡拾装置位于收获机的前方，主要由切割组件和捡拾组件两部分组成。切割组件由偏心凸轮组成，拨叉组由挑秧弹尺与挑秧臂组成，挑秧臂安装相位角成 180°，对切割后的番茄秧及捡拾的落地果实向果秧输送链挑送，达到输送的目的。

分离装置通过周期性振动，实现番茄果实与茎秧的分离。其主要由激振器、分离滚筒和阻尼器三部分组成。激振器由壳体和质量相等且对置分布的偏心块组成，是分离装置的驱动机构；分离滚筒由呈圆柱辐射状排列的弹齿组成，是分离装置的执行机构；阻尼器由阻尼轮、阻尼带及阻尼弹簧组成，通过调节阻尼弹簧阻尼力的大小可以调控分离滚筒的振动幅值，从而达到要求的分离效果。激振器和分离滚筒通过法兰联接在一起，阻尼器通过阻尼轮联接在分离滚筒末端。

番茄色选装置用于将采摘后番茄中的青番茄与红番茄及异物分选出来。其由控制部分和执行机构组成，控制部分采用线阵 CCD(charge-coupled device) 检测元件搭建检测系统，以 FPGA(field-programmable gate array) 大规模可编程逻辑器件搭建实时控制系统；执行机构由气缸、储气罐及弹尺组成。根据光源照在成熟番茄与未成熟番茄以及其他异物之间的颜色差别，利用光电技术，将颜色差别转化为光电信号，经过 CCD 传递，驱动电磁阀控制气动弹尺动作，实现未成熟果及异物的剔除，达到分选优良番茄的目的。

7.2.4　马铃薯收获机

马铃薯收获机结构如图 7-12 所示，通过悬挂装置悬挂在农用拖拉机后方，并由拖拉机提供动力。收获之前需要用杀秧机将马铃薯薯秧切碎，收获机在拖拉机的牵引下向前行进时，马铃薯、薯秧与泥土一起被挖掘铲铲起。随着机具向前运行，铲起的马铃薯、薯秧和泥土被输送到输送分离装置上方。分离装置由于抖动装置的不断转动而产生有序的抖动，且分离装置上方的马铃薯薯秧随着防缠绕装置的旋转运动到输送链上。经两级分离后，马铃薯表面黏着的泥土由于输送链的抖动而逐渐被清除，收获的马铃薯运动到输送链尾端后经过尾筛平铺到地面上，以方便晾晒与捡拾。

图 7-12　马铃薯收获机

7.3　林果收获机

我国是水果生产大国，每年各类水果产量都保持在 1 亿 t 以上。我国果品种植面积大、产量高，但大多数果品仍然采用人工收获，其劳动强度高、效率低，而且有的果品采摘非常危险，因此对采收机械有广泛的需求。

7.3.1　果树振动采收机

(1)牵引式果树振动采收机

牵引式果树振动采收机(图 7-13)由拖拉机牵引，采用偏心机构振动果树主干模式，适用于矮化密植的种植模式下作业空间小、作业环境差的条件。采摘机由激振机构、夹持机构、液压传动系统、机架组成，采摘机采用拖拉机后牵引。激振机构包括偏心块、带动偏心块旋转的激振液压马达和振动箱体。夹持机构包括固定夹持板、夹持液压缸、活动夹持板、夹持橡胶垫。液压传动系统主要由液压泵、高低调节液压缸、横向伸缩液压缸、输油管以及液压阀等组成。该机配套拖拉机动力范围为 25~40HP，采摘果树的直径范围为 80~200mm，适用于行距为 3m 以上的果园，夹持主干位置最低离地高度 400mm。

振动式林果采摘机是通过对果树主干施加机械振动，使果树产生受迫振动，果树带动果实做加速运动，果实产生的惯性力大于果实与树枝的结合力时，果实就会从树上掉落。工作时，通过调节高低调节液压缸 5 的伸缩，使夹持机构调节到夹持树干的合适高度位置。导杆套 2 通过悬挂吊环 8 和悬挂板 9 与振动头连接，通过调节横向伸缩液压缸 4，推动导杆套 2 向外伸缩，同时带动振动头向外伸缩。当振动头调节到适合夹持树干的位置时，调节夹持液压缸的伸缩，使夹持机构夹持住主干，随后启动激振液压马达 3 带动偏心块旋转，偏心块产生的激振力通过夹持机构传递给果树主干，使果树产生一定频率及振幅的受迫振动从而实现落果。

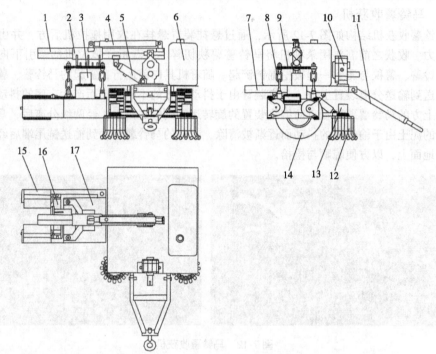

1.悬挂横梁；2.导杆套；3.激振液压马达；4.横向伸缩液压缸；5.高低调节液压缸；6.油箱；
7.机架；8.悬挂吊环；9.悬挂板；10.液压泵；11.牵引架；12.橡胶集条棒；13.清扫液压马达；
14.车轮；15.夹持器；16.夹持液压缸；17.振动箱体。

图 7-13　振动式林果采收机

图 7-14　便携式树干振动器工作图

（2）便携式果树振动采收机

便携式果树振动采收机树干振动器（图 7-14），由驱动装置、传动软轴、振动装置以及树干夹持装置组成。传动软轴的一端与驱动装置相连，另一端与振动装置相连，振动装置固定于树干夹持装置上，振动装置包括用于敲击树干的推摇杆。此便携式采摘机通过软轴传递动力，实现了夹持装置夹持树干的多方位、大范围的移动，高效、灵活。适用于板栗、核桃、山核桃、巴旦木、胡桃等坚果（干果）和表皮不易破损的鲜果，如红枣、冬枣等。杆高约在 2m，具有易于携带、作业效率高等特点。设备动力形式是背负式汽油机。作业时只需手持作业操作杆并按动启动按钮就可以，既提高了采收效率，又减轻了劳动强度，科学的平衡设计，使得背负式作业更舒适。

7.3.2　果园采摘平台

我国果树多种植于丘陵山地，地面崎岖不平，采摘机械行走机构性能的好坏关系到果园采摘作业效率和作业人员的安全。为此，企业及科研人员从目前国内外常见的果园采摘平台行走机构典型应用分析入手，结合丘陵山地果园地貌特征以及小型机器人行走机构的部分应用，设计了较适合丘陵山地果园行走的、具有轻质化以及高离地间隙特征的仿形履带式行走机构——果园搬运采摘平台（图7-15）。

该装备集采摘、修剪、喷药、运输和动力发电等功能于一身，果园搬运采摘平台工作原理是将汽油发动机一部分动力分配给主机的变速箱，由变速箱驱动两条橡胶履带行走；另一部分动力带动双缸风冷式空压机，为气动剪枝机和升降机提供动力。采用履带式行走装置，利用履带可以缓和地面的凹凸不平，车轮不直接与地面接触，具有良好的稳定性能、越障能力和较长的使用寿命，适合在崎岖的地面上行使。空车爬坡能力25°，其升降平台提升高度可达1.5m，有前进/后退多个档位，最快速度可达5km/h，载荷可达300kg以上。

7.3.3　多功能坚果采摘机

目前，中国坚果类果实种植面积较大，采摘费时耗力。例如，山核桃植株高度普遍超过8m，现在多采用人工爬树敲打果实的方式采摘，工作环境危险，劳动强度大。近年来，企业及其研究人员通过对山核桃等坚果采摘特点和要求等进行深入分析，在采摘技术、装备等领域取得了许多成果，为降低果农劳动强度、提高劳动效率、增加经济收入起到重要作用。

多功能坚果采打机（图7-16）是大核桃、板栗、白果、榛子等坚果类果实的采打收获作业机械，它由汽油发动机、内置式动力传输装置、采打杆、采打头等组成。工作时，背负式汽油机的动力由内置式动力传输装置（软轴）经过采打杆传到采打头，采打头中的机构传动机构将软轴的旋转运动转化为模仿人工的往复拍打动作，从而实现坚果采打。该机器具有操作轻巧易学、降低劳动强度、保障人身安全、减少果树损伤等优点，效率为人工采打的5～10倍。

图7-15　果园搬运采摘平台

图7-16　多功能坚果采打机

7.4　茶叶采剪机械

要实现机采茶叶，就必须培育适合机采的树冠。在茶叶生产应用较多的有单人采茶机、双人采茶机、单人修剪机、双人修剪机和乘坐型采茶修剪一体机等。

图7-17　单人采茶机

7.4.1　采茶机

(1)单人采茶机

单人采茶机(图7-17)主要由汽油机、汽油机背负装置、软轴、机具、把手组成，其中背负装置由背负架、减震垫、背带等部分组成。软轴连接汽油机和机具，将汽油机的动力传送给机具。机具也称采茶机头，由减速箱、刀片、风机、机架和集叶袋等部件组成。

单人采茶机作业时一般由两人组成，一人操作机器实施采摘，另一人辅助拉袋及换袋，并与操作者轮换操作。作业时操作者背负汽油机，双手持机头，采摘时从茶蓬蓬面边缘开始逐步向中间进行，并与茶行轴线保持15°左右的倾斜度。要尽可能避免重复采摘，以免碎叶梗增多。

(2)双人采茶机

双人采茶机(图7-18)也称双人抬式采茶机或者担架式采茶机，主要由汽油机、刀片、集叶风机、集叶袋和机架等部分组成。工作时启动二冲程汽油机，汽油机离合器总成内的从动盘被转动，软轴的一头连接从动盘，另一头连接机具总成上的齿轮箱部分带动刀片往复式切割茶叶。同时，汽油机的运作带动风机旋转，产生风力，并通过出风管出风，将刀片剪下的茶叶吹进集叶袋内以收集茶叶。

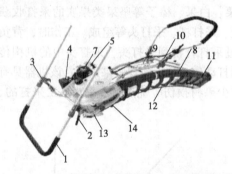
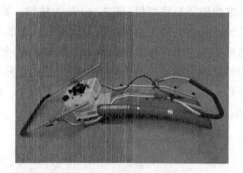

1.侧手把；2.操作开关；3.滑动螺母；4.空气滤清器；5.火花塞；6.启动器；7.送风管；8.割侧手把；9.双用开关；10.割侧板；11.刀片；12.曲轴箱；13.侧板。

图7-18　双人采茶机

双人采茶机由两人手抬作业，机器置于茶蓬蓬面上，操作者分别行走在茶行两边，手抬机器进行跨行作业。主机手位于远离汽油机的一端，操作离合器和油门，并且控制采摘高度，副机手位于汽油机一端，协助拉拽集叶袋。一行茶行作业完毕时，主机手需和副机手交换位置进行接下去的采茶作业。

7.4.2　乘坐式采茶、修剪一体机

乘坐式采茶、修剪一体机(图7-19)具有通过能力强、行驶与转向灵活、操作方便、采摘设备高度和轮距调节方便等特点。它适用于标准化规模种植的茶园

图7-19　乘坐式采茶、修剪一体机

茶叶采摘作业，可长时间连续作业，作业效率高，采茶质量稳定性好，整机还特别设计了多个外挂点，用户可根据需要选配加装修边、中耕、简易施肥等机具附件。

7.5 收获后运输装备

加快山地果园机械化发展已成为各界共识，以山地果园生产资料和果品运输为突破口，使这一薄弱环节迈出了令人欣喜的步伐。目前，国内外开发了较多的果园运输机械，主要有单轨运输车、双轨运输车、履带式运输机、两轮式运输车、架空索道和动力三轮车等。

7.5.1 单轨运输车

单轨车运输是一项非常实用的技术，基本能实现地形复杂的山地果园中果实、农药和肥料的运输要求。其最快时速 40m/min 以上，运输量可达 200kg 以上，最大倾斜角度 45°。其主要特点如下：可无人操作，减少人工费。始点和终点都有自动控制装置，可自动停车；可利用地形地貌设计线路，不破坏原来的自然生态环境；能随时改变线路方向和开辟新的线路。单轨车可拆卸重复使用，有紧急刹车、停靠车刹车及调节轨道和车轮刹车，即使在坡度较大的轨道上运行也较安全；由于轨道距离地面高度低，约 30cm，因此易于装卸货物。单轨车通过停靠车刹车装置可以随意地停在所要求的地点。

采用单轨技术既能适应地形复杂变化的运输需要，又能适应在较密集果树中行驶的运输需要，并且能解决雨雪天山上货物运输的难题。单轨运输机除了用于果林运输，也适合竹(笋)农、茶农等安装使用。单轨运输车如图 7-20 所示。

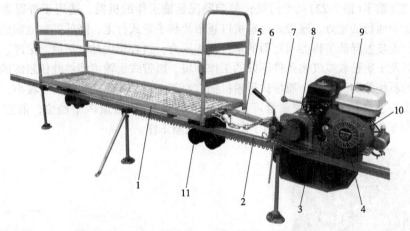

1.载物拖台；2.轨道；3.驱动轮；4.反冲起动器；5.主连接器；6.前后杆；
7.行驶停止杆；8.变速箱；9.油箱；10.牵引车；11.滚柱。

图 7-20 单轨运输车

单轨运输车由装备动力机的牵引车和载物拖台组成，载物拖台骑跨在一条由 50mm×50mm 方管制成的、下方带有齿条的轻便轨道上行驶，牵引车带有驱动齿轮，轨道(带有齿条)用固定支架支撑铺设在地面上，牵引车上的驱动齿轮与轨道上的齿条啮合，带动载物拖台在轨道上运行，载物拖台离地间隙在 30~50cm，其传动方式：发动机→离合器→V 型皮带→变速箱→驱动轮。正常行驶时由调速制动器控制车速，当下坡速度达到正常速度的 1.3 倍时，紧急制动器自动制动控制车速，在轨道终端设有防止载物拖台脱轨的装置。牵引车和载物拖台行走装置均由行走轮和导向轮以上下嵌合在轨道上的方式运动，运行平稳，安全可靠。

除了上述的汽油机自走式单轨运输车，还有钢丝绳电动牵引式单轨运输车。和同类机械比较，牵引式单轨道果园运输机简化了控制过程，可以通过遥控器遥控运输机运行，也可手动方式运行，即通过控制箱上的按钮控制，两种方式互不影响。运输机可按要求，在任意位置停车、启动。在轨道的两端设置有行程开关，防止运输机冲出轨道。两者的区别主要在于，汽油机自走式单轨运输机轨道可弯曲和起伏铺设，无须拉电缆，对大、小坡度的果园适应性强，可长距离运载；钢丝绳电动牵引式单轨运输机简化了控制过程，具备双向牵引能力。

7.5.2 双轨运输车

双轨运输车(图 7-21)比单轨运输车载重更大，运行更平稳，但轨道安装难度和占用果园面积也比单轨运输车要大。该机采用 12 马力柴油机作为动力，能稳定实现爬坡、拐弯、前进、倒退以及随时制动的功能，行走速度为 1~1.5m/s，最大爬坡角度为 45°，最小拐弯半径为 8m，上坡最大承载 300kg，下坡最大承载 1000kg。该机具有结构紧凑、占地空间小、可操作性强、运行可靠等特点，并具有防侧滑与防上跳、防钢丝绳上抬和拉直、拖车自适应坡度调节、三保险安全制动等技术特点。自走式大坡度双轨道果园运输机主要由柴油机、传动装置、离合装置、钢丝绳和轮对驱动系统、双刹车制动系统、拖车、防侧滑承重轮、防上跳钩轮、钢丝绳下弯自动回位钩桩装置、水平弯限位桩、双轨道、机架和自适应坡度拖车等组成。

7.5.3 履带式运输机

履带式运输车(图 7-22)是专门提供复杂路况运输工作的机器，适用于普通运输车辆无法或者不适合通行的地方。履带式运输机以履带代替了轮式行走，降低了对地面的损伤，同时履带式行走装置降低了机器与地面的单位面积压力，适合于山林、田地、沼泽、沙地、草地、雪地以及土质松软或气候条件不好的工作环境。履带式运输机能够胜任较深的泥坑、水洼和复杂的石块路面。此外，履带式运输机拥有小于 1m 的车宽，车辆尺寸较小，能轻易通过狭窄的山石，林地，最大载重量可达 500kg，具有前进/后退多个档位，前进速度最快1.7m/s，空车爬坡能力 25°，适合用于南方果林运输工作。

图 7-21 自走式大坡度   图 7-22 履带式运输机
　　双轨道果园运输机

本章习题

一、简答题

1. 简述全喂入联合收割机的工作原理。

2. 对比全喂入和半喂入联合收割机各自的优缺点。

3. 简述甘蓝收获机的工作原理。

4. 简述马铃薯收获机的工作原理。

5. 简述双人采茶机的工作原理。

6. 简述果园轨道运输车的工作原理。

二、创新设计题

1. 试分析全喂入联合收割机的原理。尝试设计一款新型大葱收获机。

2. 试分析乘坐式采茶机的原理。尝试设计一款新型可变行距的乘坐式采茶机。

本章数字资源

第8章　农产品初加工机械

农产品加工是用物理、化学和生物学的方法，将农业的主、副产品加工成原料性商品或商品的生产活动，是农产品由生产领域进入消费领域的一个重要环节。农产品加工主要包括粮油加工、果蔬加工、畜禽加工和特种农产品加工。农产品加工过程及采用方法因产品种类及消费要求的不同而定。农产品加工可以缩减农产品的体积和重量，便于运输；可以使易腐的农产品变得不易腐烂，保证品质与市场供应；还可以使农产品得到综合利用，增加价值，提高农民收入。本章介绍了农产品初加工机械的发展概况，并重点介绍了烘干机、畜禽水产采集加工设备、水果茶叶初加工机械、秸秆收集处理机械等。通过本章的学习，读者可掌握农产品初加工及废弃物处理机械化的主要技术及装备。

8.1　概述

8.1.1　农产品初加工、机械技术及装备

粮油加工机械化技术是对玉米、小麦、稻谷、大豆和薯类等粮食作物和对油菜、大豆、花生等油料作物的基本原料进行产后初加工的技术，如稻谷低温烘干技术、油料脱皮冷榨技术；果蔬初加工机械化技术包括果蔬分级、贮藏保鲜、产地烘干等。畜禽加工机械化技术包括畜禽肉类加工、蛋品加工等；茶叶初加工机械包括绿茶、红茶初加工及红碎茶加工机械，如杀青机、揉捻机、解块分晒机、干燥机、萎凋机；棉花初加工机械包括籽棉清理、烘干；烟叶初加工机械包括烟叶烘烤机等。

8.1.2　农产品初加工、机械发展历程

(1)粮油初加工机械化

新中国成立以前，我国粮油工业以简单而原始的作坊加工为主，绝大多数使用土磨、土碾和土榨加工，粮食工业的科技水平低下。新中国成立初期，粮食储藏除了旧木板仓和低矮房式仓外，主要是仓囤、窖洞等临时性设施，储量有限。为解决储粮设施、技术落后状况，粮食部在1953年提出采用苏联先进仓型的建议，仓型规格为长50m，宽20m，高2.5m。这是新中国成立以来第一次大规模建设的比较标准的粮仓，称为"苏式仓"，后逐渐成为主流仓型，得到大量推广。1959年北京东郊粮库依照苏联库兹巴斯小型移动式粮食干燥机原理，成功修建砖砌双塔式两式干燥机，命名为"59"型塔式干燥机，标志着我国开始独立设计粮食干燥机。之后研发了清筛机、去石机和"59"型谷糙分离溜筛（1964年国家科委创造发明奖）。1965年国家科委下达日产30t、50t标准米成套碾米组合设备的开发项目，该项目获全国科学大会成果奖，典型设备有组合清理筛、高速振动除稗筛和平转谷糙分离筛。

从引进、消化吸收到自主创新，我国粮食工业逐渐走上自主发展道路。到20世纪90年代，全国引进各类粮油加工成套设备330多套。改革开放以来，在碾米机械方面，我国自行

研发了达到国际先进水平的免淘米、营养米生产技术和色选机等高科技设备。粮食储存方面，能够系统研究不同的储藏条件、储藏方式、储藏处理对粮食生理、生化变化的影响。从20世纪90年代起，通过在粮食产地建立机械化烘干库，利用世界银行项目建立中转库和以散粮为主的中央直属库，引进和开发高大平仓、浅圆仓等新型仓储设施，研发了一大批新型粮食仓储设备。

(2) 果蔬初加工机械化

从新中国成立初期到20世纪60年代末，我国果蔬贮藏与加工主要采用地窖、地沟、窖洞和冰窖以及自然冻结等简易贮藏方式。1968年我国第一座水果专用机械冷库在北京建成投产，再到1979年第一座气调冷库出现，冷藏技术的受重视程度越来越高。小型冷库迅速增加，容量在100~300t。随着我国对农产品深加工的重视，脱水、包装、贮藏等机械化、自动化程度越来越高，真空冷冻脱水、微波脱水、远红外脱水等技术在果蔬脱水加工上得到应用。

(3) 畜禽产品初加工机械化

1952年，我国先后在上海、黑龙江、内蒙古、青海等省(份)建立了乳品厂，设备主要从苏联引进。1956年，我国成立轻工业部上海食品工业设计院，负责我国乳品厂的设计和设备选型。在蛋加工领域，我国鲜蛋的消费模式一直以脏蛋的消费为主，蛋产出后直接上市销售，未经任何清洗、消毒处理，仅有部分企业利用简单设备进行清洗。

20世纪60年代到70年代，武汉、天津、成都等肉联厂积极开展技术革新，开始建立冷冻猪分割肉车间，研制了许多生猪屠宰加工设备，如烫猪机、螺旋式刮毛机、桥式电锯、猪剥皮机、头蹄刮毛机和副产品清洗整理设备。

目前，我国禽蛋清选分级技术及设备，主要有高效光透验蛋机、自动选蛋机、贮运盘光透翻转式验蛋机、电导率仪、禽蛋质量自动拣选技术和禽蛋质量微机自动拣选系统等。我国猪牛、畜禽屠宰线机械化和自动化程度比较高，基本能满足我国大中型城市肉类供应的需求。

(4) 茶叶初加工机械化

1949年，我国成立了管理全国茶叶生产的中茶公司，倡导机器制茶，定制制茶机器，并在主要茶区筹建各种类型的机制茶厂，提高制茶技术和传授改制技术，实现制茶半机械化，降低劳动强度。1958年，浙江省创制出"58"型茶机，实现了青绿茶的制茶机械化；1965年研制成功滚筒杀青机；1967年，研制成功眉茶炒干机，炒青眉茶的品质大有提高；20世纪70年代后期，乌龙茶综合做青机与包揉机在福建省研制成功，改善了乌龙茶做青和包揉技术。茶叶初加工基本实现了机械化。

(5) 烟草初加工机械化

新中国成立以来到20世纪80年代初，我国烟叶烘烤设备十分简陋，以自然晾晒和土烘房为主。20世纪70年代以前，烟叶烤房形似农村普通住房，为自然通风气流上升式烤房。该设备的特点是结构和建造简单，成本较低，烘烤过程升温排湿快，但供热设备和排湿设备安装不合理造成烘房内温度不均匀，影响烟叶烘烤质量。1952年4月，新中国第一家烟草机械制造厂——国营上海烟草公司成立，标志着我国烟草机械制造工业开始起步。20世纪80年代，烟叶烤房进风通道以及天窗结构有所改进，烤房排湿顺畅，有效解决了烟叶烘烤过程中出现的蒸片、槽片和挂灰等问题。20世纪90年代后，烟叶生产开始走向规模化，各种新式的密集烤房和相应的自控设备发展迅速。

8.2 烘干机

国外粮食干燥机械的研究起步于 20 世纪 40 年代，到 20 世纪 60 年代发达国家已经基本实现粮食烘干机械化。20 世纪 90 年代以后，粮食烘干机开始向绿色、智能方向发展。我国粮食干燥机械的发展从解放初期仿制日本、苏联等国外的干燥机开始。20 世纪 70 年代，我国各科研单位开始研发适合我国农场、粮管所、粮食加工厂等需求的烘干机型。同时，干燥热源的研究也取得进展，热煤气发生炉、稻壳煤气发生炉、固体燃料煤气发生炉、液化气炉和太阳能干燥装置等相继研制成功。20 世纪 90 年代后，各大粮库、国有农垦系统的粮食生产基地逐步装备起成套的粮食烘干机械。进入 21 世纪，随着购机补贴等惠农政策的实施，农业合作社、种粮大户等逐步购置了中小型烘干机。

粮食烘干机种类繁多，基本原理都是利用干燥介质的热能使农产品中含有的水分蒸发，达到干燥的目的。目前，烘干机主要分两类：一是高温连续式烘干机(图 8-1)，主要应用于北方地区，用于烘干高水分玉米；二是低温循环式干燥机，主要应用于稻谷产区。若使用并联提升装置，可将多台低温循环式干燥机并联(图 8-2)，统一装粮与卸粮，提高工作效率。

图 8-1 高温连续式谷物烘干机

图 8-2 低温循环式谷物烘干机及其提升装置

低温循环式烘干机中的低温，是指采用低于粮食允许受热温度(一般为 40~60℃)的烘干介质来烘干粮食。所谓循环式，是指粮食在烘干机中不停地经过烘干部进行循环烘干。按其热传递方式，低温循环式烘干机可分为三类：第一类采用对流烘干，通过燃油炉或热风炉等直接加热空气，利用风机将热空气介质穿过谷层的方法烘干粮食；第二类采用远红外线辐射烘干，安装一个远红外线发生器，以燃油、木材、天然气等为燃料的燃烧器产生的热量，经远红外线发生器生成红外线，粮食吸收红外辐射能后促进水分汽化，汽化水分由排湿风机排出；第三类采用传导烘干，蒸汽与粮食不直接接触，通过热交换装置将热量以传导方式给粮食，粮食受热后促使其内部水分转移，从表面汽化来达到干燥的目的。本章主要介绍通过燃油炉、生物质燃料热风炉和热泵加热空气的低温循环式烘干机。

8.2.1 燃油炉型烘干机

(1)结构组成

低温循环式烘干机(图 8-3)是南方稻区常见的机型，由装料斗、提升机、上搅龙、粮箱、离心风机、下搅龙、燃烧室等组成。烘干粮食时，粮食经装料斗通过提升机、上搅龙输送至粮箱。水分测试仪自动测出粮食初始水分。粮箱装满后，燃油炉开始工作，经热交换后的热风通过鼓风机送风至干燥部。粮食从粮箱下落到烘干室，被热风加热蒸发水分后，继续下落到底部，通过下搅龙送到提升机，再次开始新一轮循环干燥。粮食干燥至设定水分值

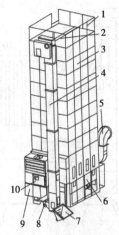

1. 护栏；2. 上搅龙；3. 粮箱；4. 提升机；5. 离心风机；
6. 排粮层；7. 装料斗；8. 下搅龙；9. 燃烧室；10. 提升机。

图 8-3　低温循环式烘干机

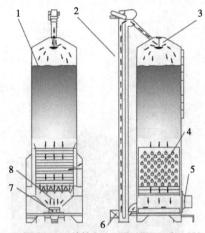

1. 粮箱；2. 提升机；3. 旋转盘；4. 烘干室；5. 离心风机；
6. 装料斗；7. 下搅龙；8. 滚筒下料口。

图 8-4　低温循环式烘干机结构原理图

后，干燥自动停止，粮食从排粮管排出（图 8-4）。

（2）工作要求

低温循环式烘干机主要适用于烘干稻谷，也可烘干大麦、小麦、玉米、高粱等作物。水稻的烘干与其他谷物有所不同，稻谷是一种热敏性较强的籽粒，烘干速度过快、温度过高、受热时间过长等均会造成稻谷爆腰。爆腰是指稻谷在烘干后，籽粒表面产生裂纹，导致碾米时产生碎米的现象。我国国家标准规定，稻谷烘干后爆腰率不大于 3%。为了解决稻谷烘后爆腰率增加的问题，要求一是热风温度不高于 38℃；二是稻谷的烘干速率应控制在 1.5%/h 以下。

在烘干稻谷、小麦、大麦等谷物种子时，为了不降低其催芽率和生命力，保证其品质，应采用种子烘干工艺。每批种子在烘干作业完成后，要排净并仔细清扫干净，严防混种。

8.2.2　热泵型谷物烘干机

（1）结构组成

热泵型谷物烘干机（图 8-5、图 8-6）主要由热泵热风机组、干燥塔、集尘房三大部分组成。其中热泵热风机组主要由制冷剂、压缩机、冷凝器、蒸发器、四通阀、节流装置、过滤器、气液分离器、风机等构成；干燥塔主要由提升机、顶部螺旋送料器、储粮段、烘干段、排粮段、底部螺旋送料器、抽风机、排尘风机等构成；集尘房主要由集尘房体、袋式过滤网、过滤网安装底板构成。

（2）工作原理

提升机将粮食输送到干燥塔顶部，由顶部螺旋送料器送到烘干塔内，经过储粮段、烘干段、排粮段，再由底部螺旋送料器至提升机，粮食在烘干塔内循环往复移动。热泵热风机组将空气由低温加热到高温后送到干燥塔内，经过干燥塔的烘干段与粮食进行热交换，去除粮食中的水分，抽风机将含有较多灰尘和杂质的废气送至集尘房内，经袋式过滤器过滤后，再将清洁空气排至周围环境。整个烘干过程，烘干机自动测控热风温度、粮食水分和温度等参数，当粮食到达设定水分后，自动停机。排粮时，打开排粮阀门，排出粮食。

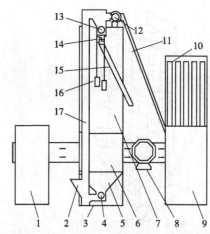

1. 热泵热风机组；2. 进粮口；3. 干燥塔；4. 底部螺旋送料器；
5. 排粮段；6. 烘干段；7. 储粮段；8. 抽风机；9. 集尘房；
10. 袋式过滤网；11. 排尘管；12. 排尘风机；13. 顶部螺旋送料器；
14. 排粮阀门；15. 出粮管；16. 开关；17. 提升机。

图 8-5　热泵型谷物烘干机　　　　图 8-6　热泵型谷物烘干机结构原理图

8.2.3　热风炉型谷物烘干机

(1) 结构组成

低温循环式烘干机也可配生物质燃料热风炉，如图 8-7 所示，生物质燃料热风炉将空气由低温加热到高温后送到干燥塔内对粮食进行烘干。

生物质燃料热风炉由进料斗、燃烧室、鼓风机、换热列管、出风管、烟气回收列管、清灰口、烟囱、电控箱等组成，如图 8-8 所示。

与燃油炉相比，生物质燃料热风炉节约成本可达 60% 以上；在废气排放方面，基本达到环保要求；但在安全性方面，需要对热风炉及时清灰、进行保养、加强检查，切实预防火灾发生。

(2) 工作原理

燃料由上料机装入给料斗，在关风器的控制下自动控制进料量，再通过送料搅龙均匀地将燃料送至燃烧室，助燃空气在鼓风机的压送下，穿过环形炉壁，使燃料充分燃烧。新鲜空气通过送料搅龙进风孔进入，可使搅龙不会被高温损坏，并且起到助燃作用。除炉膛底部有空气助燃外，炉膛上部也配备了进风口，可促进燃料充分燃烧。物料燃烧后产生的高温烟气进入换热列管内，与换热列管外的空气进行间接换热，将空气加热到一定温度。高温烟气经过换热列管后又经过回收列管，与管外热空气进行二次换热，这样就可以得到更多热量，并减少换热管道堵塞，由于热风机负压吸风，又把燃烧炉外壁进行冷却，同时把热风吸入，能够提供更多的燃烧能量，满足烘干机使用。

图 8-7　低温循环式烘干机与生物质
燃料热风炉连接示意图

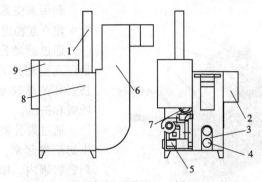

1. 烟囱；2. 电控箱；3. 燃烧室；4. 清灰口；5. 鼓风机；
6. 出风管；7. 换热列管；8. 烟气回收列管；9. 进料斗。

图 8-8 生物质燃料热风炉

8.2.4 油菜籽烘干机

油菜籽呈细小球形颗粒，含有 40% 的脂肪和 27% 的蛋白质，平均球径只有 1.27～2.05mm，孔隙细小，容易吸湿，只有含水率降至 12% 以下，才能安全贮藏。油菜籽烘干过程中，如果籽粒温度过低，则降水缓慢；温度过高，则会造成油脂溢出，不利于干燥，还可能发生火灾。因此，在烘干过程中，应严格控制热风温度以及菜籽在滚筒中的停留时间。经过滚筒烘干的油菜籽温度比较高，应对其立即进行冷却，保证冷却后的油菜籽温度较环境温度不高于 5℃，在冷却的过程中，也会发生湿热交换，进一步快速降低油菜籽的含水率。

谷物烘干机经适当改装，也可对油菜籽进行烘干（图 8-9）。可根据油菜籽水分，来调节排粮叶片下料的快慢；通过准确控制油菜籽的降水速率，保证油菜籽

图 8-9 油菜籽烘干机

不会因为温度过高而影响出油率；根据油菜籽的种类，增加油菜籽专用筛网，可使细小的菜籽不会漏，通用性更强；风量大小可调，对风机增加变频装置，可根据油菜籽含水率高低来调节风机风量大小，更好控制烘干品质。

8.3 畜禽水产采集加工设备

8.3.1 挤奶机

挤奶机主要有移动式挤奶车、桶式挤奶机、管道式（含管道计量式）挤奶机、厅式挤奶机 4 类。厅式挤奶机是专门安装在挤奶间使用的一种管道式挤奶装置。挤奶时奶牛依次进入挤奶间进行挤奶，它除了管道式挤奶装置所包括的设备外，还配备了挤奶台、乳房清洗设备、挤奶栏门启闭机构、喂精料的装置等多种辅助设备。

挤奶机械的种类和样式很多，但其基本结构和工作原理相似，主要由真空系统、挤奶杯组、脉动器、牛奶收集系统、设备清洗系统、自动脱落装置和计量装置等组成，其工作原理概括如下：

1.挤奶杯；2.集乳器；3.脉动器；4.真空罐；5.真空泵；6.车架。

图8-10 移动式挤奶机

利用真空系统在整套设备作业过程中建立起稳定的真空环境。

通过脉动器，将真空系统提供的稳定真空转换为脉动真空，并传送到挤奶杯的脉动室，使挤奶杯有规律地吮吸和挤压。

通过集乳器将从4个乳头吸出的牛奶汇集起来，由牛奶收集系统输送到贮奶罐内，做暂时保存。挤奶机械（图8-10）的主要部件有挤奶杯、集乳器、脉动器、真空罐、真空泵、输奶管路和清洗系统。

①挤奶杯。挤奶杯组共有2个或4个奶杯外壳，每个奶杯外壳都由外套和内套（奶衬）组成，奶杯奶衬都接到集乳器上。外套由不锈钢制造。奶衬是奶杯的内衬，是易损件，但对于挤奶机又是非常重要的零件，材质为橡胶，用于和牛乳头接触，通过脉动真空形成模拟吸允动作，完成挤奶作业。乳杯奶衬对橡胶的机械强度、曲折次数、拉伸率、永久变形和抗老化等指标都有较高的要求。

②集乳器。集乳器是牛奶被挤出后接触的第一个牛奶收集部件，其作用是汇集并输出4个乳杯挤出来的奶，它由上盖和下盖组成。上盖多为卫生级不锈钢制品，下盖有不锈钢和塑料两种材质，塑料以其轻便、透明、成本低的优点为各大制造商和牧场所采用。

③脉动器。脉动器是产生真空和大气的交替动作的部件，其功用可将真空泵形成的固定真空变为挤奶杯所需要的可变真空，使乳杯奶衬产生有规律的开合，它被称为挤奶机的心脏。一般分为气脉动器和电子脉动器，气脉动器相对来说价格低，但稳定性不如电子脉动器，所以未来的发展趋势是电子脉动器为主。

④真空罐。它相当于气泵的气罐，主要起稳压作用（微观调压）。其结构要求：一是要有一定的内积，不小于15L；二是防止奶和水进入真空泵，有气水（或气奶）分离的作用；三是下边最低处有个自动排污阀，当真空泵停止转动阀门能自动打开放出里面的污水（或奶液）。

⑤真空泵。真空泵是挤奶机的真空动力源。挤奶机上常用的真空泵有旋片泵、水环泵、活塞泵，现多为旋片式油环泵和无油泵配套变频电机。旋片泵是使用最为广泛的真空泵，结构简单，造价低；水环泵的结构比旋片泵复杂一些，造价也高，但使用寿命长，可靠性更高，所以，近几年来不仅国外的挤奶机厂家采用，国内的挤奶机厂家也采用。活塞泵即活塞式真空泵，相当一个抽气筒，结构更简单，活塞式挤奶机上用的就是这种泵。常用的润滑方式有虹吸式和滴油式2种。

管道计量式挤奶机（图8-11）是在管道式挤奶机的基础上增加了计量装置，安装在连接奶杯与输奶管道的长奶管上，可以精确监控每一

图8-11 管道计量式挤奶机

头牛的挤奶量，有利于奶站和牧场对奶牛的产奶量有效监控和分群管理。无论是计量瓶式、分流计量式还是电子计量式都属于这种型式，挤奶机的其他部分与管道式挤奶机均一致。

8.3.2　鸡蛋收集及处理设备

(1)集蛋设备

集蛋设备可分为平养集蛋设备和笼养集蛋设备。平养鸡舍的产蛋箱均成排安置，底网都朝向通道一边倾斜，鸡蛋滚向靠通道的槽内，常利用小车人工捡蛋。笼养鸡舍也可采用小车人工捡蛋，但人工捡蛋层数一般为三层以下。

叠层式笼养集蛋设备除有鸡笼集蛋带及集蛋台或总集蛋带外，还有垂直向上或向下的输蛋机，垂直向上输蛋机如图 8-12(a)所示，工作时，鸡笼集蛋带将蛋向左输送，再由垂直向上输蛋机提升落入集蛋台或总集蛋台上，由人工装盘或装箱。垂直向下输蛋机如图 8-12(b)所示，工作时，输蛋机将各层输蛋带上的鸡蛋向下送给横向输送器进行收集，该设备无总集蛋带，而用杆式横向输送器代替，其优点是蛋在其上不滚动，破损的鸡蛋可从杆间漏下。

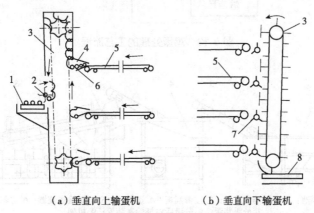

（a）垂直向上输蛋机　　　　（b）垂直向下输蛋机

1.总集蛋带；2.拨蛋叉；3.垂直输蛋机；4.传送栅格；
5.鸡笼集蛋带；6.栅栏；7.传递轮；8.横向输送器。

图 8-12　叠层式笼养集蛋设备

(2)鸡蛋处理设备

为给消费者提供高品质的鸡蛋，鸡蛋需经处理，鸡蛋处理的工艺流程如图 8-13 所示。有的鸡蛋还采用红外线杀菌处理或消毒剂杀菌处理，首先将各层各排或各栋的鸡蛋集中后输送到后续的相关处理作业场所，为进蛋作业，再将鸡蛋包装、装箱，然后由冷藏车运送至加工处理场所，经吸盘式供蛋装置，取蛋后送入洗选机械，或直接由总集蛋系统送入，然后经人工或以视觉系统配合相关捡蛋机械来完成，后经洗蛋机清洗，最后烘干、上蜡、后检视作业、计量、分级、打包销售。

8.3.3　水产品初加工机械

(1)对虾分级机

对虾自动分级机由储料池、输送装置、皮带刮板、送料池、导料板、分级装置组成（图 8-14）。一级输送装置由输送带、输送辊及电机组成，两个电机直接为输送轮提供动力，带动输送带运动；通过二级输送带将对虾均匀输送至分级床上方，在输送带表面布置一定高度的挡板可防止大倾角传送造成对虾在输送带表面滑落。二级输送带的运动速度大于一级输

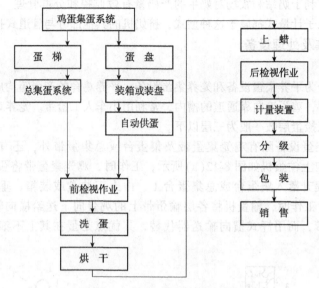

图 8-13 鸡蛋处理的工艺流程

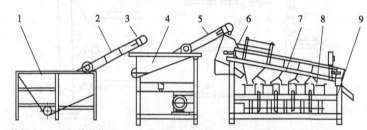

1.储料池；2.一级输送装置；3.皮带刮板；4.送料池；5.二级输送装置；6.导料板；
7.分级装置；8.分级后对虾输送装置；9.机架。

图 8-14 对虾分级机结构示意图

送带，将落入送料池中的对虾迅速带走一部分，防止对虾堆叠和虾须缠绕，皮带刮板将粘连在输送带边缘的对虾强制落下。分级装置主要由分级辊及间隙、调节装置、倾角调节装置、传动装置及电机等组成，分级辊分为固定辊和活动辊两种，两种辊交替布置，通过链轮、链条的传动实现反向对转，分级辊呈阶梯状，直径由上到下依次变小，对虾沿导向板落入分级床的分级辊上，在重力和反向转动的辊轴推力作用下沿倾斜的分级辊下滑，下滑到合适间隙处落至相应级别的分级输送带上，完成分级。分级后对虾输送装置由配套输送带、传动装置及电机等组成，输送带为筛网带，可淋去分级后的对虾大量水分，将对虾按规格输送至所需位置，等待后续处理。

(2)组合自动称重机

组合自动称重机(图 8-15)采用触摸式人机界面，可设定相关参数，统计数据，自动记录每批生产的总重量、总数量、合格率等指标。根据被计量物料的特性，可自由设置电机的开门角度，实现精准称重。组合自动称重机的几个料斗设置为依次下料，可解决物料堵塞问题。集料处理系统具备自动识别和一拖二功能，可直接排除不合格产品，并向处理包装机发出的放料信号。接触物料部位采用花纹不锈钢，保障食品安全，易于清洗。

(3) 自动包装机

自动包装机(图 8-16)采用伺服电机驱动、PLC 控制和触摸式人机界面,可设定相关参数,操作方便。采用 PID 自动控制加热温度,控温精度高。包装机的电控箱体、罩类件、板类件、与产品直接和间接接触件、传动链条等采用不锈钢材料,防锈性能好,易于清洗。

图 8-15 组合自动称重机   图 8-16 自动包装机

8.4 水果加工机械

8.4.1 水果分级机械

随着农业科技的发展和人民生活水平的提高,国内外水果品种越来越多,人们对水果的品质也有了更高的要求。为了提高水果的加工质量和出品等级,需要对水果进行大小分级和品质分级。人工分级劳动量大、生产率低而且分选精度不稳定,导致水果分选难以实现快速、准确和无损化。目前水果分级机械应用广泛,根据水果检测指标的不同,水果分选机大致可分为重量分选机、内部品质分选机和外观品质分选机。

(1) 水果重量分级机

水果重量分级机是一款按果蔬重量分选的机械设备,适合于柑橘类、番茄等圆形及椭圆形果蔬。如图 8-17 所示是国内某企业生产的一种水果分级机,果蔬重量分选范围为 10～1999g,果蔬直径分选范围为 30～110mm,处理效率为 3～4t/h 或 25000 个/h,额定功率为 0.75kW。

图 8-17 水果分级机

水果重量分级机结构如图 8-18 所示,由单果排列装置、称重部分、输出部分和驱动部分组成。水果形成单个排列状态→水果通过传感器进行称重→控制器计算出水果的重量→根据用户设定的等级及出口信息得到水果要到达的出口→控制器通过光电开关来得到水果的位置并开始延时→水果到达指定的出口,控制器驱动电磁阀,使水果脱离果杯。

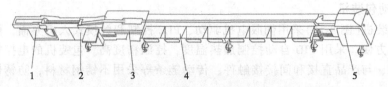

1.预排列；2.单果排列装置；3.称重部分；4.输出部分；5.动力主架。

图 8-18 水果分级机结构图

单果排列装置的作用是把水果进行单个排列，提高分选效率，装置采用带传动（图 8-19）。

称重部分的作用是检测水果重量（图 8-20），弹性体在外力作用下产生弹性变形，使粘贴在表面的电阻应变片也产生变形，它的阻值将发生变化，电阻变化转换成电信号，从而完成了外力变换为电信号的过程。

输出部分的作用是让水果脱离果杯（图 8-21），线圈通电时产生磁场，将芯铁吸入，带动跳杆向上运动；断电时线圈失去磁力，芯铁向外移动，带动跳杆向下运动。

图 8-19 主要部件或功能单元的作用及工作原理图

图 8-20 称重过程

图 8-21 输出部分

驱动部分的作用是驱动设备运行，工作采用链传动，通过链条运转来带动果杯运行，如图 8-22 所示。

(2)水果内部品质分选机

水果内部品质分选机能够实时地分析出水果的糖酸度信息，用户可以根据自己需要设定内部品质分选指标，从而实现水果内部品质的无损在线检测和分选。水果内部品质分选机(图 8-23)适应于脐橙、蜜橘等柑橘类水果内部品质在线无损检测，水糖度范围为 8~20°Brix，酸度范围为 0.3%~2.0%，生产量为 2.8~5.4t/h(按果均重 200g、上果率 40%~75%计算)。

水果内部品质分选机主要由内部品质传感器、控制触摸屏和分选机等组成(外在品质分选功能选配)。水果内部品质分选机结构图如图 8-24 所示。

图 8-22 驱动部分结构图

图 8-23 水果内部品质分选机

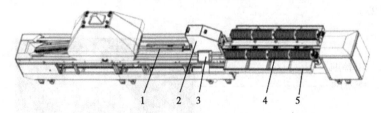

1.称重传感；2.内部品质传感；3.触摸屏；4.缓冲毛刷；5.收集盘。

图 8-24 水果内部品质分选机结构图

内部品质传感器的作用是测量水果的内部品质数据，由于水果中的糖和酸对不同波长的近红外光的吸收程度不一样，因此可以通过测量透过水果的近红外光与实际的测量值建立内部品质数据模型。内部品质传感器使近红外线全透果蔬(左边使用近红外光照射，右边使用受光传感器接收)，通过受光传感器所接收光谱分析特定波长的近红外光幅值变化，得出糖度、酸度等相关数据量。内部品质传感器的主电机、旋转皮带电机和回收皮带电机使用 380V 交流电源进行驱动，内部品质传感器使用 220V 交流电源进行驱动。

(3)水果外观品质分选机

外观品质分选机(图 8-25)是按水果的大小、表面缺陷、色泽、形状、成熟度等进行分选的装备。其分选方法包括光电式色泽分选法和计算机图像处理分选法。色泽分选法是根据颜色不同反射光的波长就不同的原理对水果颜色进行区分;而计算机图像处理分选法是利用计算机视觉技术一次性完成果梗完整性、果形、水果尺寸、果面损伤、成熟度等检测,从而测得水果大小、果面损伤面积等具体数值,并根据其数值大小进行分类。该机适应于 25～110mm 等圆形及椭圆形果蔬的分选,作业效率为 8～25t/h,分选等为 16 级。

图 8-25　水果外观品质分选机

水果外观品质分选机工作时,水果形成单个排列状态→水果通过视觉采集部分→控制器计算出水果的品质信息→控制器通过光电开关来得到水果的位置→根据用户的等级及出口设置,分配水果要到达的出口→水果到达指定的出口,控制器驱动电磁阀使水果脱离果杯落入相应出口。高速相机对每个经过的水果进行图像采集,获得水果信息(大小、颜色、瑕疵等),视觉灯箱为高速相机提供稳定高质量的光源,RM100 控制系统如图8-26 所示。

根据用户设置的等级参数,对采集的水果图品质信息处理,使水果在设定的相应等级出口落下(图 8-27)。

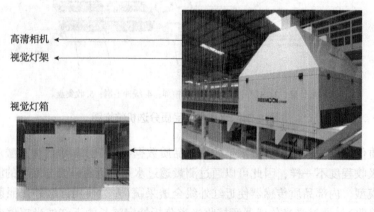

高清相机

视觉灯架

视觉灯箱

图 8-26　RM100 控制系统

图 8-27 水果色选工作中

8.4.2 山核桃脱蒲机

山核桃脱蒲是山核桃初加工处理的一个关键环节，也是制约山核桃产业发展的重要因素之一。近年来，市场上逐渐出现了山核桃脱蒲机，该机具不仅给农民带来了明显的经济效益，同时也产生了良好的社会和生态效益。其产品外形如图 8-28 所示。该山核桃脱蒲机适用于对成熟采收并集中堆放 48h 后的山核桃进行脱蒲加工，具有重量轻、易拆装、方便搬运，使用寿命长等特点，且脱蒲效果良好、效率高，1~2 名操作人员即可实现机械脱蒲工作，大大降低了劳动强度。脱蒲机功率一般在 2kW 左右，每小时生产 750kg，破蒲率超过 90%。

如图 8-29 所示，山核桃脱蒲机由进料斗、进料闸板、脱蒲机主体、出料口、出料调节阀扥、动力源、传动及变速装置等组成。工作时，动力通过皮带传至脱蒲机滚筒，带动脱蒲机滚筒向一个方向转动。物料(山核桃鲜果)从料斗经插板调节喂入量后，从滚筒一端的物料入口进入滚筒和凹板之间，经滚筒上螺旋齿将山核桃鲜果在滚筒和凹板之间经过，将蒲撕裂，再经橡胶条挤压，使蒲和山核桃分离。山核桃蒲从凹板的孔眼落下后，经出口板排出，而山核桃在橡胶条作用下向滚筒的另一端移动，最后从滚筒的端部出口流出，实现了山核桃鲜果的脱蒲。

当机器处于正常时，方可接通电源或启动汽油发动机，投入一定量的山核桃鲜果，观察脱蒲情况，调整喂入量控制板调整好喂入量，调整好皮带张紧程度，使转速得到要求时，便可正常作业。山核桃脱蒲机工作如图 8-30 所示。

图 8-28 山核桃脱蒲机

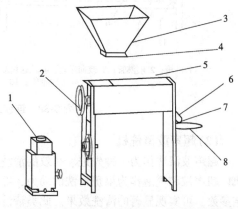

1.动力源（汽油机、电动机可选）；2.传动及变速装置；
3.进料斗；4.进料闸板；5.脱蒲机主体；6.出料调节阀；
7.出料口；8.挂袋架。

图 8-29 山核桃脱蒲机结构图

8.4.3 果蔬清洗机

(1)连续式鼓风清洗机

随着人们对健康饮食的追求,果蔬产品在人们日常生活中的需求不断提高。对果蔬产品的需求推动着果蔬生产和相关产业的不断发展,目前市场上已有一些清洗效果显著的果蔬清洗设备。连续式鼓风清洗机(图 8-31)利用高压水的射流产生大量气泡及涡流对果蔬进行翻动冲洗,能有效分离果蔬内表泥沙、毛发纤维、虫卵及残留农药,且不损伤果蔬。也可清洗叶类、根茎、球根果蔬,其清洗效率可达2~3t/h。

 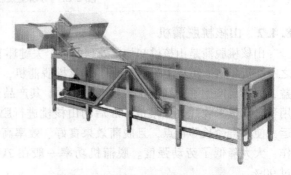

图 8-30　山核桃脱蒲机工作　　　　图 8-31　连续式鼓风清洗机示意图

连续式鼓风清洗机主要由洗槽、鼓风机、吹泡管、喷淋管、输送网带等组成,如图 8-32 所示。该机利用旋涡风泵通过送气管槽底送气排管上的小孔,向水槽水中送气,通过高压水的射流作用产生大量气泡及涡流对果蔬进行翻动冲洗,被分离过的泥沙通过隔渣孔板沉入槽底,毛发纤维虫卵漂浮在水面,被水流推入两角的隔离板内,以此循环将果蔬洗净,如两台并用,进行粗洗,清洗效果极佳。

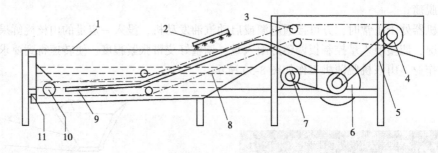

1.洗槽;2.喷淋管;3.改向压轮;4.输送机驱动滚筒;5.支架;6.鼓风机;7.电动机;8.输送网带;
9.吹泡管;10.张紧滚轮;11.排污口。

图 8-32　连续式鼓风清洗机结构图

(2)超声波清洗机

超声波清洗作为一种先进、高效的清洗技术,在国内外的应用越来越广泛。超声波清洗机以超声波和气泡作为果蔬清洗的动力,综合超声波声功率密度、气泡强度和清洗时间等工艺参数,可实现显著的清洗效果。此类清洗机适用于多种果蔬的清洗,尤其适合鲜嫩水果和叶类蔬菜的清洗,克服了传统果蔬清洗机械对鲜嫩水果和叶类蔬菜清洗时损伤过大的弊病。超声波清洗机如图 8-33 所示。

超声清洗设备主要由超声波发生器、超声换能器和清洗槽 3 个部分构成,其结构如

图 8-34 所示。超声波发生器将电转换成超声频电能并馈送给超声换能器，超声换能器将高频电振荡信号转换成同频率的机械振动，并通过清洗槽底板向清洗液体中辐射超声波。清洗槽是一种用来盛装清洗液和被清洗物的容器，一般被清洗物放在专用网孔框中或者专用支架上并悬于清洗液中，从而避免清洗物直接压在清洗槽底板上，清洗槽一般用耐腐蚀而且透声的不锈钢板制成。超声换能器通常用专门的胶直接粘在清洗槽底板上，或者根据清洗要求粘在清洗槽壁上。根据不同的清洗要求，清洗槽上还可以安装加热和温控装置以及冷凝、蒸馏回收和循环过滤等附加设备。采用上述结构，可将清洗、解毒和净化水的功能集于一个设备内，通过水槽与各种系统输出口连接，使得设备同时具有超声波清洗、臭氧解毒和净化水功能。一些超声波清洗机上还会拥有循环喷水功能，方便清洗果蔬等，功能更加人性化。

图 8-33　超声波清洗机示意图

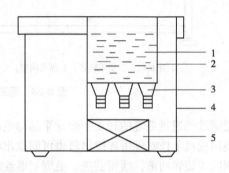

1.清洗液；2.清洗槽；3.超声换能器；4.机壳；5.超声波发生器。

图 8-34　超声波清洗机结构图

(3)其他清洗机

①洗果机(图 8-35)。洗果机结构紧凑、清洗质量好、造价低、使用方便。洗果机主要由洗槽、刷辊、喷水装置、出料翻斗及机架、传动装置等组成。物料从进料口进入洗槽内，装在清洗槽上的两个刷辊旋转使洗槽中的水产生涡流，果品在涡流中得到清洗，接着，果品被顺时针旋转的出料翻斗捞起、出料，在出料过程中又经高压水喷淋得以进一步清洗。

②连续式毛辊清洗机(图 8-36)。连续式毛辊清洗机具有外形美观、操作方便、效率高、

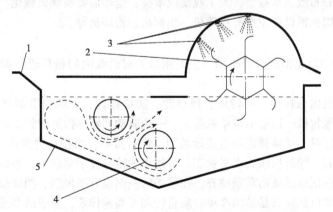

1.进料口；2.喷水装置；3.出料翻斗；4.刷辊；5.清洗槽。

图 8-35　洗果机

耗能小、可连续清洗和使用寿命长等特点，刷辊材料经特殊工艺处理(采用尼龙线绳轧制而成)，经久耐用，耐磨性能好。毛辊清洗机采用毛刷原理，广泛适用于圆形、椭圆形果蔬如猕猴桃、柑橘等果蔬的清洗和脱皮。

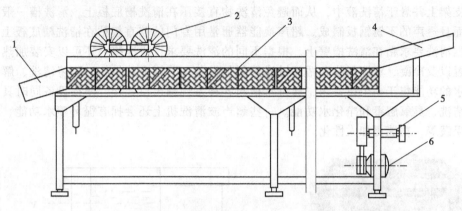

1.出料口；2.横毛刷辊；3.纵毛刷辊；4.进料斗；5.传动装置；6.电动机。

图 8-36 毛辊清洗机

毛辊清洗机通过毛辊的转动，带动果品与毛刷相互磨擦，从而实现果品清洗、去皮、抛光。毛辊清洗机工作时既可连续出料也可间歇出料，设有特制的高压扇形喷淋冲洗，物料由螺旋毛刷同步旋转向前，缓慢前进，毛刷耐磨性超强，清洗产量大，节约大量人工。连续式毛辊清洗机还可根据工况条件更换毛刷棍毛的硬度，可用于原果上蜡抛光。

8.5 秸秆收集处理机械设备

秸秆是成熟农作物茎叶(穗)部分的总称，通常指小麦、水稻、玉米、薯类、油菜、棉花、甘蔗和其他农作物(通常为粗粮)在收获籽实后的剩余部分。农作物光合作用的产物有一半以上存在于秸秆中，秸秆富含氮、磷、钾、钙、镁和有机质等，因此秸秆是一种具有多用途的可再生生物资源。目前，秸秆可用于制作饲料、燃料、肥料、基料和原材料，与其相配套的是秸秆的收集与预处理机械设备、制燃料机械设备、制肥料机械设备等。

农作物秸秆分布散、易霉变，人工收集成本高，迫切需要实现机械化。目前，已推广应用的秸秆收集处理机械设备主要有搂草机、压捆机、粉碎机等。

8.5.1 搂草机

搂草机(图8-37)是秸秆收获机械，主要用途为对已收割的秸秆进行摊晒、翻晒和集草作业。

旋转式搂草机由悬挂架、回转体、搂草臂、搂草弹齿、下风挡等部件组成，如图8-38所示。工作时，拖拉机一边牵引搂草机前进，一边驱动回转体做逆时针旋转。当搂草弹齿运动到机器右侧前方时，搂草弹齿垂直接近地面，进行搂草；当搂草弹簧运动到机器左侧时，搂草弹齿缓缓抬起，同时后倾成水平状态，将搂集的秸秆置于草茬上，形成与机器前进方向平行的草条。为保证所形成的草条整齐，在草条的一侧设有下风挡，挡屏通过连杆固定在机架上。旋转式搂草机的优点是结构简单、质量轻和可高速作业，集成的草条松散透气，便于秸秆捡拾压捆机具作业。

图 8-37　搂草机作业图

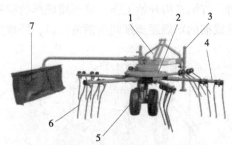

1. 悬挂架；2. 回转体；3. 支撑杆；4. 搂草臂；
5. 车轮；6. 搂草弹齿；7. 下风挡。

图 8-38　旋转式搂草机结构示意图

8.5.2　秸秆打捆机

秸秆压缩打捆减少了体积，便于运输、贮存和饲喂，使秸秆商品化成为可能。秸秆打捆机按草捆形状可分为方捆机和圆捆机（图 8-39）。方捆机所打草捆密度大，体积小，搬运方便，便于机械化装卸，对各种长短秸秆适应性强；圆捆机效率高、结构简单，使用调整方便，且草捆可长期露天存放。按作业方式可分为固定式打捆机和捡拾打捆机；按行走方式不同又分为牵引式和自走式。

（a）履带自走式方捆机

（b）牵引式圆捆机

图 8-39　秸秆打捆机

（1）方捆捡拾打捆机

能将收割晾晒后的秸秆从田间捡拾后打成方草捆，能捡拾稻秸秆、麦秸秆、牧草等，可进行连续作业。如图 8-40 所示，方捆捡拾打捆机主要由捡拾器、输送喂入器、压缩室、打捆密度调节器、打捆机构、曲柄连杆机构、传动机构和牵引装置等组成。工作时，拖拉机在牵引打捆机沿着草条行驶的同时，将动力从动力输出轴传至打捆机，由捡拾器弹齿将草条上的秸秆捡拾起来，并连续地输送到输送喂入器

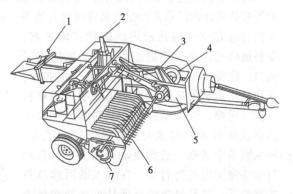

1. 密度调节器；2. 输送喂入器；3. 曲柄连杆机构；4. 传动机构；
5. 压缩室；6. 捡拾器弹齿；7. 捡拾器控制机构。

图 8-40　方捆捡拾打捆机结构示意图

内，输送喂入器把秸秆喂入压捆室，被往复运动的活塞压缩成方形，当方形草捆达到预定长度时，打结机构开始工作，将压缩成形的秸秆打结形成形状稳定的方捆，捆好的草捆被后面陆续成捆的草捆逐步推向压捆室出口，经放捆板落在地面上或经抛扔机构抛入拖车车厢内。

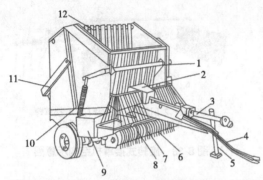

1. 摇臂；2. 传动系统；3. 传动轴；4. 液压系统油管；5. 支架；6. 捡拾器；7. 打捆机构；8. 割绳机构；9. 绳箱；10. 张紧弹簧；11. 卸草后门；12. 卷压室。

图 8-41　圆捆捡拾打捆机结构示意图

（2）圆捆捡拾打捆机

主要用于干草打捆，也可与包膜机配套用于青贮料的打捆，广泛用于干草、青牧草、麦秸秆、稻秸秆和玉米秸秆的收集和捆扎。由于采用间歇作业，圆捆捡拾打捆机在打捆时会停止捡拾，生产效率相对低。圆捆捡拾打捆机主要由捡拾器、输送喂入室、卷压室、打捆机构、卸草后门、传动系统、液压操纵机构等组成，如图 8-41 所示。拖拉机牵引打捆机作业时，捡拾器捡起秸秆并将其送入卷压室，进入卷压室的秸秆连续转动，逐渐由小变大成紧密圆捆。同时，捆草密度指示杆自动升起，当草捆达到预定密度时，左右扎绳臂自动下落，并打开微动开关，蜂鸣器发出信号，驾驶员使拖拉机停止前进。此时拖拉机动力输出轴继续转动，启动扎线机构，扎绳开始从中间向两边缠绕，扎绳臂上升，达到预定圈数，自动割断绳索，扎绳结束。驾驶员打开电磁换向阀，使油缸的活塞杆推动卸草后门，抛出草捆。放捆后，电磁换向阀复位，关闭卸草后门，完成一个工作循环。

（3）履带自走式方捆打捆机

由捡拾输送部、压缩打捆部、驾驶行走部三大部件组成，如图 8-42 所示。捡拾输送部位于机具最前方，由捡拾台、螺旋搅龙、输送槽和提速滚筒等组合而成；压缩打捆部在机具的后半部偏左，由拨草叉、压缩活塞、捆绳箱、自动打结器、草捆长度控制器、草捆密度调节器、打捆针、草捆导向板等组成；驾驶行走部为机具的下半部，由机架、发动机、变速箱、操作台、行走轮系和履带等组成。另外还有液压系统、电器系统、操纵系统等。

田间作业时，机器行驶至铺放好的草条前，调整草捆长度控制器和草捆密度调节器，使压出的草捆满足所需要的长度和密度，合上工作离合器，机器开始运转，然后继续前进，捡拾器开始将地面的草条捡拾起来并向后方抛送，经螺旋输送搅龙的叶片聚拢并由伸缩耙齿继续向后输送交予输送槽内的链耙式输送器，草料最后经提速滚筒提速后被强力抛送至喂入口，运转中的拨草叉将草料喂入压缩腔中，正在往复运动的压缩活塞将不断喂入的草料一次次压缩，当压缩腔中的草料密度和长度达到预先设定的要求时，打捆针开始工作，将捆绳箱中的捆绳送到自动打结器中，自动打结器将捆绳进行打结，在喂入的后续草料的推动下，打好绳结的草捆从草捆导向板上跌落的地面。整个过程是在机器行进中完成的，草条被不断的捡拾、输送、喂入、压缩、

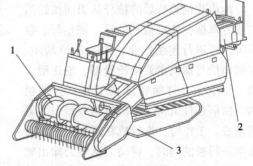

1. 捡拾输送部；2. 压缩打捆部；3. 驾驶行走部。

图 8-42　履带自走式方捆打捆机简图

打捆，实现连续作业。

8.5.3 秸秆粉碎机

粉碎是利用机械的方法克服秸秆内部的凝聚力而将其分裂的一种工艺。根据粉碎机构不同可将粉碎机分为锤片式粉碎机、齿爪式粉碎机和对辊粉碎机。其中，锤片式粉碎机最为常见。

锤片式粉碎机一般由供料装置、机体、转子、齿板、筛片、排料装置以及控制系统等部分组成，如图 8-43 所示。由锤架板和锤片组成的转子由轴承支撑在机体内，上机体内安有齿板，下机体内安有筛片，包围整个转子，构成粉碎室。锤片用销子连在锤架的四周，锤片之间安有隔套，使锤片彼此错开，按一定规律均匀地沿轴向分布。

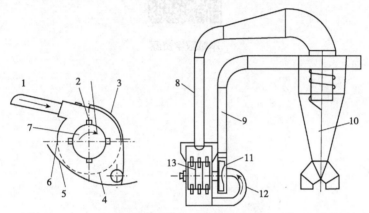

1. 喂料斗；2. 锤片；3. 齿板；4. 筛片；5. 下机体；6. 上机体；7. 转子；8. 回料管；
9. 出料管；10. 集料筒；11. 风机；12. 吸料管；13. 锤架板。

图 8-43 锤片式粉碎机

锤片式粉碎机工作时，秸秆从喂料斗进入粉碎室，受到高速回转锤片的打击而破裂，以较高的速度飞向齿板，与齿板撞击进一步破碎，如此反复打击，使秸秆粉碎成小碎粒。在打击、撞击的同时还受到锤片端部与筛面的摩擦、搓擦作用而进一步粉碎。在此期间，较细颗粒由筛片的筛孔漏出，留在筛面上的较大颗粒，再次受到粉碎，直到从筛片的筛孔漏出。从筛孔漏出的秸秆细粒由风机吸出并送入集料筒，带物料细粒的气流在集料筒内高速旋转，物料细粒受离心力的作用被抛向筒的四周，速度降低而逐渐沉积到筒底，通过排料口流入袋内；气流则从顶部的排风管排出，并通过回料管使气流中极小的物料灰粉回流入粉碎室，也可以在排风管上接集尘布袋，收集物料粉尘。

 本章习题

一、简答题

1. 什么是农业废弃物？请举例说明。

2. 什么是农产品初加工？请举例说明。

3. 低温循环式烘干机的主要结构及工作原理是什么？

4. 热泵型谷物烘干机因使用热泵，比其他烘干机更耗能，请判断上述表述的正误并解释。

5. 请回顾鸡蛋处理设备的工艺流程。

6. 请阐述水果重量清选分级机、外观品质分选机以及内部品质分选机的工作原理，分析各种机型的分选依据。

7. 茶叶初加工有哪些类型的机具？

二、创新设计题

1. 试分析牧草机械化打捆的原理。尝试设计一款新型牧草打捆机构。

2. 果农有一批新采摘的柑橘需要分级上市，请你帮他选择合适的分级方法，并说出理由。

本章数字资源

第9章 设施种植装备

设施农业是综合应用工程技术、装备技术、生物技术和环境技术，按照动植物生长发育所要求的最佳环境，进行动植物生长的现代农业生产方式。设施农业涵盖设施种植、设施养殖和设施食用菌等。本章主要介绍设施种植装备，重点介绍设施大棚、日光温室、连栋温室这三类设施装备的结构参数、设计选型等，同时对设施环境调控设备与技术做了初步介绍。通过本章学习，读者能了解常见的设施种植装备，掌握常见的温室环境调控技术与工作原理。

9.1 设施大棚

设施大棚是以采光覆盖材料作为全部或部分围护结构材料，可供冬季或其他不适宜露地植物生长的季节栽培植物的建筑。设施大棚以塑料拱棚为主，塑料拱棚结构简单、建造和拆装方便，一次性投资较少。同时，塑料拱棚又具有现代温室的棚体空间较大、作业方便、坚固耐用等特点，性价比高，在生产上得到广泛的应用。塑料拱棚广泛应用于蔬菜、花卉、果树、茶叶、食用菌等经济作物的种植中。

9.1.1 设施大棚的建造规划与布局

(1) 场地选择

设施大棚的建造场地在选择时注意考虑以下因素：

①地势。宜选择地形开阔、平坦无遮阳，且地面坡度小于 10°，坡度为北高南低的矩形地块，以保证采光和通风条件良好。

②局部气象条件。调查当地的主风向以及风向、风速的季节变化。对于有强风或河谷、山川等造成的风道地带，棚址宜尽量避开风口，或在主要风向有天然屏障，或建造挡风设施，以防止大风侵袭；同时要注意避免因场地附近的障碍物遮挡而影响塑料大棚的采光与通风。

③土壤条件。对于以土壤作种床的大棚，要求其土壤质地、结构和深度方面符合栽培要求，用于无土栽培的塑料大棚则可不考虑土壤条件。

④水源。选择靠近水源、水泥丰富、水质好、pH 中性或微酸性的地方，同时要求地下水位低，排水良好。

⑤外围设施条件。棚址应选择交通便利、用电便利的地方以方便管理。

⑥环境保护。空气、水源、土壤遭到污染将严重影响农产品卫生质量，因此应避开水源、空气和烟尘的污染地带。

⑦地质勘探。要求大棚地基的承载力为 $50kg/m^2$，以避免地基沉降、滑坡和地质塌陷等情况的发生。可在场地的某一点挖出 2 倍基础宽度的地基样本，分析地基土壤构成、下沉情况及其承载力等。

(2)塑料大棚平面布局原则

大棚平面布局主要考虑以下因素：

①采光。采光是大棚建设的基本要求。保证良好的采光主要是考虑大棚外部的遮挡条件和大棚间的相对位置。一般情况下，大棚间距应保证冬至的太阳光能照射到相邻大棚外围1m以上，以保证前后相邻大棚内的光照充足。

②通风。大棚通风口周围3~5m范围内应没有影响风速变化的遮挡物或建筑物，使大棚主要通风方向尽量与夏季主导风向一致。

③大棚方位。大棚方位应根据当地的纬度来确定。一般来说，大棚方位为南北走向时，光照分布是上午东部受光好，下午西部受光好，但日平均受光量基本相同，室内光照较均匀，棚内各点温差较小；塑料大棚方位为东西走向时，棚内总的进光量多，但由于太阳入射角的原因，室内会形成弱光带，应视作物对光照的敏感度等慎重采用。此外，为了更多地利用清晨与黄昏的光照，大棚可南偏东或南偏西5°左右，具体偏向应根据该地区清晨或黄昏的光照状况及作物要求而定。

④大棚间距。大棚间距以每栋不互相遮光和不影响通风为原则。对南北走向的大棚，其间距为檐高的0.8~1.5倍，纬度越高倍数越大，对于东西走向的大棚，其间距约为檐高的3倍以上。在风大的地方，为避免道路变为风口，大棚之间要错开排列。一般棚区应取长方地形，东西为长向，棚区内还应考虑布设干道，以利于运输，棚区内每栋棚成南北向平行排列，或以干道对称平行排列，棚端间距3~3.5m。

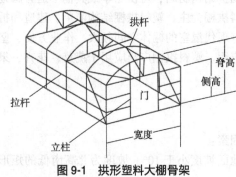

图9-1　拱形塑料大棚骨架

9.1.2　设施大棚构造

拱形塑料大棚的构造与各部位名称如图9-1所示。拱形塑料大棚主要由拱杆、纵横向拉杆、立柱等主要骨架部件以及卡槽、卡簧等专用连接卡具构成。

(1)拱架与拱杆

一座大棚由若干个拱架组成，拱架是整个大棚骨架的主体。拱杆是构成拱架的基本零件，两拱杆互相对接构成"拱"，形成所设计的棚型。

(2)纵向拉杆

纵向拉杆通过专用卡具将各个拱架连接起来，形成网状结构。纵向拉杆的数量多少，影响大棚整体刚性的好坏。规格型号产品不同，纵拉杆数量也有所不同，一般为3~5根。

(3)立柱

立柱用于支撑拱架，一般位于大棚的两侧面和端面，构成大棚侧墙和端墙的主体结构。通常用横向拉杆将各立柱连接起来，形成网状结构，以增强刚性。

(4)门

门一般设在大棚两端，有对开式和推拉式两种。

(5)连接卡具

为了使塑料薄膜牢固地覆盖在骨架上，采用燕尾形金属卡槽和蛇形卡簧进行固膜。为了使塑料膜固定牢靠，不致被风吹开，以及利于排水等要求，在膜上、两拱杆中间位置要用专用压膜线压紧，两端固于地锚上。

9.1.3　设施大棚的主要结构参数

(1) 大棚长度

大棚长度是大棚两端面中心线之间沿大棚轴线的距离。大棚长度太短，土地利用率低，大棚造价高，但也不能太长，过长将产生以下问题：①造成通风困难；②大棚强度和稳定性下降，风雪天易受破坏；③灌水系统毛管长度过长，影响灌水的均匀性；④产品采收或管理时，跑空的距离增加。因此，一般大棚长度以 50~60m 为宜。

(2) 大棚高度

大棚高包括脊高和檐高两种。脊高即指棚高，指大棚的最高点(脊部)到地面的垂直高度。一般来说，棚高越高，高温期换气效果越好，但加温能耗较大，费用增多，而且大棚安装、维修难度增大，因此，棚高在能够符合作物生长要求条件下以低为宜，一般棚高在 2.5~3.5m。

檐高也称肩高，其决定于栽培作物、耕作方法、地理条件、开窗换气及人工作业等因素。如果栽培茄子、花卉等矮秆作物为主，不需太高；如果栽培黄瓜、番茄、果树等高秆作物时，就需要较高，多风地区宜低不宜高，以减少风压；降雨多的地区宜高些，以利于更多采光；寒冷区宜低些，以利于保温；温热区宜选较高值，以利于通风换气。一般塑料大棚檐高宜在 1.0~1.5m。

(3) 大棚跨度

大棚跨度即大棚宽度，指大棚两侧墙中心线之间和大棚轴线呈垂直的距离。大棚跨度常用的规格尺寸有 6.0m、6.4m、7.0m、8.0m、9.0m、10.0m、12.0m。大棚宽度与长度成一定比例，比值在 0.1~0.4 范围。宽长比越大，强度越差，反之强度越好。

大棚跨度太大将产生以下问题：①通风困难；②拱杆负载过大，抗风能力下降；③扣棚困难，薄膜不易绷紧，经常颤动，易被风吹破。对于塑料大棚，因通风换气和采光条件好，宽度常为 6~8m。

(4) 坡度角

拱形大棚只要高度和宽度设计合理，屋面成自然拱形，对坡度角无严格要求。

(5) 棚间距

棚间距指大棚相邻两支柱中心线之间和大棚轴线呈平行的距离。棚间距一般为 1.0~4.0m。

(6) 拱间距

拱间距指塑料大棚相邻两拱架中心线之间和大棚轴线呈平行的距离。拱间距一般为 0.5~1.0m。

9.2　日光温室

日光温室，即不加温温室，是我国特有的一种温室类型，是 20 世纪 80 年代在中国北方地区发展起来的一种作物栽培设施，旨在缓解北方冬季蔬菜供需矛盾。日光温室建造和运行成本相对低，适合中国社会经济的需要，因此成为设施种植装备的主体。其温室内热源主要靠太阳辐射，仅在一年中最寒冷的季节或遭遇连阴、风、雪等灾害性天气时才辅助以人工加热，因而又称高效节能日光温室。日光温室结构合理，能最大限度地利用太阳能，同时利用新型保温覆盖材料进行多层覆盖、蓄热保温，加之选用耐低温、耐弱光蔬菜等良种及配套栽培技术措施，因此，在我国北纬 34°~43° 的广大地区已成功地进行了喜温果菜类的不加温栽培生产，取得了良好的经济效益和社会效益。目前，日光温室正在我国南北各地迅速发展，已成为最主要的农业设施类型。

9.2.1 日光温室的几何尺寸

日光温室主体建造参数如图9-2所示，主要包括温室跨度B、温室脊高H、温室后墙高度h、后坡仰角α和长度L。温室跨度是温室后墙内侧至前屋面骨架基础内侧的距离，一般为6~10m；温室脊高是基准地面至屋脊骨架上侧的距离，一般为2.8~3.5m；后墙高度为基准地面至后坡与后墙内侧交线的距离，一般为1.8~2.3m，也有矮后墙温室的后墙高度在1m以下，但这种温室后走道操作空间太小，使用者越来越少；后坡仰角为后坡内侧斜面与水平面夹角，一般在30°~45°；温室长度指两山墙内侧净距离；温室面积A为温室跨度B与温室长度L的乘积。

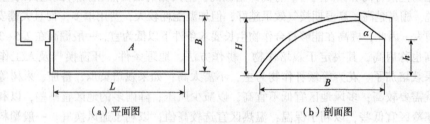

（a）平面图　　　　　　　　　　（b）剖面图

图9-2　日光温室几何尺寸定义

初步确定温室整体尺寸见表9-1所列。对北纬40°以北地区，温室跨度一般在7m以下；北纬35°~40°地区，跨度一般用7~9m；北纬35°以南地区，跨度可选8m以上，但不宜大于12m。

表 9-1　日光温室标准型规格尺寸选配表

跨度(m)	脊高(m)						
	2.4	2.6	2.8	3	3.2	3.4	3.6
5.5	√	√	√				
6		√	√	√			
6.5		√	√	√			
7			√	√	√		
8				√	√		
9					√	√	
10						√	√

9.2.2 日光温室的基本结构

日光温室的分类方法有多种形式，有按墙体材料分类的，有按结构形式分类的，还有按前屋面、后屋面形状和尺寸分类的。按墙体材料来分类，主要有干打垒土温室、砖石结构温室、复合结构温室；按前屋面形状分，有二折式、三折式、回拱式、抛物线拱式温室；按后坡长度分类，有长后坡温室和短后坡温室。无论哪种分类方法，最终都要落实到其结构形式上，因为温室的结构形式决定了其用材和受力方式。所以，用结构形式来分类可概括各种温室类型，而且按照结构形式分类，可明确温室结构的传力途径，为进一步设计温室构件的截面尺寸打下基础。为此，本节按照日光温室的结构形式来阐述其分类和选型中应注意的问题。

（1）竹木结构

如图9-3所示，透光前屋面用竹片或竹竿作受力骨架，间距60~80m，后屋面梁和室内

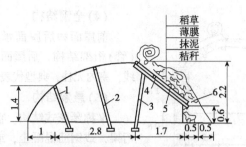

1. 前柱；2. 二柱；3. 中柱；4. 柁；5. 檩；6. 培土。

图9-3 竹木结构日光温室

用圆木，由于竹片承载能力差，室内设置3~4道立柱支撑竹片骨架。

（2）钢木结构

透光前屋面用钢筋或钢管焊成桁架结构作为承力骨架，后屋面与竹木结构相似，如图9-4所示。为了节省钢材，对前屋面承重结构的做法有多种形式：①两格架间距3m左右，中间设3道竹片骨架；②桁架和钢管骨架间隔设置，3.3m为一个开间，中间设钢管骨架，钢管骨架与桁架间再用竹片骨架数道。这种结构由于前后屋面末做成整体结构，仍需要设置后柱，以承受主要来自后屋面的荷载。

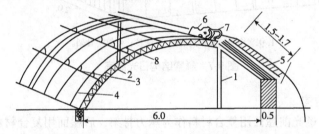

1. 中柱；2. 钢架；3. 横向拉杆；4. 拱杆；5. 后墙、后坡；6. 纸被；7. 草苫；8. 吊柱。

图9-4 钢木结构日光温室

（3）钢-钢筋混凝土结构

如图9-5所示，透光前屋面用钢筋桁架，用一根钢筋混凝土弯柱承载后屋面荷载，后屋面钢筋混凝土骨架承重段成直线，室内不设立柱。

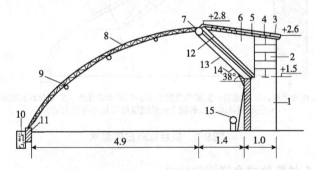

1. 土墙；2. 土胚墙；3. 红砖挑檐；4. 草泥；5. 细土；6. 碎草；7. 木梁；8. 桁架；9. 横拉杆；
10. 防寒沟；11. 基础；12. 苇帘；13. 弯柱；14. 木檩；15. 烟道。

图9-5 钢-钢筋混凝土结构温室

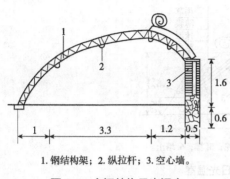

1. 钢结构架；2. 纵拉杆；3. 空心墙。

图9-6　全钢结构日光温室

（4）全钢结构

前屋面和后屋面承重骨架做成整体式钢筋（管）桁架结构，后屋面承重段或成直线，或成曲线，室内无柱，典型代表为鞍山Ⅱ型，如图9-6所示。

（5）悬索结构

又称琴弦式结构。前屋面受力骨架采用钢筋桁架，或钢筋混凝土，或多柱竹片结构，但在骨架表面垂直方向上设钢筋或钢丝拉索，构成空间悬索结构，如图9-7所示。这种结构出自辽宁瓦房店，后来在辽宁、山东、宁夏、河南、河北、新疆等地区大量推广。

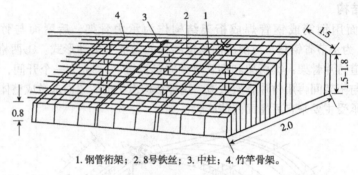

1. 钢管桁架；2. 8号铁丝；3. 中柱；4. 竹竿骨架。

图9-7　悬索结构日光温室

（6）复合材料结构

如图9-8所示，透光前屋面用复合材料作为承力骨架，后屋面用复合材料表面强化处理的聚苯保温板。墙体可以是土墙、砖墙，也可使用全复合材料做墙体，拱架间距多为1m，均为无支柱结构，这种温室的跨度一般为7～8m，对于大于8m的跨度，须在复合材料结构件中配加钢筋、塑料或尼龙带才能达到大跨度无支柱温室需求的抗力。

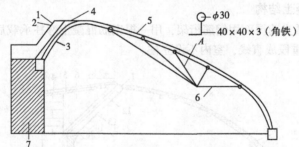

1. 水泥抹面；2. 保温被；3. 高强度复合板；4. 聚苯填充物；5. 复合材料拱架；
6. 包塑钢丝绳；7. 后墙（包括侧墙可以是砖砌或土墙）。

图9-8　复合材料日光温室

（7）大跨度无支柱整体式金属桁架结构

前屋面和后屋面采用承重拱架做成整体式金属桁架结构，前屋面采光承重段为抛物流线形，后屋面成直线形，跨度可达10m以上，室内无支柱，后屋面角大于40°，前屋面角大于

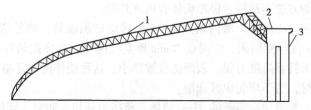

1. 钢架结构；2. 复合结构后屋面；3. 砖混保温墙。

图 9-9　大跨度无支柱日光温室

60°。墙体多为砖混结构。该结构的典型代表如图 9-9 所示，由于其良好的温室性能，较长的使用寿命，现在北方地区应用较普遍。

9.2.3　日光温室的结构选型

(1)根据经济条件选型

日光温室是一种投资小、见效快的农业生产设施。在广大的农村推广，应将投资放在第一位考虑，尤其是家庭生产温室或个人承包温室。如果劳动力资源充沛，可采用简易的日光温室，如土坯或干打垒结构、竹片、钢丝骨架、多柱支撑。在这种温室中，由于多柱的影响，作业不方便，机具难以进入。但投资低，对经济力量欠缺的地区或农户，建议采用这种结构。相反，对于经济条件比较丰裕的地区和农户，从长远观点考虑，宜建设永久性温室，而且要求室内操作空间大，易于机械化作业，例如无柱式日光温室。

(2)根据当地材料来源选型

因地制宜选材用料，是温室建设的一条基本原则。如本地有水泥厂或水泥构件厂，采用水泥骨架会方便、便宜；如本地有钢厂或废旧钢材市场，考虑全钢结构骨架会比较经济。

(3)根据作业水平造型

作业水平主要考虑室内的机械化作业程度和使用室内二道幕的情况。对机械化作业水平要求较高的温室，宜选用无柱式温室，至多为单柱温室，该柱设置在温室后走道上，对温室栽培区的作业几乎不受影响。

9.2.4　日光温室主体结构的建造

(1)场地选择

日光温室要选择背风向阳、光照充足、土层深厚、排灌良好处，并且水、电、路三通。温室坐北向南，正南偏西 5°，或偏东 5°，视当地具体情况而定。最大不超过 10°，前后温室间距一般为前温室脊高的 2.7 倍。

(2)温室后墙的建造

①竹木结构墙体的建造。竹木结构日光温室，可因陋就简，就地取材。按照统一规划的墙体位置线夯土墙或草泥垛墙。草泥垛墙，要使碎草和土掺均匀，含水量适宜，一层一层地垛，不能一段一段地垛。夯土墙要求土壤干湿适度，叠压或衔接，不能垂直靠接，要用力夯实才能坚固耐用。有条件的可用推土机堆墙，用履带车压实，然后用挖掘机将多余的土挖走。土墙后坡要留护坡，防止雨水将墙体破坏。

②钢架结构墙体的建造。由于钢架结构的日光温室使用寿命长，对墙体的要求也高，因此建钢架结构的温室其墙体应该是砖石结构。在北纬 42°以南地区，基础可砌 30~50cm 砖石，在砖石上砌墙；在北纬 43°以北地区，基础可挖深 0.6~0.8m，下垫 0.3m 厚干沙，这样可以防止由于冻融循环而引起墙身开裂。传统温室墙体采用实心砖墙，要想增加保温性能，

单纯采用增加墙厚的方法不经济。保温墙体有以下几种：

带有空气间层的空心墙体。墙内侧采用 24cm 砖墙砂泥砌筑，墙外侧采用 12cm 砖墙砂泥砌筑，外皮抹 20mm 厚麦秸泥，中间设 70mm 厚空气间层。这样把热容量大的结构材料放在室内高温一侧，因其蓄热能力强，表面温度波动小，这种墙体能保证温室结构的需要，保温性能好，节省建材，适于华北地区选用。

空斗墙体。将一横砖加一竖砖的 37cm 墙体，竖砖向外拉一砖空，宽度增加 12cm，即为 50cm 墙体。砌墙时每隔 1m 将空隙连起来，使两层皮的墙成为一体就牢固了。

设有保温材料的组合墙体：这是一种采用砖体墙加保温材料的组合墙体。用 PS(聚苯乙烯)板做保温材料，PS 板的厚度可据当地情况确定，一般厚度为 50~200mm，PS 板最好设置在砖墙的外侧，并施以相应的保护措施，也可夹于砖墙的内部，具体结构视当地情况而定。其保温效果比普通砖墙明显提高，特别对北纬 43°以北地区节约能源、减少运行费用，降低成本具有重要意义。

③普通砖、石墙外侧培土。在普通砖、石墙后侧培土 1.0~1.2m，或做成斜面护坡，作为保温层，保温效果好，也经济。

(3)后屋面的建造

①竹木结构后屋面的建造。后屋面用竹木做骨架时，一般由中柱、椽、檩组成。3m 开间，每间由 1 根中柱、1 架椽、3~4 道檩组成。用预制的钢筋水泥柱做骨架时，可由立柱和椽组成。立柱埋入土中 50cm 深，向北倾斜 5°，基部垫柱脚石，埋紧捣实，中柱支撑椽头，椽尾担在后墙上，椽头超出中柱 40cm。在椽上东西用 8 号铁丝拉紧，上下间隔 20cm 左右。在骨架上用高粱秸、玉米秸或芦苇等铺垫，上面抹 3~5cm 厚的草泥，草泥上再铺 10~20cm 厚碎草、谷壳等，上面再抹一层草泥，然后再铺玉米秸或稻草。

②钢架结构后屋面的建造。在温室后屋面内侧采用 5~10cm 厚钢筋混凝土预制板，外侧加 20~40cm 厚草泥。

在温室的后屋面内侧安放 2~3cm 厚木板，然后放一层 5~10cm 厚草苫，上部放 20~30cm 厚炉渣，再用 5cm 厚水泥砂浆封顶。

在后屋面内侧先架设钢拱架，上铺 25cm 硬木板和一层油毡，用 200mm 厚聚苯乙烯板做保温层，再铺一层油毡防水层，最后用 40mm 泥砂浆抹至后墙挑檐。

(4)前屋面的建造

①竹木结构。无论前屋面是一斜一立式还是半圆拱式，其结构基本相同，不同之处是前屋面有无弧度。

根据温室跨度大小，以 2m 的间距设立柱，位置与后屋面的椽子一致。立柱的地下部分一般为 50cm，地上部分的高度根据屋面形状确定。在立柱上固定小头粗 10cm 的竹竿，一端固定在椽子上，另一端固定在前立柱上，东西立柱方向上间隔 60cm 设一道拱杆。前屋面在东西方向间隔 20cm 拉一道 8 号铁丝，两端固定在山墙外的坠石吊环上。

②钢架结构。前屋面的施工主要是固定钢梁。把钢梁的上端焊接到后墙成后屋面顶部预埋的焊接点上固定住，下端焊接到地桩上或预埋的钢管、钢筋上。钢梁之间要用钢筋或钢管拉杆连成一个整体。

9.3　连栋温室

大型现代化连栋温室是现代农业的标志和重要组成部分，也是工厂化农业不可成缺的农业设施。现代化连栋温室主要是指大型、可自动化调控、生物生存环境基本不受自然气候影响的，能全天候进行生物生产的连接屋面温室。

大型连栋温室具有以下的特点：①覆盖面积大，土地及空间利用率高；②采光、保温、降温、增除湿效果佳；③通风效果好，抗风雪等灾害能力；④生产和环境调控设施齐全，环境调节和控制能力强；⑤便于操作，使用寿命长。这已成为现代温室发展的方向之一。

9.3.1　连栋温室的分类

为了适应不同生产条件和不同农业生物的生产繁育需求，连栋温室形成了多种类型和规格。

(1)根据钢骨架构件的连接方式分类

①装配式温室。装配式温室是先制作出温室所需的各种钢骨架构件，将构件运到温室建造现场后，再用专用连接件，将各构件连接装配成为温室骨架。钢骨架构件的连接通常包括螺栓连接和卡具连接。螺栓连接的优点是装拆方便，安装时不需要特殊设备，操作简便，是装配式温室建筑的主要连接方式。卡具连接也是大型温室构件联结的一种形式，其特点是装配方便，不损伤钢管表面，拆卸容易，联结坚固。

②焊接式温室。焊接式温室是将制作好的构件运到温室建造现场后，再用焊接的方式将各构件连接成为温室骨架。焊接是现代钢结构的联结方法之一。优点是不削弱焊件的截面，构造简单，制造加工简便，便于机械化、自动化作业，可以工厂化生产也可以现场施工。然而，焊接会对焊口附近的构件表面防护层产生破损，需在焊后进行专门的防腐处理。

(2)根据屋面形式分类

①拱圆形温室。如图 9-10 所示，是最常见的类型，其构造简单，受力合理，用材少，施工方便，常用于以单层或双层塑料薄膜为屋面透光覆盖材料的温室，也可用于单层塑料波纹板材为屋面透光覆盖材料的温室。

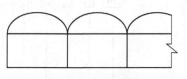

图 9-10　拱圆形屋面

②人字形温室。如图 9-11 所示，有双坡单屋面和双坡多屋面之分。双坡单屋面如图 9-11(a)所示，温室造型源于传统民居，屋面呈人字形跨在每排立柱之间，每跨为一个屋面，屋面具有适当的坡度，以利雨雪滑落。这种温室采光好，室内光照均匀，结构高大，风荷载对结构影响较大，而且对加热负载的需求也较大，它比较适合于以透光板材(玻璃、多层中空塑料结构板材)为屋面透光覆盖材料的温室。双坡多屋面如图 9-11(b)所示，是用得最广泛的一种玻璃温室的结构。由于使用较小屋面(每个屋面宽为 3~4m)，每跨由 2~4 个小屋面组合起来，温室的总高度却得到了限制，从而减少了风荷载对结构的影响，也减少了热负荷需求，但它仍具有较好的采光效果，这一点对高纬度、日照短的地区特别重要。

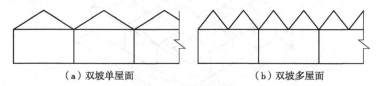

(a)双坡单屋面　　　　　　　(b)双坡多屋面

图 9-11　人字形屋面

③锯齿形温室。如图 9-12 所示，又有锯齿形单屋面和锯齿形多屋面之分。锯齿形单屋面如图 9-12(a)所示，温室每跨具有一个部分因拱形屋面和一个垂直通风窗共同组成的屋

顶。两屋顶之间用天沟连接以便排泄屋面雨水。这种结构的垂直通风窗，可采取卷膜式、充气式、翻转式和推拉式等多种方式，与侧墙通风窗有较大高差，有利于自然通风。设计时要注意使垂直通风窗避开冬季寒风的迎风面，也要使之位于当地高温季节主导风向的下风向，以便利用自然风力产生负压通风。锯齿形多屋面如图9-12（b）所示，是锯齿形单屋面温室的改进形式。其目的是增加屋面坡度，改善雨、雪的滑落效果，并增大垂直通风窗的面积，以利于自然通风，同时使温室建筑物的高度限制在适当范围之内，它比较适合于跨度较大的、薄膜覆盖的自然通风温室。

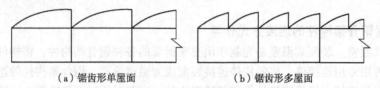

（a）锯齿形单屋面　　　　　（b）锯齿形多屋面

图9-12　锯齿形屋面

9.3.2　连栋温室的建筑型号与规格

连栋温室的总体尺寸应根据建造地的实际情况，并参照中国机械行业推荐标准《连栋温室结构》（JB/T 10288—2001）进行选择和确定。

（1）型号

连栋温室的型号表示与意义如下：

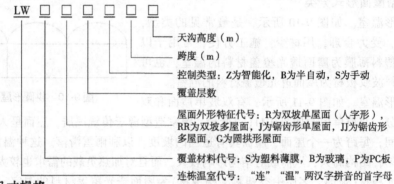

LW □ □ □ □ □ □

天沟高度（m）

跨度（m）

控制类型：Z为智能化，B为半自动，S为手动

覆盖层数

屋面外形特征代号：R为双坡单屋面（人字形），RR为双坡多屋面，J为锯齿形单屋面，JJ为锯齿形多屋面，G为圆拱形屋面

覆盖材料代号：S为塑料薄膜，B为玻璃，P为PC板

连栋温室代号："连""温"两汉字拼音的首字母

（2）尺寸规格

采用单元尺寸、总体尺寸两种方法描述连栋温室的建筑尺寸，如图9-13所示。

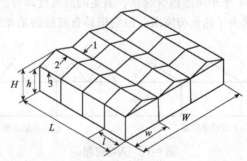

1.天沟；2.脊；3.檐；

H.脊高；h.檐高；L.长度；l.开间；W.宽度；w.跨度。

图9-13　连栋温室建筑规格示意图

①温室的单元尺寸。主要包括跨度、开间、槽高、脊高等。

跨度指温室内相邻两柱之间，垂直于屋脊方向的中心距离。对于单屋面温室即为相邻天沟中心线之间的距离。温室的跨度按下述数值选择：6.0m，6.5m，7.0m，7.5m，8.0m，8.5m，9.0m，9.5m，10.0m，12.0m，15.0m。

温室开间，也称"间距"，指相邻两柱之间，平行于屋脊方向的中心距离。温室开间按以下数值选择：2.0m，3.0m，4.0m，5.0m，6.0m，特殊用途温室不受此限制。

脊高是指温室在封闭状态时，最高点与室内地平面之间的距离，即温室柱底到温室屋架最高点之间的距离，通常为檐高与屋盖高度的总和。温室屋脊高度一般控制在 3.3~6.0m，特殊用途温室不受此限制。

檐高指温室柱底到温室屋架与柱轴线交点之间的距离。温室檐高的规格尺寸有 3.0m，3.5m，4.0m，4.5m。檐高近似等于下弦高度，下弦高度是指温室屋面主构架下沿离地面的高度，通常与横梁和天沟离地面的高度近似相等。温室的下弦高度：当跨度为 6m 时，应不小于 1.8m；跨度为 7~8m 时，应不小于 2.4m；跨度为 9~10m 时，应不小于 3.0m；跨度为 12~15m 时，应不小于 3.6m。

②温室的总体尺寸。主要包括温室的长度、宽度、总高等。

长度指温室沿屋脊方向的总长度。一般指两山墙（端墙）中心线之间的距离，等于开间距与开间数的乘积。

宽度指温室沿跨度方向的总长度。连栋温室的跨数与跨度的乘积等于温室总宽度。

总高指温室柱底到温室最高处之间的距离。最高处可以是温室屋面的最高处或温室屋面外其他构件（如外遮阳系统等）。对自然通风为主的连栋温室在侧窗和屋脊窗联合使用时，温室最大宽度宜限制在 50m 以内，最好在 30m 左右，单体建筑面积宜在 1000~3000m²；对以机械通风为主的连栋温室，温室最大宽度可扩大到 60m，最好限制在 50m 左右。单体建筑面积在 3000~5000m² 能够充分发挥风机的作用。

为便于操作，温室的长度最好限制在 100m 以内（一般是开间的倍数）。温室长度的确定主要看地势、地形和机械设备的操作距离，对于过长温室可考虑将温室分为两个操作区。

除据地理环境、生产规模、技术和管理要求，以及能源、资金条件决定温室的平面尺寸之外，就温室本身而言，需考虑温室的通风换气、散热降温、物流运输等条件。建议每座温室的建筑面积，华南地区不大于 5000m²，其他地区不大于 10000m²。对于装有湿帘—风机降温系统的温室，为减少温室内的温差，长度或宽度应不大于 40~60m。否则，温室内必须采取强制空气循环措施。对于更大的温室，应采取有效的措施以保证温室的加热、通风降温和物流运输等方面的性能。

9.3.3 连栋温室的构造与设计

(1) 主体(骨架)构造

连栋温室的骨架是由轻型材料(目前主要以轻钢型材为主)制成的各种构件，并连接成多个单元，再组合在一起的几何不变体。它支撑覆盖材料、运转设施和一切安装在它上面的附属设备，是承受温室自重和其他荷载的载体。骨架结构的主要受力构件必须进行受力计算，以保证其有足够的强度、刚度和稳定性，连栋温室骨架主要构件在正常使用条件下，从交付使用之日起，寿命至少要保证使用 15 年。由于玻璃和塑料的性能有显著差异，因此两者用于建造温室时的具体结构也不尽相同。

①玻璃温室构造。如图 9-14 所示，连栋玻璃温室主要由基础、立柱、天沟、屋架、梁(屋面梁、次梁、横梁、纵梁)、檩、椽、支撑杆等骨架构件和墙(侧墙、山墙、隔墙、幕

墙）、门窗（门、侧窗、天窗）、屋面等围护构件组成。

骨架构件中，基础是承受温室下沉、上拔、倾翻等荷载的建筑物底脚，常用钢混凝土浇筑或用砖砌成。立柱是温室中直立的起支撑作用的构件，多用型钢制成，天沟是屋面与屋面连接处的排水沟，常用冷轧镀锌钢板制成。屋架（上弦，屋面梁）是将屋面撑成脊形的结构。温室除了拱形屋顶，单坡屋顶之外，多用三角形屋架。柱子之间，屋架与屋架之间，需要架设平行的横梁，通过檩条承担屋面的荷载，这部分部件叫做次梁。横梁（下弦）是位于立柱顶端，与地面平行、与立柱和天沟垂直的长条形构件，它承受垂直或斜方向的荷载。纵梁是位于立柱顶端，与地面平行、与立柱和横梁垂直的长条形构件，承受垂直或斜方向的荷载。檩条是架在屋架或山墙上面，用来支持椽子或屋面的长条形构件。位于屋脊处的檩条称为脊檩，屋檐处的称为檐檩。椽子是放在檩上，架着屋面覆盖材料的条形构件。斜撑是倾斜地支撑于垂直的或平行的杆件之间的长条形杆件，用以加强温室骨架整体结构的刚性。剪刀撑是用在柱子间、对角线上的斜拉杆，作用是防止桁架受水平荷载引起菱形变形。设在屋顶上屋架与屋架间的斜杆称为水平支撑。

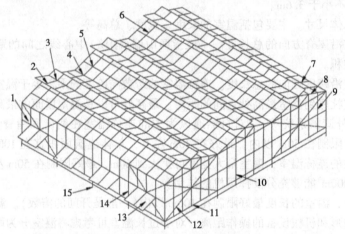

1.侧墙；2.天窗；3.脊檩；4.天沟；5.檩；6.椽；7.次梁；8.屋架；
9.端墙；10.门；11.幕墙；12.剪刀撑；13.侧窗；14.立柱；15.基础。

图9-14　连栋玻璃温室结构示意图

②塑料温室构造。连栋塑料薄膜温室的形式很多，构造差异也很大，这里仅以当前采用较广泛的、热浸镀锌钢管装配式骨架为例介绍。连栋塑料温室是由主体骨架和其外围护结构组成，骨架主要包括基础、立柱、拱架、拱杆、拉杆、支撑杆等构件，如图9-15所示，一般都用热浸镀锌钢管作为主体承力构件，工厂化生产，现场安装。

连栋塑料温室的屋架由拱架和拱杆构成。拱架是拱形的用以支持屋面覆盖物，承受风、雪等荷载的桁架结构。拱杆是塑料薄膜温室的骨架，决定大棚的形状和空间构成，还对面膜起支撑的作用。立柱起支撑拱杆和屋面的作用，柱大多用圆管或方管，纵横成直线网状排列。基础是承受由立柱传递下来的温室下沉、上拔、倾翻等荷载的建筑物底脚。拉杆纵向连接拱架、拱杆和立柱，使大棚骨架成为一个整体，为了增加屋面的整体性和拱架的稳定性，设置屋面支撑。结合拱结构的特点设置屋面斜撑，屋面支撑布置在温室的两个端开间，每跨布置两根。

连栋塑料温室骨架使用的材料比较简单，容易建造，但温室结构的自重轻，对风、雪荷

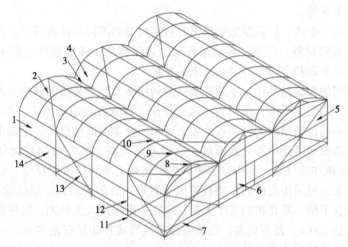

1. 侧墙；2. 斜撑；3. 天沟；4. 卷膜天窗；5. 端墙；6. 门；7. 幕墙；8. 拱架；
9. 拱杆；10. 拉杆；11. 基础；12. 立柱；13. 剪刀撑；14. 卷膜侧窗。

图 9-15　连栋塑料温室构造示意图

载的抵抗能力弱，因而在结构的整体稳定性方面要有充分考虑，为使骨架结构的各部件构成一个稳定整体，选料要适当，施工要严格。

（2）结构设计

温室结构的设计荷载应满足《温室结构设计荷载》（GB/T 18622—2002）、《建筑结构荷载规范》（GB 50009—2001）的有关规定。

作用在温室结构上的外力统称荷载。荷载大小是结构设计的基本依据，取值过大则结构粗大，浪费材料，还增加阴影，影响作物生育；取值过小经不起风雪袭击，而发生损坏倒塌，对生产和人身安全造成严重结果。因此，确定设计荷载是一项慎重周密的工作，确定荷载的基本方法是调查研究和必要的数理统计，经过整理，分析归纳，确定一个合理的取值。

根据来源的不同，荷载有自然荷载（风载、雪载、地震力等）和人为荷载（堆物、吊重、检修荷载等）。根据变化情况的不同，荷载有恒载（永久性荷载）、活载（可变性荷载）和偶然荷载，恒载是指作用在结构上长期不变的荷载，如温室结构的自重，覆盖材料的自重，内部安装的附属设备的自重，悬吊在结构上的作物自重等；活载是指作用在结构上可变的荷载，如积雪荷载，风荷载等；偶然荷载是指在结构使用期间不一定出现，一旦出现，其值很大且持续时间很短的荷载，例如爆炸力、地震力和撞击力等。根据作用方位的不同，荷载有垂直荷载、水平荷载、集中荷载和分布荷载。垂直荷载是指垂直作用在结构上的荷载，如恒载、雪载；水平荷载是指水平作用在结构上的荷载，如风载、地震力；集中荷载是指当横向荷载在梁上的分布范围远小于梁的长度时，便可简化为作用于一点的集中力；分布荷载是指沿梁的全部或部分长度连续分布的横向荷载。因为多数温室的结构重量较小，要特别注意防止由于风而产生的上拔力，温室的基础应牢固，必要时可加设拉线。

（3）平面设计

①平面单元的划分。为了适应植物栽培、繁殖、生产、试验、展览等对环境、设备、管理等方面的不同要求，在平面设计时应进行合理的单元划分。如根据植物生态学类型，可把生态习性相同植物分为一个单元；根据植物的地理分布，把同一原产地的植物分为一个单元；根据经济用途，把用途相近的经济作物分为一个单元；根据植物种类，把具有相同特性

的植物分为一个单元等。

　　单元划分之后，生产、试验温室要根据其栽培所需的不同条件进行单元内的平面布置以及配上不同的设施和设备；陈列、展览温室除上述工作外，还要根据它们不同的株高、株形、花期、花色在平面和空间作科学和艺术的布置。

　　②平面和空间的布置与利用。平面和空间的利用率与温室采用的栽培方式有关。有的外国企业为了充分利用温室平面，采用活动式栽培床，以减少走道的面积，提高平面利用率。他们在长条形平面高位种植床的台面板上装上可来回摇动的曲柄机构，摆动手柄可使台面分开、合拢，以便留出通道让机器或人通过，这样可以提高 20% 左右的平面利用率，使其达86～90%，经济价值非常显著。室内空间的利用对提高土地利用率和环境、设备、能量利用率有很重要的意义。可采用立体的多层栽培床布置形式，如阶梯式、层叠式或空中悬挂式，将喜阴作物布置在下层，喜光植物置于上层，或在下层采用人工补光，这样栽培床面积与建筑面积之比可高达 200%，甚至更高。当然这种布置形式并非所有温室都是可行的，要经过充分的论证和经济比较后作出设计。

　　(4) 剖面设计

　　室内地坪高程。为使各种机械和管理人员出入方便和节省工程量，大型连栋、生产性温室常将室内地坪与室外地坪定为相同高程。为防止室外雨水或积水倒灌入室内，室内地坪应略高于室外地坪。

　　跨度。温室的跨度与温室的结构形式、结构安全、平面布置、适宜的作物栽植行距等有直接的关系。选定时应在保证结构安全的条件下，求得建筑造价最低。

　　檐高。首先应满足使用要求，对采用机器耕作或运输的温室应保证其安全通行高度，如高度较大，在侧墙开门会加大总高时，可考虑在山墙开门的方案。另外，还应考虑室内栽培的作物高矮以及空间布置情况等因素，从通风和促进植物的光合作用角度来讲，檐高些较为有利；但从造价、节省材料和能源，以及温室的结构安全的角度来看，则低些较为有利。选用时应以满足使用为条件，尽量降低檐高为原则。

　　屋面坡度。双坡屋面的坡度，用屋顶坡面与地平面的夹角表示。坡度的选择同其结构受力、太阳辐射透过能力及保温性能等有关。温室作为轻型结构建筑，其所承受的风雪荷载的大小是决定温室结构构件断面大小和安全性的主要因素。无论是单坡或双坡屋面的玻璃或玻璃钢屋面温室，雪荷载的大小与屋面坡度角 θ 的大小成反比，且当 $\theta > 50° \sim 60°$ 时，雪会全部自由滑落，雪压为零。对于风载，迎风面当 $\theta < 30°$ 时，风对温室屋面产生向上的吸力；当 $\theta = 30°$ 左右时，迎风屋面风压为零；当 $\theta > 30°$ 时则产生内向的压力。因此，在设计时，如当地以雪压为主，则可采用较大的 θ 角；如以风压为主，则应采用 $\theta \leqslant 30°$ 为宜。一般南方为不积雪地区，为节省屋面材料，降低温室成本，建议选取 20°，其他地区选取 25°。

　　连跨数和开间数。温室的连跨数和开间数主要应根据现场土地的宽度和长度来确定。

　　总之，连栋温室的平、剖面设计，可参照《连栋温室结构》(GB/T 10288—2001) 规定进行单元和总体尺寸的选择和确定，在满足使用功能的前提下，要对其采光、保温、通风等进行综合分析，拟出方案，进行比较并选用最优方案。

9.4　温室环境调控设备与技术

9.4.1　通风

　　自然通风系统是温室通风换气、调节室温的主要方式，一般分为顶窗通风(图 9-16)、

（a)手动卷膜　　　　　（b）电动卷膜

图 9-16　顶窗通风　　　　　　　图 9-17　温室卷膜器

侧窗通风和顶侧窗同时通风三种方式。侧窗通风有转动式、卷膜式和移动式三种类型，玻璃温室多采用转动式和移动式，薄膜温室多采用卷膜式，卷膜器有手动与电动之分（图 9-17）。

9.4.2　光照调控

（1）遮光帘幕系统

包括帘幕系统和传动系统，帘幕依安装位置可分为内遮阳和外遮阳两种，如图 9-18、图 9-19所示。

图 9-18　内遮阳保温　　　　　　　图 9-19　外遮阳保温

内遮阳保温幕一般采用铝箔条或镀铝膜与聚酯线编织而成。按保温和遮阳不同要求，嵌入不同比例的铝箔条，具有保温节能、遮阳降温、防水滴、减少土壤蒸发和蒸腾从而节约灌溉用水的作用。夜间覆盖因其能隔断红外长波辐射阻止热量散失，故具有保温的效果，白天覆盖可反射光能 95%以上，因而具有良好的降温作用。

外遮阳系统利用遮光率为 70%或 50%的遮阳网或缀铝膜（铝箔条比例较少）覆盖于离顶通风温室顶上 30~50cm 处，比不覆盖的可降低室温 4~7℃，最多时可降低 10℃，同时也可防止作物日灼伤，提高品质。

传动系统分钢索轴拉幕系统和齿轮齿条拉幕系统两种，前者传动速度快，成本低；后者传动平稳，可靠性高，但造价略高，两者都可自动或手动控制。在日常维护中，操作人员应定期检查紧固件是否有松动，对齿轮齿条副、链轮链条副、滚轮座、轴支座应定期加油维护。在每次开动前，首先检查电机、齿轮齿条副是否正常，电机行程限位是否可靠，各块幕是否有被刮住等，检查无问题后，方可正常操作运行。

图 9-20　人工补光系统

（2）人工补光系统

人工补光系统（图 9-20）主要是为了减轻冬季连阴雨天气时节光照不足对温室作物的不利影响。目前温室人工补光光源主要有荧光灯、高压钠灯、低压钠灯和金属卤化物灯等，悬挂的位置一般与植物行向垂直。由于是作为光合作用能源，补充阳光不足，因此要求光强在 10000lx 以上。近年来一些发达国家陆续开发出温室专用发光二极管（LED）补光光源，寿命显著提高，节能效果明显。

9.4.3　温度调节设备

温度调节设备用以调节温室内的温度，在温室内创造出适宜作物生长的温度，包括加温系统和降温系统。

（1）加温系统

①热水管道加温系统。通常由锅炉或生物质炉、调节设备、连接附件及传感器、进水及回水主管、散热器等组成。用锅炉将水加热，然后用水泵加压，热水通过供热管道供给在温室内均匀安装的与温室热负荷相适应的散热器，热水通过散热器来加热温室内的空气，提高温室的温度，冷却了的热水回到锅炉再加热后重复上一个循环。热水管道加温系统运行稳定可靠，是目前现代化温室最常用的加温方式，其优点是温室内温度稳定、均匀，停止加热后室温下降速度慢。其缺点是室温升高慢、设备投资较大。热水加温的锅炉和供热管道基本采用目前通用的产品。散热器种类很多，有光管散热器、铸铁圆翼散热器、热浸镀锌钢制圆翼散热器，其中热浸镀锌钢制圆翼散热器为温室专用的散热器，具有使用寿命长、散热面积大的优点，在玻璃温室中应用广泛。

②热风加温系统。利用热风炉通过风机把热风送入温室各部分加热的方式。该系统由热风炉、送风管道、附件及传感器等组成。采用燃油、燃气或生物质加热，特点是室温升高快，但停止加热后降温也快，且易形成叶面积水，加热效果不及热水管道加热系统，其优点是节省设备资材，安装维修方便，占地面积小，一次性投资少等，适于面积小、加温周期短、局部或临时加热需求大的温室。

（2）降温系统

①弥雾降温系统。弥雾降温系统是利用加压的水，通过喷头以后形成直径为 30μm 以下的细雾滴，飘散在温室内的空气中，与空气发生热湿交换，达到蒸发降温的效果。适用于相对湿度较低、自然通风好的温室应用，不仅降温成本低，而且降温效果好，其降温能力在 3～10℃间，结合机械通风系统使用效果更为突出，该系统也可用于喷农药、施叶面肥、加湿等。

②风机湿帘降温系统。风机湿帘降温系统是利用水的蒸发吸热原理来实现降温，如图 9-21 所示。湿帘通常安装在温室的北面或面向夏季主导风向的一侧，以避免遮光影响作物生长；风机则安装在南面或夏季下风向的一侧，当需要降温时启动风机将温室内的空气强制抽出，形成负压；同时水泵将水打在湿帘墙上，使水分均匀淋湿整个湿帘墙，室外空气被负压吸入室内时，以一定的速度从湿帘的缝隙穿过，与潮湿介质表面的水汽进行热交换，将空气的显热转化为汽化潜热，导致水分蒸发和冷却，冷空气流经温室，吸收热量后经风扇排出而达到循环降温的目的。使用湿帘风机系统时，要求温室的密封性好，否则会由于热风渗透而影响湿帘的降温效果，而且对水质的要求比较高，硬水要经过处理后才能使用，以免在湿帘缝隙中结垢堵塞湿帘。

图 9-21　风机湿帘降温系统

湿帘底部不可长期浸泡在水中，因为湿帘会象海绵那样将水往上吸，从而导致藻类和霉菌的滋生，每次用完湿帘后先关水泵，让风机继续运行 30min 左右，再关风机和外翻窗，使湿帘保持干燥，防止湿帘长期处于潮湿环境，每年入冬前彻底清理一次湿帘，清理时要用软毛刷上下轻刷，不能横向刷动，刷完后只启动水泵冲洗掉水垢及藻类物质；还应注意湿帘的防鼠。

9.4.4　湿度调节设备

在炎热的夏季，对温室进行湿度的调节，加湿与降温常常同时进行，在生产中应用最多的是湿帘—风机加湿系统，有时也会用喷雾系统。

湿帘—风机加湿降温系统由湿帘、给水和通风三大部分组成，如图 9-22 所示。湿帘由填夹在两层铁丝网之间的帘片或蜂窝状纸帘构成，上有淋水槽，下有集水槽。湿帘的材料要有良好的吸附水性能、通风透气性能、多孔性和耐用性，不易积累盐分，耐水浸，不变形，取材容易和价廉。材料的吸水性能使水分布均匀，透气性使空气流动阻力小，而多孔性则可提供更多的表面积。目前，湿帘采用的材料有杨木细刨花、聚氯乙烯、浸泡防腐剂的纸、包有水泥层的甘蔗渣等。湿帘和排风机的距离以 30~60m 为宜，一般在此范围内，每增加 6m，湿帘高度增加 60cm。为使气流分布均匀，风机间隔不应超过 7.5m。如果一栋温室风机数量少于 4 台，应安排变速风机，以适应不同换气量的调节。

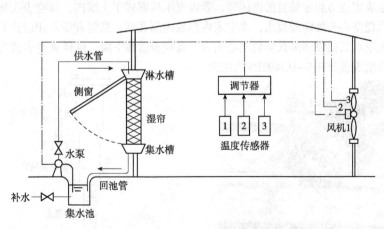

图 9-22　湿帘—风机湿度调节系统

9.4.5　空气环境的调节

(1) 二氧化碳施肥系统

二氧化碳是植物光合作用的主要原料，在温室环境下，一般白天通风后一小时即会出现二氧化碳不足的情况，需要人工增施二氧化碳气体，但应注意适量适时，更应注意安全。

(2) 环流风机

一般在较大面积的连栋温室内，应安装有环流风机，通过环流风机可以促进室内温度、相对湿度分布均匀，从而保证室内作物生长的一致性，改善品质，并能将湿热空气从通气窗排出，实现降温的效果，如图9-23所示。

9.4.6　植物根圈环境的调节

在有土栽培和无土栽培中，都要对施入土壤和营养液中液态肥的浓度进行检测和调控。尽管光照、温度、湿度等会对作物生长发育有影响，但其往往是较缓慢的，而植物根圈环境中的水肥量对作物生长的影响却是直接的和迅速的。一旦水肥失控，会使作物很快出现"营养不良"或被"烧死"等现象。为此，为促进作物生长发育，节省人力和节省水肥源，采用水肥自动调控系统是十分必要的。

(1) 土壤湿度传感器

植物根系从土壤中吸收水分的必要条件是根细胞的水势一定要小于周围土壤的水势。土壤水势是一种位能，定义为在一定的条件下对水分移动具有做功本领的自由能。当土壤含水量逐渐减小时，土壤水溶液与植物根系细胞的水势差也在减小，植物根系吸收的水分也随之减少，从而使植物生长受阻、暂时萎蔫和永久茎蔫。另外，土壤颗粒之间形成的可以储水大小孔隙的毛细管构成了土壤基质势，土壤对水分的吸持力与土壤的基质势两者大小相等，方向相反。因此，从研究土壤水分与植物根系的力能关系着手是检测土壤湿度的关键，基于此，研究人员研制了不同的土壤湿度传感器。

①石膏块电阻湿度传感器。依靠测定石膏块水势与土壤颗粒结构的水势，两者达到平衡时的电阻值换算出土壤水分。这种方法的问题是元件的电阻受土壤盐分和温度的影响。电阻法测定土壤水分的仪器，尽管多种多样，但其基本原理是一致的，实验证明，土壤和土质中水分含量越高其电阻越小，反之电阻越高。

②负压式土壤湿度传感器。该装置如图9-24所示。湿敏元件为一端是中空多孔的陶瓷头，另一端接真空表或压力测定装置的密闭管。管内充水后埋置于土壤内，真空表头伸出地面。干燥的土壤从陶瓷空心头处向外吸水，真空表内形成内部真空，真空表指示相应读数；当灌水后土壤变湿，土壤水又被吸回多孔陶瓷空心头内，真空表读数下降，这样真空表就直接读出土壤水分张力，真空表读数在0~0.08MPa为正常。

图9-23　环流风机

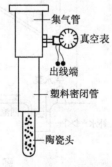

集气管
真空表
出线端
塑料密闭管
陶瓷头

图9-24　负压式土壤湿度传感器

(2)电导率的检测

在农业中，电导率(通常称为 EC)是一种极其有效的测量水、土壤中含盐量的方法。高电导率会伤害植物和造成减产。其会导致叶片顶部以及边缘造成永久性伤害，严重则导致叶片萎蔫，植株死亡。来自灌溉水、土壤、上涨的地下水中的盐是造成高电导率的原因，其主要成分包括钠离子、镁离子、钙离子、氯离子、硫酸根离子和碳酸根离子等。

电导率仪由电导电极和电计(电子元件)组成。电计采用了适当频率的交流信号的方法，将信号放大处理后换算成电导率。电计中还可能装有与传感器相匹配的温度测量系统，能补偿到标准温度电导率的温度补偿系统、温度系数调节系统、电导常数调节系统，以及自动换挡功能等。电导电极有时还装有热敏元件。

电导率仪按使用用途分大致有笔形、便携式、实验室、工业用四种类型。

(3)pH 值的检测

pH 是拉丁文"pondus hydrogenii"词的缩写(pondus = 压强、压力，hydrogenium = 氢)，用来量度物质中氢离子的活性。这一活性直接关系到水溶液的酸性、中性和碱性。水在化学上是中性的，但不是没有离子，即使化学纯水也有微量被离解。测量 pH 值的方法很多，主要有化学分析法、试纸法、电位法等。

电位分析法所用的电极被称为原电池。原电池是一个系统，它的作用是使化学反应能量转换成电能。此电池的电压被称为电动势(EMF)。此电动势由两个半电池构成，其中一个半电池称作测量电极，它的电位与特定的离子活度有关，如 H^+；另一个半电池为参比半电池，通常称作参比电极，它一般与测量溶液相通，并且与测量仪表相连。

如一支电极由一根插在含有银离子盐溶液中的银导线制成，在导线和溶液的界面处，由于金属和盐溶液两种物相中银离子的不同活度，便形成离子的充电过程，而形成一定的电位差，失去电子的银离子进入溶液。当设施加外电流进行反充电，也就是说没有电流时，这一过程最终会达到一个平衡，在此平衡状态下存在的电压被称为半电池电位或电极电位。

这种(如上所述)由金属和含有此金属离子的溶液组成的电极被称为第一类电极。此电位的测量是相对一个电位与盐溶液的成分无关的参比电极进行的，这种具有独立电位的参比电极也被称为第二电极。对于此类电极，金属导线都是覆盖一层此种金属的微溶性盐(如 Ag/Agcl)，并且插入含有此种金属盐离子的电解质溶液中，此时半电池电位或电极电位的大小取决于此种阴离子的活度。

人们根据生产与生活的需要，科学地研究生产了许多型号的 pH 计：按测量精度上可分0.2 级、0.1 级、0.01 级或更高精度；按仪器体积上分有笔式(迷你型)、便携式、台式还有在线连续监控测量的在线式，其中笔式(迷你型)与便携式 pH 计一般由检测人员带到现场检测使用。

 ## 本章习题

一、简答题

1. 常用的设施种植装备有哪些？
2. 简述设施大棚的构造与主要结构参数。
3. 列举日光温室的基本结构。
4. 简述连栋温室的构造与设计包括哪些内容。
5. 比较管道热水加温系统与热风加温系统的各自优缺点。
6. 简述风机湿帘降温系统的组成及其工作原理。

7. 简述植物根圈环境的调节的指标。

二、创新设计题

1. 设计一个在浙江杭州地区用于草莓种植的塑料大棚。

2. 设计一个在浙江杭州地区用于香菇种植的塑料大棚。

本章数字资源

第 10 章　设施养殖装备

　　设施养殖是一个相对的概念，过去的养殖基本是放养或低密度、低水平人工养殖，而设施化养殖就是科学化、规模化、现代机械化养殖。设施养殖包括家畜养殖、家禽养殖、水产养殖、特种养殖四大类。本章首先介绍了设施养殖环境，重点是畜禽舍环境调控的设备与技术，系统全面地介绍了畜禽饲养管理机械，本章还对设施水产养殖设备进行了介绍。作为知识的拓展和教材的创新内容，本章引入了畜禽产品采集加工设备、畜禽废弃物收集处理设备、病死畜禽无害化处理设备等内容，将传统的设施养殖装备扩展到产后处理及加工领域。通过本章学习，读者能了解常见的设施养殖环境调控设备与技术，也能了解到常见的畜禽、水产饲养管理及加工装备。

10.1　设施养殖环境调控设备与技术

　　畜禽舍环境控制就是控制影响畜禽生长、发育、繁殖、生产产品等的所有外界条件。畜禽舍空气环境因素主要包括温度、湿度、气流、光照、有害气体、灰尘等，它们共同决定了畜禽舍的小气候环境。畜禽舍环境设备主要有畜禽舍通风设备、降温设备、加热设备、采光与照明的控制设备和畜禽舍环境综合控制系统等。

10.1.1　畜禽舍通风设备

　　机械通风是畜禽舍最主要的通风形式。机械通风包括正压通风、负压通风和联合通风（图 10-1），其作用主要是增加对流散热、蒸发散热和气体交换，改善空气质量，进行通风换气和温度调控。正压通风一般用离心式风机将空气压入舍内，造成舍内气压高于舍外，舍内空气则由排风口自然流出。正压通风可对空气进行加热、降温或净化处理，但不易消除通风死角，设备投资较大；负压通风一般用轴流式风机，将舍内空气排出舍外，造成舍内气压低于舍外，舍外空气由进风口自然流入；联合通风则是进风和排风均使用风机，一般用于跨度很大的畜禽舍。

　　机械通风在实际应用中，应注意以下几个问题：

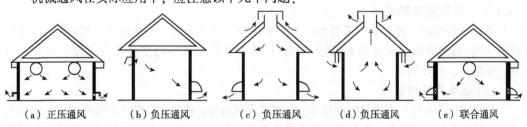

（a）正压通风　　　（b）负压通风　　　（c）负压通风　　　（d）负压通风　　　（e）联合通风

图 10-1　机械通风的主要形式

①对于横向通风，跨度小于12m的畜禽舍通常采用一侧排风、对侧进风的负压通风，风机数量需根据夏季所需通风量和每台风机的风量确定。

②横向通风一侧进风另一侧排风时，风机宜设置于一侧墙下部，进风口均匀布置于对侧墙上部。风机口应设铁皮弯管，进风口应设遮光罩以挡光避风。相邻两幢畜禽舍的风机或进风口，应相互错开设置，以免前幢畜禽舍排出的污浊空气被后幢畜禽舍的进风口吸入。

③采用上排下进时，两侧墙上的进风口位置不宜过低，应装导向板，防止冬季冷风直接吹向畜体。

④畜禽舍内的空气要随季节不同、空气环境不同，而适当开启风机，保证合理的通风换气，还要注意节能，降低生产成本，实际生产中，采用畜禽舍风机控制器进行自动控制。

10.1.2 畜禽舍降温设备

现代集约化畜禽舍多采用湿帘降温设备(图10-2)，该设备包括水箱、水泵、水分配管、湿帘、水槽、回水管等。湿帘设在畜禽舍一端的侧墙或端墙上，水箱设在靠近湿帘的舍外地面上，水箱有浮子装置保持固定水面。水泵将水输入湿帘上方的水分配管内，水分配管是一根带有许多细孔的水平管，它将水均匀分配使水沿着湿帘全长淋下，通过湿帘的水被收集在水槽内再回入水箱。畜禽舍另一端侧墙或端墙的排气风机开动，使畜禽舍形成一定的真空度，湿帘外的室外空气就通过湿帘进入舍内，在通过湿帘的同时水蒸发吸收热量，从而降低了进入空气的温度。为了避免出现不断的水蒸发而使水中盐分累积，水平管末端有排流细管，水不断从此排出，排出的水量约为水蒸发量的20%。

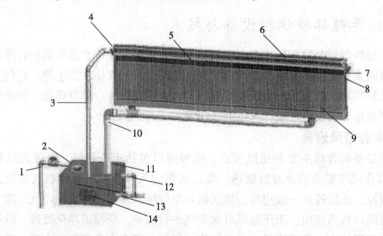

1.进水调节阀；2.观察口；3.给水管；4.冲压阀；5.分水帘；6.分水管；7.维修口；8.不锈钢外框；
9.专用蒸发器；10.回水管；11.循环水池；12.溢水管；13.清洗阀；14.水泵。

图10-2 湿帘的结构

10.1.3 畜禽舍加热设备

畜禽舍采暖的方式有集中采暖和局部采暖两种，前者是由一个热源将热媒(热水、蒸汽或热空气)通过管道送至各房舍的散热器；后者是在需要采暖的房舍或地点设置火炉、火坑、保温伞、红外线灯。

(1)热水式供热系统

热水式供热系统以水为热媒的设备，与暖气供热相似。按照水在系统内循环的动力可分为自然循环和机械循环两类。自然循环热水供热系统(图10-3)由热水锅炉、管道、散热器和膨胀水箱等组成。锅炉和散热器之间用供水管连接，系统水满后，水被锅炉加热升温，密度减小，在散热器中的水热量散发，温度降低，密度加大，冷却后又回流至锅炉被重新加热，形成循环，膨胀水箱用来容纳或补充系统中的膨胀或漏失。机械循环热水供热系统比自然循环热水供热系统多设 1 台水泵，一般安装在回水管路中，适用于管路长的大中型供热系统。

(2) 热风式供热系统

热风式供热系统常用于幼畜禽舍，由热源、风机、管道和出风口等组成，空气通过热源加热后由风机经管道送入舍内。根据热源的不同，此系统可分为热风炉式、蒸汽（或热水）加热器式和电热式。蒸汽加热器式热风供热系统（图 10-4）的加热和送风部分是由气流窗、气流室、散热器、风机和风管等组成。散热器是有散热片的成排管子，锅炉蒸汽或热水通过管内。室外新鲜空气通过可调节气流窗被风机吸入并沿暖管进入舍内。电热式热风供热系统与蒸汽加热式类似，区别是用电热式空气加热器代替蒸汽式空气加热器，电加热器制作简单，在风道中安上电热管即可，设备投资较低，但耗电量大，费用高，生产中应慎重选择。

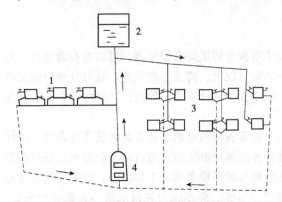

1. 散热器；2. 膨胀水箱；3. 散热器；4. 锅炉。

图 10-3　自然循环热水供热系统

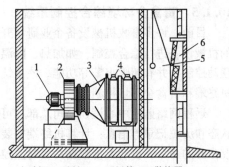

1. 电动机；2. 风机；3. 吸风管；4. 散热器；
5. 气流室；6. 气流窗。

图 10-4　蒸汽（或热水）加热器加热系统

(3) 局部供热式供热设备

局部供热式供热设备用于幼畜禽舍，主要包括育雏伞、红外线灯、锯末灯、加热地板等。育雏伞是在地上饲养雏鸡的局部加热设备。红外线灯用于产仔母猪舍的仔猪活动区和雏鸡舍的局部加热，有 250W 和 650W 两种，视舍内温度情况而定，仔猪舍灯高距地面 45cm 以上，雏鸡舍为 25cm 以上。加热地板主要用于产仔母猪舍和其他猪舍，由于其易引起水的蒸发增加舍内湿度，应使饮水器远离加热地板，母猪活动区不应设加热地板。加热地板有热水管式和电热线式两种，二者所用控制温度传感器应位于加热地板地表面下 25cm 处，距热水管 100~150mm 或距电热线 50mm。

热水管式是用水泵将热水从热水锅炉中抽出，通入地板下的加热水管，再流入加热器，水管中的热水对地板进行加热，地板下的传感器将所测温度通过控温仪器来开动或停止水泵。

10.1.4　畜禽舍采光与照明的控制

为使舍内得到适当的光照，畜禽舍必须进行采光控制。光照的时间、强度及光的颜色都会影响畜禽的生长发育、性成熟等生产性能，因此，光照是畜禽舍小气候环境的重要因素。畜禽的种类不同，光照的影响程度也不同。采光控制主要是光照时间控制和光照强度控制。

(1) 自然采光的控制

自然采光取决于畜禽舍采光窗的设计，通过采光窗的设计控制透入的太阳直射光和散射光的量，进入畜禽舍内的光量与窗户面积、入射角、透光角等因素有关。采光设计的任务就是通过合理设计采光窗的位置、形状和面积，保证畜禽舍的自然光照要求，并尽量使照度分布均匀。

(2) 人工照明

人工照明即利用人工光源发出的可见光进行照明，要求照射时间和强度足够，多用于家禽，其他畜禽使用较少，且畜禽舍内各处照度均匀。

畜禽舍应选择可见光区 400~700nm 的光线，鸡舍内白炽灯以 40~60W 为宜，不宜过大；灯的高度直接影响地面的光照度，灯越高，地面所接受的照度就越小，一般灯具的高度为 2.0~2.4m，有条件的畜禽舍最好安装灯罩，可使光照强度增加 30%~50%，灯罩一般采用伞形；灯泡与灯泡之间的距离，应为灯高的 1.5 倍。为加强人工照明效果，建舍时最好将墙、顶棚等反光面涂成浅颜色，饲养管理过程中要经常擦拭灯泡，避免灰尘减弱光照。灯光控制器要安装在干燥、清洁、无腐蚀性气体和无强烈振动的室内，阳光不要直射灯光控制器，以延长其使用寿命。

10.1.5 畜禽舍环境综合控制系统

目前，许多畜牧机械设备企业研制开发了畜禽舍环境综合控制器，可以对畜禽舍内、外的机械设备进行综合控制，如加热、降温、喂料、饮水、清粪、光照等，既可分别控制又可联动控制，并有超限报警等功能。该系统一般由 3 个部分组成，即远程网络监控中心、计算机终端和畜禽舍环境控制器。

远程网络监控中心设在公司总部，可实时查看各养殖基地、各畜禽舍的环境参数、工作状态和历史记录等信息；计算机终端安装在各养殖基地办公室，可自动接收公司总部远程监控中心的命令，自动上传数据并实时监控各畜禽舍的环境参数和工作状态；环境控制器分布在各畜禽舍现场，通过对畜禽舍的温度、湿度、氨气、静态压力和供水量等数据进行采集、处理，驱动畜禽舍电气控制器自动启停加热器、湿帘、风机、供水线、供料线、湿帘口、风帘口、报警器等设备，实现对畜禽舍的温度、湿度、通风、供水、供料、报警、照明等功能的自动控制（以禽舍环境控制系统为例，如图 10-5 所示）。

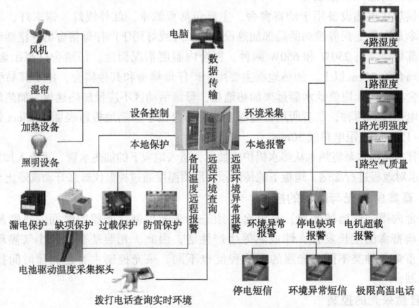

图 10-5　禽舍环境控制系统示意图

10.2　畜禽饲养管理机械

10.2.1　孵化育雏设备

现代化养禽业中孵化育雏是一个重要环节，在进行孵化育雏进程中，都需要相应的现代化生产的设备，其中孵化机、出雏机是育雏设备是主要设备。下面以鸡孵化育雏为例进行介绍。

（1）孵化机

①孵化机的分类。

箱式立体孵化机：主要由箱体、风扇、加热系统、加湿系统、翻蛋系统、风门、蛋架车、蛋盘和控制系统等组成。分两种类型：一种是适用于同机分批或整入整出的孵化出雏两用机，容量一般为几千至 1 万多枚种蛋；另一种是单用于孵化或出雏的孵化机、出雏机，分置孵化室和出雏室。如图 10-6 所示，其采用集成电路控制系统和计算机控制系统，具有自动控温、控湿、定时转蛋、超温冷却、报警、应急保护和数字显示以及群控等功能。配以不同规格蛋盘，可用以鸭、鹅、鹌鹑、山鸡等的孵化，箱式孵化机按其蛋盘支承部分的结构，又可分为蛋盘架式和蛋架车式两种，蛋架车可在装蛋和运蛋方面省大量人力，它用于大中孵化机，并成为孵化机的发展方向。

巷道式孵化机：如图 10-7 所示，该机是一种房间式孵化机，人可以进入，内部可依次排列十几辆蛋架车，专为孵化量大而设计，尤其适用于孵化商品肉鸡雏。孵化机容量达 8 万~16 万枚，出雏机容量为 1.3 万~2.7 万枚。采用分批入孵，分批出雏。孵化机和出雏机两机分开，孵化机用跷板架车式，出雏机用平底车（底座）及层叠式出雏盘或出雏车。

图 10-6　箱式立体孵化机　　　　　　图 10-7　巷道式孵化机

②孵化机结构。孵化机分孵化和出雏两部分。在中小型孵化机中，这两部分安装在同一机体内，而在大型孵化机中，出雏部分单独分开，称为出雏机。

孵化机内的结构如图 10-8 所示，孵化箱内的蛋盘架主要用来承放蛋盘，蛋盘架用中心管套在均温叶板的轴上，可以利用转蛋机构定时使蛋盘架绕轴回转 90°，进行转蛋；有的孵化箱内用蛋架车来代替蛋盘架，全机有几个蛋架车，每车装 2640 枚种蛋。蛋架车可以直接从蛋库推入孵化机内，因此，可以提高工效。蛋架车推入以后，通过连接，可由同一转蛋机构使几个蛋架车同时实现转蛋。

③孵化机主要部件。包括机体、承蛋与转蛋装置以及各种控制设备等。

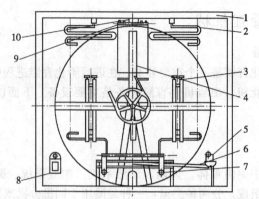

1. 箱体；2. 冷却水管；3. 加热板；4. 风扇；5. 减速器；6. 曲柄连杆机构；
7. 双摆杆机构；8. 消毒装置；9. 加湿水管；10. 水银导电表。

图 10-8　孵化机箱内布置

机体：孵化机的机体一般呈方形箱状，可分木制和金属制两种。木制机体的体壁均为双层木板，中间塞以锯末、刨花、玻璃绒、石棉板等绝热材料，以便能保温。现代的孵化机常用金属机体，体壁常由铝板制成，内装隔热材料，表面光滑，耐水力强，容易冲洗。

承蛋与转蛋装置：孵化机的承蛋装置有蛋盘架和蛋架车两种形式。通常蛋盘架采用八角形蛋盘架，它与方形蛋盘架相比，在转蛋时不易碰孵化机棚顶或底板，从而能减少孵化机高度，增加其空间利用率。所有承蛋盘都分层插放在蛋盘架的角铁盘托上，并用销钉卡住，以防承蛋盘滑出。蛋盘架可以绕轴线回转，以便进行转蛋。蛋盘架的转蛋装置常为蜗轮蜗杆机构，即在蛋盘架轴端固定有蜗轮，蜗轮和蜗杆相啮合，用电动机带动时可通过电路控制，实现定时自动转蛋。蛋随盘架能正反 45°倾斜，即每次转蛋为 90°。

孵化机的蛋架车结构如图 10-9 所示，蛋架车底盘支持在一对前轮和一对后轮上，底盘

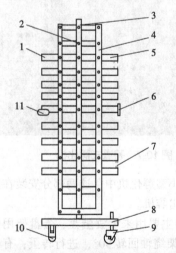

1. 蛋盘托；2. 盘托回转销；3. 中央支柱；4. 连杆；
5. 水平固定片；6. 转蛋连接槽；7. 蛋架连接片；
8. 地盘；9. 后轮；10. 前轮；11. 转蛋连接片。

图 10-9　蛋架车

上两侧固定了两根中央支柱，两支柱上端由支杆相连而加固。角钢制的蛋盘托，共 13 对，销连在此两根支柱上。其中第 7 根蛋盘托两端安有蛋连接槽和连接片，用来与转蛋机构的启动板相连接。各蛋盘托之间由连杆相连，连杆与各盘托皆为销连关系。当转蛋机构起作用时，转蛋机构的启动板通过连接槽和连接片带动第 7 根盘托，后者又通过连杆带动所有盘托，使蛋盘由某一方向倾斜转到另一方向倾斜，转动 90°。

④孵化机的控制设备。

温度自动控制和均温装置：温度控制装置包括热源和恒温控制系统。热源常采用电热丝，一台孵化机的总功率为 2kW 左右。大型养鸡场或孵化场还采用电热丝和蒸汽管联合加热装置，这样可以节约用电，降低孵化成本。恒温控制系统是根据孵化机内的温度控制热源的开闭，从而使孵化机内温度

保持恒定。均温装置一般是转动的叶板在热源前面转动，搅动空气，达到均温目的。有的孵化机采用一只低速大直径的混流式风扇，转速为 200r/min，置于箱体后侧中央；有的孵化机在蛋车的两侧各装一只风扇，使室内温度更均匀。为防止恒温控制系统失灵和自发温度上升影响孵化效果，大部分孵化机都装有超温、低温报警装置。

通风装置：用来保证孵化机内有新鲜的空气，包括排气装置和进气孔，前者装在孵化机顶上，后者装于孵化机的右侧下方。排气装置上常装有涨缩饼以自动控制排气门开度，一般在机内温度达到 38℃ 时才开始顶开顶盖进行排气，进气处一般由电热丝或蒸汽管预热新鲜空气。

湿度控制装置：用来保持孵化机内湿度恒定，包括感受元件、控制器及加湿装置，其传感元件、控制器与温度控制装置相同，只是在传感元件上面包上纱布，纱布尾端浸入水盂中。孵化机内湿度低时，纱布上水分蒸发快，温度降低，使电路接通；反之机内湿度高时，纱布上水分蒸发慢，温度升高，使电路断开，从而保持机内湿度基本恒定。控制器使加湿装置工作，实现对孵化机内的供湿，一般孵化机采用自然蒸发供湿，也有用超低量电动喷雾器供湿。孵化机中采用自动喷湿装置。

（2）育雏设备

雏鸡从出壳到 6 周龄为育雏期。在这一时期。特别是 7~10 日龄以前，雏鸡体温调节系统没有形成，体温不稳定，所以需要采用必要的育雏设备进行给热。

按育雏方式可分为平养育雏设备和笼养育雏设备两大类。平养育雏设备主要有育雏伞和育雏温床，此类设备结构简单，投资较少，目前应用较广。笼养育雏设备为叠层式育雏笼，它能充分利用空间，节约禽舍面积和节省热能，便于饲养管理，能有效地提高劳动生产率，但一次性投资大，它比较适合于大中型养鸡场。

平养育雏设备：育雏伞是平养育雏的主要设备之一。育雏伞按加温热源可分为电热式和燃气式，以电热式应用较多。电热式育雏伞的结构如图 10-10 所示。育雏伞的直径为 1.5m，可容雏鸡 500 只。育雏伞内保持的温度可以利用温控仪在 20~50℃ 之间调节，一般常用的调节范围为 21~35℃。

笼养育雏设备：雏鸡笼如图 10-11 所示，常采用叠层式笼架，一般采用 3~4 层重叠式笼养。笼体总高 1.7m 左右，笼架脚高 10~15cm，每个单笼的笼长为 70~100cm，笼高 30~

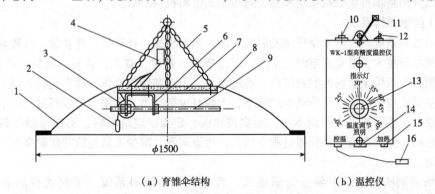

（a）育雏伞结构　　　　　　（b）温控仪

1.玻璃钢壳体；2.感温头；3.白炽灯；4.温控仪；5.吊链；6.电热管支架；7.隔热板；8.铝合金反射板；
9.电热管（1kW）；10.保险管；11.电源插头；12.照明开关；13.温度调节旋钮；14.照明灯插座；
15.电热管插座；16.感温头。

图 10-10　育雏伞

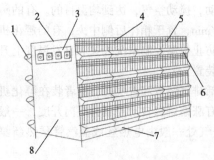

1. 水槽；2. 笼架；3. 温控仪；4. 加热器；
5. 鸡笼；6. 饲槽；7. 承粪槽；8. 侧板。

图 10-11   育雏笼

40cm，笼深 40~50cm。网孔一般为长方形或正方形，底网孔径为 1.25cm×1.25cm，侧网与顶网的孔径为 2.5cm×2.5cm。笼门设在前面，笼门间隙可调范围为 2~3cm，每笼可容雏鸡 30 只左右。在育雏笼内常设有加热器和温度控制装置，以便能在保持一定室温（>20℃）。育雏后期不必用加热器，笼内温度由可调的温度控制器控制。温度传感器头安装在第一组笼上的上下四层内，底网涂塑以提高寿命。各层的每一笼子由侧网隔开，侧网可以提起，以便进行雏鸡的水平方向的转群。当一层中各笼的雏鸡日龄相同时也可卸下侧网，使各笼相通，使雏鸡可统一使用加热器，并使雏鸡活动范围加大。雏鸡粪便由笼下的承粪板承接，并由人工定期清粪。饮水器为流水式水槽，饲槽由人工给料，其高低可调节。

10.2.2   畜禽喂饲机械设备

喂饲畜禽的配合饲料或混合饲料可分干饲料（含水量 20% 以下）、稀饲料（含水量 70% 以上）和湿拌饲料（含水量为 30%~60%）三种。畜禽喂饲机械设备也相应地分为干饲料喂饲机械设备、湿拌料喂饲机械设备和稀饲料喂饲机械设备三类。干饲料喂饲机械设备主要用于配合饲料的喂饲，由于它的设备简单，劳动消耗少，特别适于不限量的自由采食，是现代化养鸡养猪应用最广泛的形式。湿拌饲料喂饲机械设备，如机动喂料车，可用于采用青饲料的湿混合饲料，在现代化畜牧业中，它主要用于养牛场，用低水分青贮料、粉状精料和预混料混合成全混合日粮喂牛。稀饲料喂饲机械设备，主要为管道喂饲系统，可用于采用青饲料的稀混合料，也可以用于由配合饲料加水形成的稀饲料，用温热的稀饲料喂猪能提高饲料转化率，稀饲料输送性能好，所用设备较简单，但它只能用于限量喂饲。接下来将主要介绍干饲料喂饲机械设备。

干饲料喂饲机械设备包括贮料塔、输料机、喂料机和饲槽。干饲料喂料机可分为固定式和移动式两类。固定式干饲料喂料机（自动喂料系统）按照输送饲料的工作部件可分为链板式、索盘式和绞龙式（弹簧螺旋式）。移动式干饲料喂料机主要为轨道车式喂料机（喂料车）。下面重点介绍猪场自动喂料系统和鸡场轨道车式喂料机（喂料车）。

（1）自动喂料系统

自动喂料系统集成技术是近年发展起来的一项集机械、计算机、自动化、畜牧养殖等多学科交叉的新技术，可实现定时、定点、定量喂料，省时、省工、省料。饲料生产出来后，由散装饲料车运输至猪场的贮料塔内，通过绞龙、索盘和管道将饲料输送到猪舍每个栏的食槽内，主要优点：一是提高劳动生产效率，大幅减少劳动力，克服人工喂料过程中散落造成的饲料浪费，显著节省生产成本；二是实现定时、定点、定量喂料，实现精细化科学化管理；三是减少饲料在运输和饲喂过程中的二次污染问题，减少人员与猪的接触概率，降低防疫的风险。

猪场自动喂料系统主要分为索盘式、绞龙式自动喂料系统。索盘式自动喂料系统（图 10-12）具有输送距离长、转弯方便、输料速度快等优点，应用广泛，如母猪舍、肉猪舍等，缺点是清理相对麻烦；绞龙式自动喂料系统具有投资成本低、不易转弯、没有回路、维护方便以及输料速度慢等特点，主要适用于短距离的输送、育肥舍以及保育舍等。

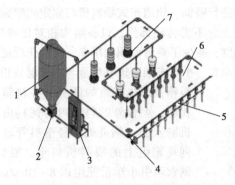

1.贮料塔；2.料箱；3.驱动装置；4.转角；5.管路；6.落料管；7.料槽。

图 10-12 索盘式自动喂料系统示意图

链板式自动喂料系统常用于平养或笼养鸡的喂饲，常和饲槽配合使用。链板通过料箱并在饲槽底上移动，将料箱内的饲料向前输送，链板做环状运动一周后又回入料箱。在链板移动或停止时，鸡可以啄食在链板上的饲料（图 10-13）。

（a）绞龙（弹簧螺旋）   （b）链板

图 10-13 其他输料部件

饲料塔：饲料塔一般用于大、中型机械化养殖场，主要用来储存干燥的粉状或颗粒状配合饲料，以供舍内饲喂，上部一般为圆柱体，下部为锥形体。附件主要有翻盖、立柱以及透视孔等。根据材料不同，可以分为铁制料塔、不锈钢料塔、碳钢储料塔以及玻璃钢料塔（图 10-14）等，此外，根据储料塔的容积可分为 2.5t、4t、6t、8t 和 10t 等。

（2）轨道车式喂料机

轨道车式喂料机如图 10-15 所示，又称喂料车，是一种移动式喂料机，常用于鸡舍。可分为地面轨道式、跨骑式和行车式。工作时，喂料机移到输料机的出料口下方，由输料机将饲料从贮料塔送入小车的料箱，

图 10-14 玻璃钢料塔

当小车定期沿鸡笼移动时，将饲料分配入饲槽进行喂饲。轨道车式喂料机与固定式喂饲机相比，优点是机械设备不需分布在整个鸡舍长度上，不需转动部件，设备结构相对比较简单，投资小；缺点是出料口较长，占了部分鸡笼长度，减少了鸡舍面积利用率，自动化程度比较低。鸡笼顶部装有型钢制的轨道，其上有四轮小车，

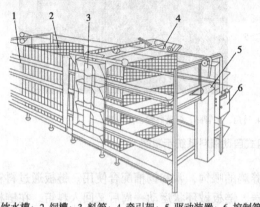

1.饮水槽；2.饲槽；3.料箱；4.牵引架；5.驱动装置；6.控制箱。
图 10-15 轨道车式喂料机

小车车架两边有数量与鸡笼层数相同的料箱，跨在笼组的两侧，各料箱上下相通。鸡舍外贮料塔内的饲料由输料机输入舍一端高处，经落料管落入各列鸡笼组上的喂料机料箱。喂饲时，钢索牵引小车沿笼组以 8~10m/min 的速度移动，饲料通过料箱出料口自流入饲槽。料箱出料口上套有喂料调节器，它能上下移动，以改变出料口底距饲槽底的间隙，以调节配料量。饲槽由镀锌铁皮制成，有时在饲槽底部加一条弹簧圈，以防鸡采食时挑食或将饲料扒出。

10.3 设施水产养殖设备

10.3.1 挖塘清淤机

渔塘使用一段时间后，由于死亡生物、鱼类粪便的沉积，会形成恶化水质的淤泥，因此要定期进行清淤作业。挖塘一般采用推土机、挖掘机等通用机械，本节仅介绍可兼用的水力挖塘清淤机。水力挖塘清淤机一般由高压泵冲水系统、泥浆泵输送系统和配电系统组成。其工作流程：先用水泵产生的高压水冲击拟挖或清淤的塘底，使之成为泥浆，再由泥浆泵吸送提升到塘外的适宜处。使用该机组具有工效高、成本低、适应性强等优点。

（1）高压泵冲水系统

高压泵冲水系统由高压泵、输水管和水枪组成。高压水泵的工作原理、选用原则与普通水泵相同。输水管要采用阻力小、耐高压、重量轻的锦塑管，并配快速接口。水枪要采用射水密集性强、水柱压力大的开关水枪。

（2）泥浆泵输送系统

泥浆泵输送系统由泥浆泵、浮体和输泥管组成。泥浆泵为单节立式离心泵，主要由蜗壳、叶轮、泵座、轴、联轴节、电机及输出管组成。与普通离心泵相比有如下特点：叶轮为三片单圆弧叶片，采用半封闭式，具有良好的通过性；电动机与泵体的距离较长，以保证浸入水中时，电动机不与水接触；结构密封性好，能防止泥水污损零部件。

浮体采用并联的双体浮筒，其功能是浮托支撑泥浆泵，保持泥浆泵吸泥的适当深度。浮体、泥浆泵和输泥管连为一体，可在作业区内移动。

（3）配电系统

配电系统由电缆、支杆和配电箱组成。

10.3.2 增氧机械

水产养殖需用增氧机械提高水体溶氧量，解析水中的有害气体，防止因缺氧而发生鱼虾"浮头"甚至死亡。目前，常用的增氧机械有叶轮式、水车式、涌浪式、曝气式、喷水式等。

（1）叶轮式增氧机

叶轮式增氧机（图 10-16、图 10-17）由电动机、减速器、叶轮、机体支架和浮球组成。其工作原理：通过高速旋转的叶轮，将其下部的贫氧水吸起来，在水面激起水跃和浪花，形成能裹入空气的水幕，不仅扩大了气液界面的比表面积，并且加快了空气中氧的溶解速度，同时还有搅水和解析有毒气体的作用。

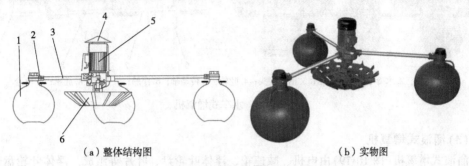

（a）整体结构图   （b）实物图

1. 浮球；2. 固定圈；3. 撑杆；4. 防水罩；5. 电机；6. 叶轮。

图 10-16 叶轮式增氧机

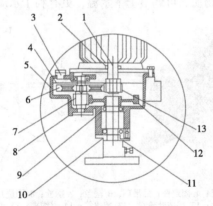

1. 电机轴；2. 骨架油封；3. 加油孔螺塞；4. 油液高度；5. 箱体；6. 一级从动齿轮；7. 二级主动齿轮；
8. 轴承；9. 轴承；10. 骨架油封；11. 轴承盖；12. 二级从动齿轮；13. 一级主动齿轮。

图 10-17 叶轮式增氧机结构示意图

（2）水车式增氧机

水车式增氧机由电动机、减速器、叶轮、机体支架和浮球组成，如图 10-18 所示。也有采用皮带传动，并将电动机置于浮箱内，使结构更为紧凑。工作时，叶片刚好浸没水中，为减少运动阻力和增加淋水效果，整个叶片开有很多小孔，并将叶轮形状设计成蹼状，每只叶轮的叶片数一般为 8 片或更多。

水车式增氧机工作时，电动机通过减速器或皮带输出动力，带动叶轮作单向转动，转速一般为 80r/min。桨叶入水时冲击水面激起水花，把空气带入水中，同时产生一个作用力，一方面把表层压入下层，另一方面促使水向后流动。当桨叶离开水面时，在离心力的作用下，桨叶背面会形成负压，使下层水上升。当桨叶转离水面时，在离心力的作用下，桨叶和叶轮上的水被抛向空中，激起强烈的水跃，增加水与空气的接触面。同时，由于叶轮转动而形成气流，加速空气在水中的溶解。

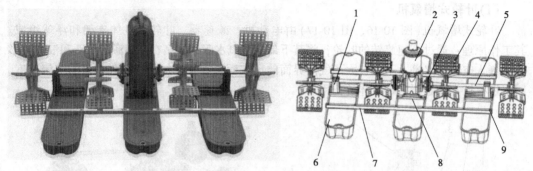

1. 轴承座；2. 水冷电机和齿轮箱；3. 活动接头；4. 叶轮；5. 传动轴；6. 浮船；7. 方管；8. 底座；9. 螺栓。

图 10-18　水车式增氧机

(3) 涌浪式增氧机

涌浪式增氧机(图 10-19)由电机、减速箱、浮体叶轮盘、叶片等组成。浮体叶轮盘带动叶片旋转，产生强大的波浪向四周扩散，提高了水体与空气的接触面积，使整个水体载氧量增加，改善水质，减少污水排放。同时，具有强大的提水能力，可把底层水换到表面并沿表面流出，有效降低水中有害物质，可调节上下水温，更有利于水质调节。

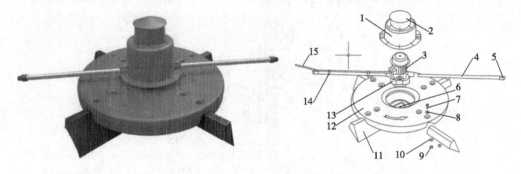

1. 防水罩；2. 盖子；3. 电机；4. 固定杆；5. 吊环；6. 法兰；7. 螺栓；8. 圆垫片；9. 螺母；10. 圆垫片；
11. 叶片；12. 浮体叶轮盘；13. 减速箱；14. 电缆夹；15. 电缆。

图 10-19　涌浪式增氧机

(4) 曝气式增氧机

曝气式增氧机(图 10-20)也叫充气式增氧机、纳米管池底增氧设备。如 BQ-2.2 曝气式增氧机，配套动力 2.2kW，额定风压 40kPa，额定风量 2.3cm^2/min，曝气管规格圆盘800mm，曝气管内径 8mm，曝气管外径 15mm，曝气管长度 300m。主要由电动机、压气机和布气管组成。工作时，动力机带动压气机，使空气在一定的压力下沿着总管及分管到布气管(现多为纳米管)，纳米管能以小气泡的形式喷送到水中，气泡越多、越小，水与气体的接触面积就越大，加速空气在水中的溶解，达到水体增氧的目的。

(5) 喷水式增氧机

喷水式增氧机(图 10-21)也叫射流式增氧机。主要由浮力圈、潜水电泵、射流器、分流器、吸水罩组成。其工作原理：水泵吸入贫氧水后将水压进喷嘴，并使水从喷嘴高速射入进气室，从而在进气室内形成负压，使空气同时被压入进气室，贫氧水和空气充分搅动和混合使大部分空气溶入水中，随后又进入扩容室。在扩容室内空气进一步在水中溶解，如此循

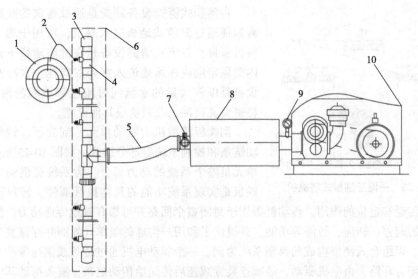

1. 曝气盘；2. 软管；3. 堵帽；4. 连接管；5. 接驳软管；6. 虚线内为管道总成；
7. 排气阀；8. 储气罐；9. 压力表；10. 主机。

图 10-20 曝气式增氧机结构示意图

环，达到增氧的目的。

10.3.3 自动投饲机

自动投饲机(图 10-22)可用于直径 2~8mm 的硬颗粒饲料的定时、定量自动投饲，主要由料斗、输料器、抛料盘、主副电机、微电脑控制器和箱体组成。工作原理：输料器将料斗中的颗粒饲料引入抛料盘，在抛料盘高速旋转产生的离心力作用下，颗粒饲料被抛散于养殖水面。养殖鱼需从小训化，定时喂食，投饲量和投饲距离可在微电脑控制器中预先设定。

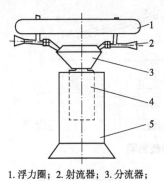

1. 浮力圈；2. 射流器；3. 分流器；
4. 潜水电泵；5. 吸水罩。

图 10-21 喷水式增氧机结构示意图

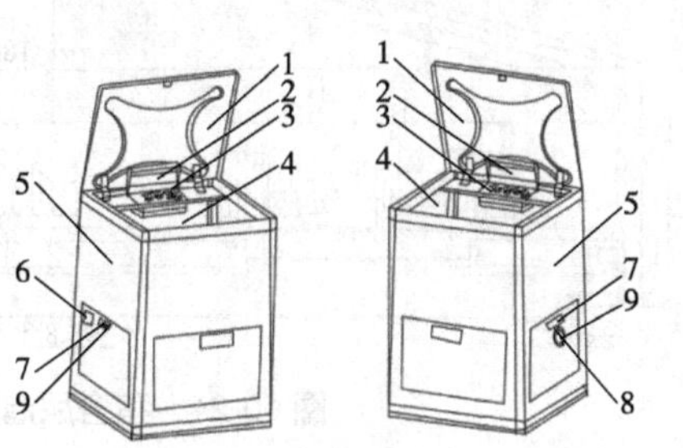

1. 箱盖；2. 控制器保护盖；3. 控制器；4. 饲料箱；5. 机壳；
6. 接线盒；7. 提手；8. 调节器；9. 固定环。

图 10-22 自动投饲机简图

10.4 畜禽废弃物收集处理设备

10.4.1 畜禽粪便清除设备

畜禽粪便清除是将畜禽粪便从排粪处移向收集点的过程。粪便清除主要有机械式清粪设备、自落积式清粪设备、自流式清粪设备和水冲洗式清粪设备。机械式清粪设备有清粪车、刮板式清粪机、链板式清粪机、输送带式清粪机和螺旋式清粪机。

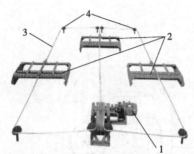

1. 驱动单元；2. 刮粪板；3. 链条；4. 转角轮。

图 10-23　一拖三刮板式清粪机

自落积式清粪设备除粪是通过畜禽的践踏，使畜禽粪便通过缝隙式地板进入粪坑，可用于鸡、猪、牛各种畜禽。自流式清粪设备是在缝隙地板下设沟，沟内粪尿定期或连续地流入室外贮粪池。水冲洗式清粪设备是以较大量的水流同时流过带坡的浅沟或通道，将畜禽粪便冲入贮粪坑或其他设施。

刮粪板清粪机由驱动单元、刮粪板、转角轮、传动链条和控制系统等部分组成，如图 10-23 所示。驱动单元是整个系统的动力部分，为系统提供动力源。刮粪板是实现系统功能的具体执行部件。转角轮在系统中起运动传递和定位的作用。传动链条用于封闭整个回路并可靠有效地传递动力。控制系统控制电机的起停、转向、暂停等功能，并提供了和用户沟通的菜单式界面并存储整个系统的工作记录。以组合式刮板构成的典型系统为例，一个驱动电机通过链条或钢绳带动两个刮板行成一个闭合环路，由电机驱动，经减速装置减速后传递给传动链条，链条拖动其中一个刮板前进清粪，主刮板与地面垂直，而另一个刮板依靠后退滑块翘起不清粪。

10.4.2　畜禽粪便抽排机械

尿泡粪+虹吸管道清粪系统：尿泡粪是一种能够有效收集猪场废弃物的清粪方式。如图 10-24 所示，主要是将猪舍漏缝地板下的粪池分成几个区段，猪舍粪便通过水泥漏缝地板漏到地板下的储存空间。每个区段粪池下安装一个接头，接头连接粪池下的主管道，粪池接头处配备一个排粪塞，以保证液体粪便能存留在猪舍粪池中。经过一段时间储存后，当要排空粪池时，可将排粪塞子用钩子提起来，这时利用虹吸原理形成的自然真空，将粪池内的粪水从排粪管道中排走（图 10-25）。

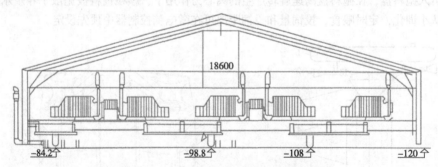

图 10-24　猪舍尿泡粪清粪工艺横截面图

10.4.3　畜禽粪便处理设备

畜禽粪便的处理可分为以下几种：一为物理处理，主要改变粪便的物理性质，所用的设备有固液分离机、干燥设备；二为生物处理，是利用细菌分解来减少畜禽粪便的 BOD 值，使其成为稳定化的肥料或净化的废水，所用的设备有有机肥发酵一体机、沼气池等；三为化学处理，主要用来对处理后的废水进行消毒等。

（1）固液分离机

固液分离机是针对含固率较小、含水率较大的粪水进行大规模固液分离的设备。用于猪场、牛场等规模养殖场，可将颗粒较大、含水率较高的粪水混合物进行固液分离。如图 10-26 所示，圆筛式固液分离机由电机、筛网、圆筒、螺旋叶片、重锤等组成，通过配套

图 10-25　虹吸管道清粪系统示意图

输送泵将集中于粪池中的粪水抽取进入固液分离机，由机体内的圆筛网进行初步过滤，经由筛网内螺旋输送至挤压部件进行螺旋挤压、固液分离。

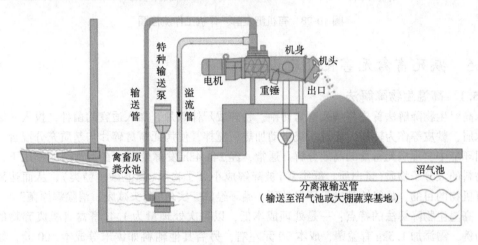

图 10-26　圆筛式固液分离机工作示意图

(2) 有机肥发酵一体机

畜禽粪污有机肥发酵一体机 (图 10-27) 是针对畜禽养殖场、动物园粪污、餐厨垃圾、污水处理厂剩余污泥等有机肥废弃物进行高温好氧发酵，对废弃物中的有机质进行生物降解，最终形成一种类似土壤腐殖质的高品质有机肥产品的一体化处理设备。

有机肥发酵一体机由喂入装置、搅拌装置、热源设备、提升输送设备及电控装置等组成。如图 10-28 所示，将养殖场的新鲜粪便通过提升斗投入发酵罐体内，罐体内保留有发酵菌床，搅拌叶片自动启动进行搅拌，搅拌叶片内部空腔设有通风管道，风机启动通过搅拌叶片风道对罐体内部送风，给予菌种好氧发酵，根据发酵状态

图 10-27　有机肥发酵一体机

可以调整送风量，创造出好氧性微生物适宜繁殖的良好环境，通常运行时温度在 65℃ 左右。

经过多天发酵后，原料成为优质有机肥，并通过罐体下方出料口送出。处理周期为 10~15d，出料直接为有机肥，含水率约为 30%，可直接装包、销售。

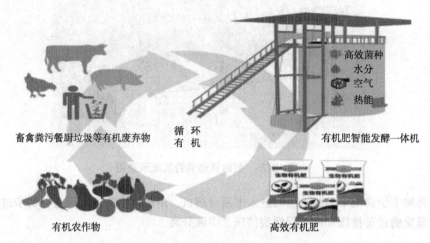

图 10-28   有机肥发酵一体机工作流程图

10.5   病死畜禽无害化处理设备

10.5.1   高温生物降解法

高温生物降解法首先将病死畜禽切割、粉碎成尸体碎片，加入适宜的菌种，投入一定量的木屑、麸皮等作为辅料，通过系统自动加热、搅拌，使病死畜禽碎片与基质充分混合，在密闭环境中实现病死畜禽的高效分解。通常，经 24~48h 发酵处理，在生物酶的作用下，有机物料的大分子物质（蛋白质、纤维素）被降解成小分子物质（氨基酸、糖类），从而达到分解有机物的目的，最终达到批量环保处理、循环经济，实现"源头减废，消除病原菌"。

高温生物降解法的特点：一是处理成本低，以每次处理量为 1.4t 畜禽有机废弃物的设备为例，需添加 1.5kg 有益菌，成本 90 元左右，另需其他辅料如锯末等成本 100 元，经过 36~48h 处理，需耗费 200~300 元用电成本，可以产生 800kg 左右有机肥原料，若有机肥原料按 1 元/kg 计算，销售收入为 800 元，考虑到人工等成本等，收支基本平衡；二是使用方便，采用电脑控制模式，投料、出料及设备运行全程实现现代化，被处理病死畜禽及副产品无需肢解、搬运，省时省工，防止了疫情传播的可能；三是无害化，将生物灭菌和高温灭菌复合处理，处理物质和产物均在机体内完成，所产生的气体经过消毒过滤，无异味，具有占地少、安装方便、易操作等特点。但实际生产过程中也存在一定的问题，如病死动物高温降解过程中，各种病原菌是否彻底杀灭，产物可能含有少量的杂质，处理后的尾气处理也存在一定的问题，可能带来二次污染。

10.5.2   化制生物处置法

化制生物处置法原理为病死动物通过高温灭菌、熟化粉碎后作为基质，添加生物菌种和其他辅料作为蝇蛆的饲料，蝇蛆成为优质蛋白质饲料，残渣处理后成为有机肥料。主要处理流程为：病死动物收集→高温灭菌（熟化）、粉碎→辅助处理（菌种、辅料）→自动铺料→生物处理→生物学分离→蝇蛆、有机肥的资源化利用。

化制生物处置法采用物理与生物相结合的处理手段，将病死畜禽投入有机废弃物处理机内密封，经过高温、高压、分切、绞碎、发酵、干燥等步骤，数小时后，然后添加菌种等辅料作为蝇蛆的饲料，通过微生物和蝇蛆的生物处理，最终收获蝇蛆和有机肥。蝇蛆作为优质蛋白质饲料，用来喂鸡、特种水产等，有机肥实施还田。生产过程中出现的废渣、废液用作蝇蛆生长的饲料，而废气则通过管道排到菌种培养池，通过培养池底部镂空的设计让废气慢慢渗透到上层的菌种当中，再适时喷洒水以增强菌种的吸附作用，既促进了菌种的生长，也杜绝了废气的外泄。这种无害化处理病死畜禽模式，不产生废渣、废液、废气，实现了零污染、零排放。

10.5.3 气化焚烧技术

气化焚烧技术适用于病死畜禽尸体及相关动物产品的无害化处理。原理与方法以科灵动物尸体气化焚烧炉（图 10-29）为例，将病死畜禽尸体在密封筒体内轧碎，直接落入炉内密封的高温气化装置，将动物尸体在高温缺氧的条件下，利用尸体自身的热量气化成可燃气体而完全燃烧，避免了尸体在处理过程中对大气环境的污染，达到了无烟、无味、无污染的目的。

如图 10-30 所示，畜禽尸体焚烧气化炉包括气化炉筒体、炉盖、点火装置、喷火口等。在气化炉筒体的点火装置上面铺设薄薄的一层煤炭，煤炭上面放入畜禽尸体；在尸体周围沿炉膛内壁再放入一圈煤炭填充；关上顶盖。向炉膛底部的点火装置电炉盘通电点火，点火成功后即把电热管电源切断，让其退出工作。接着，动物尸体利用自身的热量进行气化、焚烧，尾气通过尾气净化系统进行净化，达到气体排放标准。

图 10-29 动物尸体气化焚烧炉

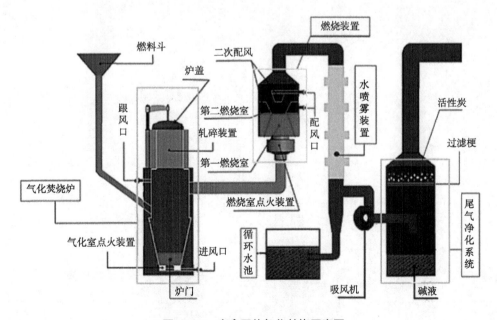

图 10-30 畜禽尸体气化焚烧示意图

本章习题

一、简答题

1. 简述畜禽舍机械通风的形式及工作原理。

2. 简述水力挖塘清淤机的组成及工作原理。

3. 简述叶轮式增氧机的工作原理。

4. 畜禽粪便的处理方式有哪些？

5. 简述病死畜禽无害化处理的方法。

二、创新设计题

1. 设计一款新型的叶轮式增氧机，要求对增氧叶轮的形状和造型进行创新设计并阐明其创新原理。

2. 请设计一种病死畜禽无害化处理的技术并阐明其工作原理。

本章数字资源

第 11 章 精准农业生产系统

农业生产目前面临着一系列挑战：全球不断增长的粮食需求、不断变化的气候、有限的水和化石燃料供应等。另外，不可持续的农业生产正在对环境造成破坏。未来的农业必须更加高效，同时还应减少环境污染。精准农业是通过采用传感器集群、自动控制、信息处理和网络通信等技术，遵循"在正确的时间做正确的事情"的原则的一种新型农业经营理念，随着物联网等高新技术与"3S"技术、决策支持系统、智能化农机系统相结合，对农资、农作物实施精确、适时远程监控和自动化管理，精准农业已步入基于信息和知识管理的智慧时代。近年来，精准农业的实践表明，实施精准农业不仅具有重要的经济效益，而且具有显著的社会和生态效应，可最大限度地提高农业生产力，实现农业优质、高效、环保和可持续发展。本章旨在综述精准农业的基本概念、技术思想，介绍智慧精准生物生产系统的技术支撑及国内外发展概况和典型应用。

11.1 概述

11.1.1 精准农业技术产生与发展

20 世纪后半期，世界农业特别是西方发达国家农业高速发展，基本上是依靠生物育种进步、耕地面积扩大、物料、机械动力和化学产品大量投入获得的。这种高投入的石油农业不仅引发了农业水土流失、生物多样性损失，而且还造成了生态环境严重恶化。1935—1945年间美国西南部沙尘暴肆虐，受灾严重时村庄被吞噬、农田地表全部沙化、粮食全面减产、农户被迫搬迁。

(1) 欧美国家精准农业发展概况

20 世纪 80 年代初发达国家农学家在科研和生产实践的基础上，开始揭示出农田内部小区作物产量和环境条件的显著性时空差异，从而提出作物栽培管理定位实施、按需变量投入的精准农业思想。精准农业是"precision agriculture"技术名词的中译，指导思想是按田间每一操作单元的具体条件，精准地管理土壤和各项作物，最大限度地优化农业投入(如化肥、农药、水、种子等)以获取最高产量和经济效益，减少使用化学物质，保护农业生态环境，因此精准农业也被认为是"减量化"的循环农业。精准农业(precision agriculture)主要基于"3S"技术、传感器技术、物联网等现代化技术手段，实现对耕种过程进行精准控制，对作物长势、受灾等各方面的情况进行精准监测，根据监测情况精准调节耕作投入，实现精准耕作、精准播种、精准灌溉、精准施肥施药、精准收获，以最少的投入实现同等收入或更高收入。精准农业领域主要技术包括遥感技术(remote sensing, RS)、地理信息技术(geographic information systems, GIS)、全球定位系统(global positioning system, GPS)、专家系统(expert system, ES)、决策支持系统(decision support system, DSS)、作物生长模拟系统(simulation system, SS)、物联网技术(internet of things technology, ITT)

和变量投入技术(variable rate technology, VRT)等。

美国是最早发展精准农业的国家,1974 年最先开展"大面积作物估产试验"(即 LACIE 计划),利用陆地卫星影像对农作物进行识别并估算农作物的面积、单产和总产。1980 年制定"基于空间遥感技术的农业和资源调查计划"(即 AGRISTARS 计划),对全球的多种粮食作物的长势和总产量进行评估和预报。1999 年,美国研究专著《二十一世纪的精准农业——作物管理中的地理空间和信息技术》阐述了精准农业领域研究现状、产业化面临的机遇和挑战等。2016年,美国《联邦土壤科学战略计划框架》提出美国土壤科学未来的重点发展建议。2018 年,美国国家科学院发布《至 2030 年推动农业与食品研究的科学突破战略研究报告》,重点关注提高粮食和农业系统效率、提高农业发展可持续性和调控农业系统应对环境变化等。

欧洲对精准农业的关注也相对较早,欧盟于 1987 年提出农业遥感计划(MARS 计划)以期利用遥感技术建立欧盟区农作物估产系统。2014 年,欧洲联合研究中心(joint research centre, JRC)发布《精准农业:欧盟 2014—2020 年行动计划为欧盟农民提供潜在支持》报告,对耕地、永久性作物和奶牛养殖领域中的精准农业最新技术进行了总结,探讨了精准农业技术的应用趋势和影响因素。在 2017 年欧盟发布的《地平线 2020 工作计划(2016—2017 年)》中,机器人技术在精准农业中的发展被单独列出,利用智能机器人技术帮助现代农业达到较高精度被作为一项重要行动。2019 年 4 月,欧洲建立更稳定的农业知识和创新系统(Agricultural Knowledge and Innovation System, AKIS)以促进农业和农村地区的知识、技术和创新,充分利用精准农业技术,使农业变得更智能、更高效和更可持续。英国政府高度重视利用大数据技术和信息技术提升农业生产效率,2013 年启动《农业技术战略》政府报告,旨在解决英国农业科技成果转化的瓶颈问题,以提高英国农业竞争力。德国是全球农业现代化强国,拥有高度发达的农业科技,政府对于精准农业发展重视程度高、资金投入量大。法国是仅次于美国的世界第二大农产品出口国,农业产量、产值均居欧洲之首,政府主导的农业信息数据库已十分完备,打造"大农业"数据体系以支撑农业发展,同时,政府、农业合作组织以及私人企业共同承担农业信息化建设,构成独特的"三位一体"农业信息化体系。

(2)日本精准农业发展概况

在 1993 年由东京农工大学与北海道大学联合举办的农业机械学会的研讨会上,有学者提出特定地点作物管理(site-specific crop management, SSCM)的概念,日本的精准农业自此开始发展。农业信息化和数字化是日本政府重点支持的领域,2004 年农业物联网被列入日本政府计划,日本总务省提供了 U-Japan 计划,旨在构建一个人与物互联的网络社会,农业物联网是其重要组成部分。直接服务于农民的全国联机网络有效推进农业信息基础设施建设,全国联机网络运用计算机管理农业信息,病虫害防治、农业技术及作物栽培等专业数据库为日本精准农业的开展提供了保障。如今日本精准农业更侧重物联网技术和航空植保精准作业,使用物联网技术作业的农户占到 50%以上,应用农业装备自动化技术的农业生产部门达到 92%,航空植保精准作业面积超过了 50%。

(3)我国精准农业发展概况

20 世纪 90 年代中后期,我国开始出现精准农业概念,政府自此开始重视精准农业的发展,国家"863 计划"开展"智能化农业信息技术应用示范工程",利用现代信息技术改造传统农业,提高农业信息化水平,提高科技在农业经济发展中的贡献率,促进农业可持续发展。同期我国还建立了北方多省市冬小麦的气象遥感估产运行系统,开展作物遥感估产的研究和实验。工信部等五部委发布的《农业农村信息化行动计划(2010—2012 年)》强调现代农业信息科技发展,完善农业生产和市场监管信息服务体系,用现代信息技术改造传统农业。

《"十三五"全国农业农村信息化发展规划》《全国农业现代化规划（2016—2020年）》等政策部署为推进农业现代化和精准农业进一步发展奠定基础。2018年9月，国务院印发《乡村振兴战略规划（2018—2022年）》，表示要加快农业现代化步伐，对耕地面积、耕地质量、以及精准化管理提出要求，强调农业装备智能化和农业生产精准化。2019年5月国务院印发的《数字乡村发展战略纲要》强调推进农业数字化转型，强化农业科技创新，加快推广云计算、大数据、物联网、人工智能在农业生产经营管理中的运用，促进新一代信息技术与种植业、畜牧业、渔业等全面深度融合应用，建设智慧农（牧）场，推广精准化农（牧）业作业。

随着北斗导航技术发展，我国精准农业技术进入高速发展阶段，主要体现在以下三方面的应用：

①自动导航应用。成本与售价不断下降、农民接受度越来越高、应用的领域越来越广、购机补贴省市越来越多、前装或准前装越来越多、电动方向盘模式增长迅速。国家大部分省市均给予自动导航系统购机补贴支持。有效带动了合众思壮、上海华测等6家上市企业进入北斗农机导航领域，从而实现了国产农机北斗自动导航系统从无到有、从配角到主角的飞跃，北斗农机自动导航系统在中国实现国产化、规模化和前装化。2018年，全国农机自动导航系统装机量约5000台套，产值2.7亿元，强有力地推动了我国农机工业提档升级。

②精准作业应用。基于北斗的作业监管服务得到全面发展，主要包括面向生产主体的农机管理调度应用，面向主机企业的农机远程运维应用和面向监管部门的农机作业监管应用。例如，北斗农机深松作业监管应用、北斗秸秆还田监管应用、无人机施药应用等，得到了蓬勃发展。但目前基于地面机械的变量施肥、变量施药应用仍处在试验和示范阶段，缺乏规模化应用推广；产量监测尚未得到应有重视和应用。

③精细管理应用。近年来，精细管理应用发展迅速，主要导航企业和主机企业均推出了农机作业和农业生产大数据平台，例如雷沃重工的 iFarming、合众思壮的农垦通系统。

11.1.2 精准农业技术核心思想及特点

(1)核心思想

精准农业核心技术理念是通过多次循环的实践，不断改善农田资源环境，积累作物生长信息，逐步达到作物生产管理精准化的过程，如图11-1所示。这种以信息技术为基础，根据空间、时间和地理环境的变化进行现代化农业管理与操作的生产方式，就是精准农业，特别适用于大面积作物种植。这种技术使农民能够利用数据来提高土地的生产力，通过将农业生产的各环节数据化，从而实现农田种植、管理、收获全方位的智能化和个性化。

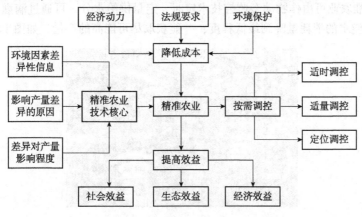

图 11-1 精准农业技术理念

精准农业技术理念的一般实施过程：带定位系统和产量传感器的联合收割机自动采集田间定位及对应小区平均产量数据→通过计算机处理，生成作物产量分布图→根据田间地形、地貌、土壤肥力、墒情等参数的空间数据分布图，建立作物生长发育模拟模型，投入-产出模拟模型，作物管理专家知识库等建立作物管理辅助决策支持系统→在决策者的参与下生成作物管理处方图→根据处方图采取不同方法与手段或相应的处方，农业机械按小区实施目标投入精准管理。

（2）技术特点

精准农业和传统农业相比，最大的特点是以高新技术和科学管理换取对自然资源的最大节约。实施精准农业是一项综合性很强的系统工程，是农业实现低耗、高效、优质、环保的根本途径。具体体现在以下几个方面：

①合理使用化肥，降低生产成本，减少环境污染。精准农业采用因土、因作物、因时全面平衡施肥，彻底扭转传统农业中因经验施肥而造成的"三多三少"（化肥多，有机肥少；氮肥多，磷、钾肥少；三要素肥多，微量元素少），氮、磷、钾肥比例失调的状况，因此有明显的经济和环境效益，如图11-2所示。

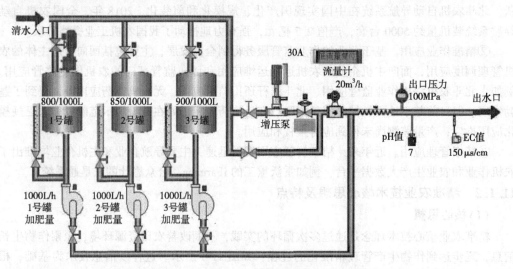

图 11-2　精准施肥

②减少水消耗，节约水资源。传统农业因大水漫灌和沟渠渗漏对灌溉水的利用率只有40%左右，精准农业可由作物动态监控技术定时、定量供给水分，可通过滴灌、微灌等一系列灌溉技术，使水的消耗量降到最低程度，并能获取尽可能高的产量，如图11-3所示。

图 11-3　智能温室精准灌溉

③节本增效，省工省时，优质高产。精准农业采取精准播种，精准收获技术，并将精准种子工程与精准播种技术有机的结合起来，使农业低耗、优质、高效成为现实。在一般情况下，精准播种比传统播种增产18%~30%，省工2~3个，如图11-4所示。

图 11-4　精准播种示意图

④农作物的物质营养得到合理应用，保证了农产品的产量和质量。因为精准农业通过采用先进的现代化高新技术，多农作物的生产过程进行动态监测和控制，并根据其结果采取相应的措施，如图11-5所示，因此，物质营养利用合理。

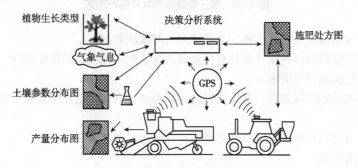

图 11-5　精准决策示意图

11.1.3　精准农业的技术支撑

随着网络技术和传感器应用水平的提高，通过互联网实现物物信息交互的物联网技术迅速发展，精准农业进入智慧化阶段，人们开始发展智能化的精准农业。利用物联网技术，在约定协议之下，利用RFID(射频识别)扫描器、全球定位系统、红外感应器等信息传感设备，将农业作业对象、智能农业装备与互联网联系在一起，利用互联网实现信息的传输与交流，融合遥感技术、地理信息系统和全球定位系统等多种现代信息技术，以"农机与农艺、农机化与信息化"两个融合为核心，实现农机管理、生产、作业服务等在智能感知、智能控制、智能决策、自主作业、智能管控五大关键技术方面的一系列突破。帮助人们随时随地掌握生产环境情况、农作物动态信息，利用信息技术提高耕作质量、提高生产效率，大田农业逐渐实现农机自动驾驶作业、基于农机位置分布对农机的智能调度、对作业农机的实时监控等一系列精准化作业的转变。

目前，精准农业已迈入智慧化时代，其支撑技术包括：物联网和智能化农机具系统。其中，物联网融合了全球定位系统、农田遥感监测系统、农田地理信息系统、农田信息采集系统、农业专家系统和网络化管理系统，集成应用于智能化农机具系统。

（1）大数据技术

智慧精准农业的驱动力是大数据，基于物联网可以将传感器和智能机器集成在农场上应用，实现农业过程决策由数据驱动和支持。为了优化生产管理过程，农业物联网设备应该在一个不断重复的循环中收集和处理数据，使农民能够对新出现的问题和变化的环境条件做出快速反应。如图11-6所示，基于物联网的农业生产循环可以被描述为：

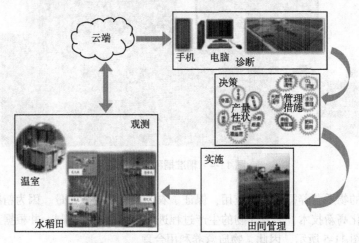

图11-6　基于物联网的农业生产循环

①观测。传感器记录来自作物、土壤或大气的观测数据。

②诊断。传感器的值被输入到具有预定义的决策规则和模型的特定软件，以确定被检查对象的状态和任何缺陷或需求。

③决策。在问题被揭露后，系统决定是否有必要进行特定位置的处理，如有，哪些处理措施是必要的。

④实施。通过机械操作来完成处理措施。评估后，循环从开始重复。

（2）物联网技术

物联网就是物物相连的互联网，是2005年国际电信联盟（International Telecommunications Union，ITU）提出的概念，其基础核心依然是互联网，却延伸到任何物体与物体之间，进行信息交换和通信，是一种集智能化识别、定位、跟踪、监控和管理于一体的智能网络。

而智能化农机具系统是精准农业的田间实现，是各种信息融合和处理的汇聚点，安装有卫星导航系统、自动驾驶系统、计算机设备，以及必要的传感器，能"理解"大数据分析软件给出的信息，并准确地执行。目前，智能化农机具系统正向着大型、高速、复式作业、人机和谐与舒适性方向发展，基于环境变量决策，实现作业智能导航和自动驾驶，根据需要配置成精准播种、精准变量施肥、变量喷药等作业控制系统。

11.2　精准农业物联网

11.2.1　物联网的体系架构

（1）物联网组成

物联网的定义是通过射频识别（RFID）、全球定位系统、红外感应器、激光扫描器等信息传感设备，按照约定的协议，将任何物品与互联网连接，进行信息交换和通信，以实现对物品的无线感知、精确定位、智能化识别、实时跟踪、智能化科学决策和精确管理的一种网络，如图 11-7 所示。

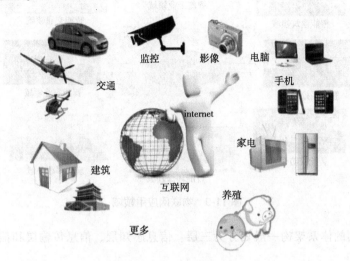

图 11-7 物联网概念图

由以上定义可知，物联网是借助传感设备、互联网、移动通信网联物体，实现物与物、人与物、物与人之间的互联，然而，物是没有主动感知与数据处理能力的，因此，需要智能感知技术的支持。拥有了感知技术，还需要连入网络中，在网络中拥有一个能标识唯一身份的名字，物联网中用一个独立的地址标识其身份，有了独立的地址，每一个物体都可以实现互联并通信，计算机可以对物体进行控制，物体与物体之间可以感知与被感知。因此，物联网的工作可以概括为："自主成网、协同感知、有效传输、智能处理"，如图 11-8 所示。

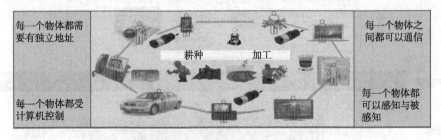

图 11-8 物联网实现物物相连

（2）物联网功能

物联网的创新之处在于实现了物物相连，使没有思想与感知能力的物体能够被感知和控制，拓展了互联网的应用。在物联网中，通过对信息的智能感知、识别技术与泛在网络的融合应用，使世界信息产业的发展进入新的阶段。随着物联网技术的不断成熟，其应用也越来越广泛，主要应用领域有：智能工业领域、智能农业领域、智能环保领域、智慧医疗领域、智能交通领域、智能安防领域、智能建筑领域、现代军事领域等，如图 11-9 所示。

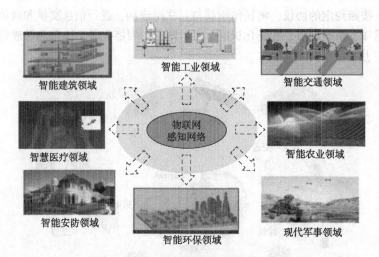

图 11-9　物联网应用领域

农业物联网的体系架构一般划分为三层：信息感知层、信息传输层和信息应用层，如图 11-10 所示。

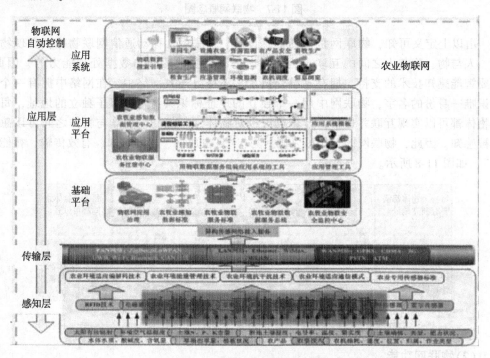

图 11-10　农业物联网网络架构图

①信息感知。信息感知层主要由 RFID 设备、传感器、视频监控设备等数据采集设备组成，通过 Zigbee 节点、CAN 节点等通信模块，实现将数据采集设备获取到的数据传送至物联网智能网关，做到现场数据信息实时采集与检测。同时，通过物联网智能网关，将上层应用系统下发的控制命令传送到继电器控制设备，远程控制农业设施的开关，实现对农业生产过程的控制及对生长环境的改善。

②信息传输层。信息传输层中，传感器通过有线或无线方式获取各类数据，并以多种通信协议，向局域网、广域网发布。网络层通过 WLAN、LAN、CDMA 和 3G 等的相互融合，对感知层获取的数据信息或控制命令进行实时传输。

③信息应用层。应用层主要包括农业生产过程管理、农业生产环境管理、农业疾病识别与治理等农业应用系统，实现对由物联网感知层采集的海量数据进行分析和处理，以及对农业生产现场进行智能化控制与管理，从而对农业生产提供决策支持。

11.2.2　精准农业物联网关键技术

位置信息是农业物联网应用系统能够实现服务功能的基础，精准农业的数据采集、数据分析与决策、控制实施等主要技术都离不开精确定位。位置信息不仅仅是空间信息，它包含着三个要素：所在的地理位置、处于该地理位置的时间，以及处于该地理位置的对象。位置服务采用定位技术，确定智能物体当前的地理位置，利用地理信息系统技术与移动通信技术，向物联网中的智能物体提供与位置相关的信息服务。核心技术主要包括遥感、全球定位系统、地理信息系统、互联网地图。

(1) 遥感 (RS)

顾名思义，"遥"就是在一定距离之外；"感"就是观测物体的属性。遥感是指非接触的、远距离的探测技术。一般指运用传感器/遥感器这类对电磁波敏感的仪器，在远离目标和非接触目标物体条件下探测目标地物的电磁波辐射、反射特性，并进行提取、判定、加工处理、分析与应用的一门科学和技术。遥感技术是 20 世纪 60 年代兴起的一种探测技术，是根据电磁波的理论，应用各种传感仪器在人造卫星、飞机或其他飞行器上，对远距离目标所辐射和反射的电磁波信息，进行收集、处理，并最后成像，从而对地面各种景物进行探测和识别，判认地球环境和资源的一种综合技术。现代遥感技术主要是指航空航天遥感技术，包括信息的获取、传输、存储和处理等环节。完成上述功能的全套系统称为遥感系统，航空航天遥感系统由运载平台、成像传感器系统与数据处理系统组成，其核心组成部分是获取信息的成像传感器系统 (遥感器)。

遥感技术是精准农业实践中支持大面积快速获得田间数据的重要工具。它利用高分辨率传感器，可以在不同的作物生长期实施全面监测。根据所利用的电磁波的光谱波段，遥感可以分为可见光反射、红外遥感、热红外遥感和微波遥感四种类型。按传感器的工作方式不同可分为被动遥感和主动遥感。按传感器的扫描方式又可分为扫描式遥感和非扫描式遥感。按传感器图像获得方式可分图像方式和非图像方式。

①运载平台。要从高空"遥"看地球，首先需要有观测平台。从遥感观测平台与地面距离的较远的运载平台是卫星，近一点平流层的运载平台是飞机、直升飞机、气球等工具。近年来，遥感观测平台出现了两种重要的发展趋势：一是利用无人机 (无人飞机、无人直升机与无人飞艇) 开展灵活的低空、高精度、安全的遥感遥测；二是发展遥感小卫星星座技术。卫星遥感运载平台技术的发展集中表现在卫星数量的快速增长、卫星寿命的增长与定位精度的提高上。一般对地观测卫星重访周期为 15~25d，通过发射合理分布的卫星星座，可以 1d 甚至几个小时观测一次地球。

②成像传感器系统。遥感的目的就是获取遥感影像。卫星遥感影像是通过成像传感器系统来获取的。成像传感器的种类很多，主要有照相机、电视摄像机、多光谱扫描仪、成像光谱仪、微波辐射计、合成孔径雷达等。卫星遥感问世以来，卫星遥感影像的空间分辨率已经有了很大提高。空间分辨率指影像上所能看到的地面最小目标尺寸。在成像传感器技术中，光学高分辨率传感器技术进展最快。从遥感形成之初的 80m，逐步提高到 50m、10m、

5.8m，乃至2m，军用甚至可达到10cm。

③数据处理系统。信息处理设备包括彩色合成仪、图像判读仪和数字图像处理机等。可以从遥感所获得的数据中提取有用的信息，经过分析、判断后将信息变成知识，运用到经济建设、国防建设、抗灾救灾等服务之中。目前遥感数据处理技术有三个主要的发展趋势：一是由以数据为主转向以信息与知识为主；二是用户由专家为主转向广大社会用户为主；三是由信息提取和数据检索转向信息承载与数据可视化。这些变化反映出遥感信息应用的服务深度的变化行业需求的特点更强，不同的行业对卫星遥感信息需求的不同，也为计算机技术提出了更多的算法研究任务与应用软件开发课题。

遥感技术由于可获取大范围数据资料，获取信息的手段多、信息量大、速度快、周期短、受条件限制少等优点，在农业多个领域，如农作物估产、作物长势监测、土地资源调查、农作物生态环境监测，自然灾害及病虫害监测等都有应用，如图11-11、图11-12所示。

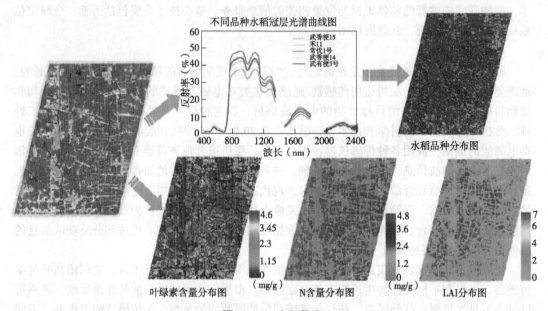

图 11-11　水稻估产

(2)全球导航卫星系统(GPS)

全球导航卫星系统(Global Navigation Satellite System，GNSS)泛指所有的卫星导航系统，包括美国的全球定位系统、俄罗斯的格洛纳斯卫星定位系统(GLONASS)、欧洲的伽利略卫星定位系统(GALILEO)，以及中国的北斗卫星导航系统(BeiDou Navigation Satellite System，BDS)。由于美国的GPS发展得比较早，技术成熟、应用面广，因此人们习惯上用GPS代替了更准确的术语GNSS。

卫星导航系统是一个国家重要的空间信息基础设施，关乎国家安全。我国政府高度重视卫星导航系统的建设，一直在努力探索和发展拥有自主知识产权的卫星导航系统。2000年，北斗导航试验系统的建成，使我国成为继美国、俄罗斯之后世界上第三个拥有自主卫星导航系统的国家。北斗卫星导航系统由5颗静止轨道卫星和30颗非静止轨道卫星组成，定位精度能够达到10m，测速精度为0.2m/s，时间同步精度可以达到10ns。

全球定位系统(GPS)，将卫星定位和导航技术与现代通信技术相结合，具有全时空、全天候、高精度、连续实时地提供导航、定位和授时的特点，已被广泛应用于精准农业各个环

作物长势监测效果图

麦苗发黄、但苗不壮

麦苗微黄、较健壮

麦苗浓绿、健壮、高

麦苗发绿、较健壮

麦苗发黄、较稀、矮

麦苗微黄、较稀

麦苗发黄、较稀、矮

图 11-12　作物长势监测

图 11-13　利用全球卫星定位系统进行农机自动导航

节，包括精准播种、精准施肥、精准喷药、精准灌溉、精准收割等，如图 11-13 所示。

①卫星定位系统组成。GPS 由三个独立的部分组成，即空间星座部分、地面监控部分与用户设备部分，如图 11-14 所示。

GPS 卫星星座部分：由 24 颗卫星组成，其中 21 颗为工作卫星，3 颗为备用卫星。24 颗卫星均匀分布在 6 个轨道平面上，即每个轨道面上有 4 颗卫星。卫星轨道面相对于地球赤道面的轨道倾角为 55°，各轨道平面的升交点的赤经相差 60°，一个轨道平面上的卫星比西边相邻轨道平面上的相应卫星升交角距超前 30°。这种布局的目的是保证在全球任何地点、任何时刻至少可以观测到 4 颗卫星。

地面监控部分：主要由 1 个主控站（MCS）、4 个地面天线站（ground antenna）和 6 个监测

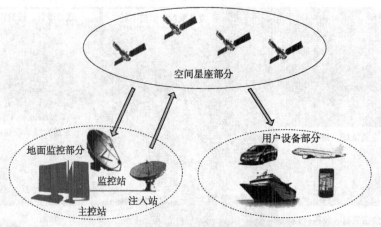

图 11-14　卫星定位系统结构示意图

站(monitor station)组成。

　　用户设备部分：主要为 GPS 接收机，主要作用是从 GPS 卫星收到信号并利用传来的信息计算用户的三维位置及时间。

　　②卫星定位系统工作原理。如图 11-15 所示，GPS 卫星在空中连续发送带有时间和位置信息的无线电信号，供 GPS 接收机接收。由于传输的距离因素，接收机接收到信号的时刻要比卫星发送信号的时刻延迟 Δt，通常称为时延，因此，可以通过时延来确定距离。卫星和接收机同时产生同样的伪随机码，一旦两个码实现时间同步，接收机便能测定该卫星发射信号到接收机的时延 Δt；将时延乘上光速 C，便能得到该卫星到用户接收机之间的距离 R。测量出已知位置的 3 颗卫星到用户接收机之间的距离 R_1，R_2，R_3，就可知道接收机的具体位置 $A(x, y, z)$。要达到这一目的，卫星精确的位置可以根据星载原子钟所记录的时间在卫星星历中查出。

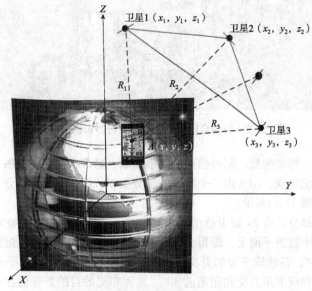

图 11-15　卫星定位系统定位原理示意图

　　实际上，GPS 定位的计算过程很复杂，需要考虑很多的修正量，这里解释了基本的工作原理。我们在前面讨论接收机位置求解过程时已经做了一个假设，那就是所使用的 GPS 接收机的时钟与卫星的时钟没有误差，时钟频率是相同的。这样，我们就可以根据卫星发射的电磁波信号在自由空间传播的时延 Δt 与光速 C，计算出距离 R。在实际应用中，由于大气层电离层的干扰，卫星系统的时钟与 GPS 接收机的时钟肯定有误差，计算出的 Δt 就有误差，由此计算出来的卫星与接收机的之间的距离 R，以及计算出的接收机坐标就有误差。由于这一距离并不是用户与卫星之间的真实距离，因而被称为伪距。为了计算用户的三维位置和接收机时钟偏差，接收机需要找到第 4 颗卫星。通过第 4 颗卫星计算出接收机时钟与卫星系统时钟的误差，从而修正计算出的卫星信号在空间传播的时间 Δt 来提高定位精度。如果接收机同时能够接收到 4 颗 GPS 卫星的信号，就可以完成定位的任务了。

　　根据 GPS 接收机经纬度与海拔高度、速度的计算模型和算法，结合数字地图计算从给定的出发地与目的地的最佳路径的导航计算模型和算法，GPS 系统的设计者就可以通过软件的方法或将软件固化到 SoC 芯片中，使 GPS 接收机实现定位、导航、测距和定时的功能。

　　GPS 有两种接收模式：单一接收模式（single receiver mode）及用两个接收器的差动接收模式（differential mode），单一接收模式接收是最方便、最廉价的接收方式，但瞬时位置误差高达 10m，无法满足精细农业的需要。因此，为了提高 GPS 接收机的定位精度，需要采用差分 GPS（differential global positioning system，DGPS）系统，以便能满足定位精度要求。差分接收模式是将一个接收器装在一个位置，另一个接收器装在作业者或机器上，采取差动修正办法来减少瞬时位置误差，根据不同的作业需要，可达到相当高的位置分辨能力（定位精度达 1m 以下或 1cm）。

　　DGPS 是实践精细农业的基础，其作用主要表现在定位和导航两个方面：DGP 的定位功能主要用于绘制农田边界和产量分布图，农田管理调查、土壤采样等；DGPS 的导航功能主要用于农业机械田间作业和管理的导航，引导农业机械定位变量投入在翻耕机、播种机、田间取样机、施肥喷药机、收获机等农具上安装 DGPS，可以准确指示机具所在位置坐标，使操作人员可以按计算机上 GIS 操作指示定点作业，并精准地绘制产量图。美国明尼苏达州的汉斯卡农场曾经利用 GPS 指导施肥，节省了约 1/3 的化肥施用量，同时提高了作物产量，每英亩的甜菜收入从 599 美元增加到 744 美元，经济效益大大提高。

(3) 地理信息系统（GIS）

　　地理信息系统（图 11-16）是在地理学、遥测遥感技术、全球定位系统、管理科学与计算机科学的基础上发展起来的一门交叉学科。它以带有地理坐标特征的地理空间数据库为基础，将同一坐标位置的数值相互联系在一起，在计算机技术的支持下，运用系统工程和信息科学的理论，科学管理和综合分析具有空间内涵的地理数据。地理信息系统是精细农业的大脑，是用于输入、存储、检索、分析、处理和表达地理空间数据的计算机软件平台。田间信息通过 GIS 系统予以表达和处理，是实施精准农业，对农作物实施精准管理的关键。

　　一个经纬度位置对于一般的用户来说并不具有任何特殊的意义，必须将用户的位置信息置于一个地理信息之中，代表某个地点标志、方位等，才能被人们所理解。因此，在 GPS 终端获得位置信息的基础上，必须通过 GIS 将经纬度转换成用户真正关心的地理信息，如地图、位置、路径等搜索结果，才能真正发挥其作用。地理信息系统作为一种综合处理和分析地理空间数据的软件技术，包括地理空间数据库、空间信息检索软件、空间信息分析与处理软件、空间信息显示软件。

　　地理信息系统事先存入了专家系统等具决策性系统及具持久性的数据，并接收来自各类

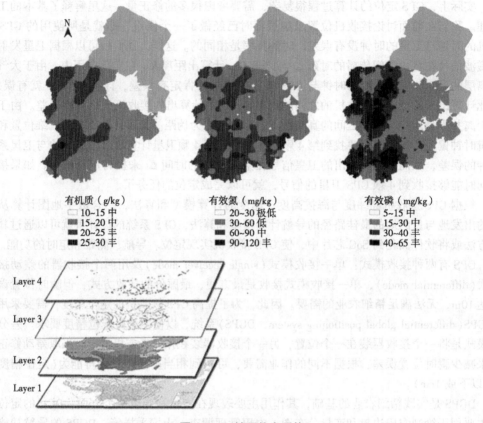

有机质（g/kg）
□ 10~15 中
■ 15~20 中
■ 20~25 丰
■ 25~30 丰

有效氮（mg/kg）
□ 20~30 极低
■ 30~60 低
■ 60~90 中
■ 90~120 丰

有效磷（mg/kg）
□ 5~15 中
■ 15~30 丰
■ 30~40 丰
■ 40~65 丰

图 11-16　地理信息系统

传感器(变量耕地实时传感器、变量施肥实时传感器、变量播种实时传感器、变量中耕实时传感器等)及监测系统(遥感、飞机照相等)的信息，GIS 对这些数据进行组织、统计分析后，在一共同的坐标系统下显示这些数据，从而绘制信息电子地图，做出决策，绘制作业执行电子地图，再通过计算机控制器控制变量执行设备，实现投入量或作业量的调整。

在精细农业实践中，GIS 主要用于建立农田土地管理、土壤数据、自然条件、生产条件、作物苗情、病虫草害发生发展趋势、作物产量等的空间信息数据库和进行空间信息的地理统计处理、图形转换与表达等，为分析差异性和实施调控提供处方决策方案。在 GIS 中能够生成多层农田空间信息分布图。将其纳入作物生产管理辅助决策支持系统，与作物生产管理与长势预测模拟模型、投入产出分析模拟模型和智能化作物管理专家系统一起，并在决策者的参与下根据产量的空间差异性，分析原因、做出诊断、提出科学处方，落实到 GIS 支持下形成田间作物管理处方图，分区指导科学的调控操作。

作为处理地理数据的软件，不同种类的地理信息系统，在功能与价格上都有很大的变动范围，但一般都能将地理数据以图形显示出来。不太复杂的软件能显示单一的数据层，如产量图；功能全面的 GIS 软件包则能更好地显示更复杂的关系，如时间关系、多要素间的比较等，从原始数据的组合而得到的数据层能产生关于作物生长过程中各因素间的空间差异性信息。

当前的各类 GIS 软件涵盖了简单的地图显示系统以及能分析与合并复杂的空间数据库功能的全面系统。某些数据能以多边形格式存储，并且认为多边形各区域内的属性值(如土壤类型)是均匀的。数据也能按不同的属性值存储在统一的栅格单元阵列或像素中,遥感图像及美国地质勘察地面高程数字地图格式就是这种格式。目前,功能最全面的系统能将这些格式的数据进行转换,从而能更方便地将来自不同数据源的数据结合起来。遥感影像可以作为 GIS 系统的一种基本地图,由 GPS 系统提供的精确位置数据,以及其他社会经济数据,如长势,病虫害等,共同形成地理空间数据库。

地理空间数据库是 GIS 的核心与基础,它具有以下几个特点:

①数据来源多样。地理空间数据库存储的数据包括遥测遥感数据、地面测绘数据、建筑物设计图纸与数据、地区城市规划图纸,以及政府管理文件等。这些数据格式不同,数据量不同,处理的方式与精度要求也不同。GIS 软件工具需要将同一个对象的多种数据采用数据融合(data aggregation)技术,在地理空间数据库中建立统一的描述,为地理数据的综合分析和利用提供条件。

②数据的选取是面向行业和面向应用的。建立全方位的地理空间数据库是不可能的,实际应用的 GIS 都是面向行业、面向应用的。例如,国土资源部门的 GIS 数据涉及它所管辖范围内的土地资源、土地使用规划、建筑用地、农业用地、工业用地等信息。智能交通系统的 GIS 数据与道路、交通环境、交通控制系统的位置和道路流量等信息有关。农业部关心作物的种植成数及大宗农作物的产量分布。

③数据是动态的。面向行业的 GIS 数据必然要随着行业发展而不断地更新。例如,国土资源部门的 GIS 数据一定要根据城市建设的发展,动态、实时地采集建筑用地、农业用地、工业用地的信息,使 GIS 地理空间数据库能够及时、准确地反映城市用地的变化。智能交通系统的 GIS 关心的道路交通环境与交通流量信息更是在不断地变化的。

④数据是海量的。动态反映一个地区或城市的 GIS 数据是海量的。如何管理、分析与利用信息取决于所采用的计算机应用的水平。在 GIS 的数据收集、存储与处理中,普遍采用了互联网与移动通信作为数据采集与传输的平台,用数据仓库作为存储数据的环境,依据空间数据分析模型,使用数据挖掘技术和并行计算方法深度提取数据内涵的信息,用三维动画与虚拟现实技术显示提取的信息,为管理者提供决策服务。

数据库函数是 GIS 各项功能中最重要的一项,数据库函数组用来纪录农田数据,比较管理决策的好坏,产量、虫害情况、地下水质量以及其他与过去和现在的农作相关的因素。GIS 能将输入与输出的农田记录存储在一个空间阵列中。例如:关于作物轮作、耕地、养分、杀虫剂的应用、产量、土壤类型、道路、梯田、或排水管都能被存储在 GIS 中。GIS 还能增强精准农业的其他组成部分,如产量的监测、基于农田的研究(如作物建模、高效测试)的功能并为生产者提供更好的记录存储。GIS 能与一系列作为精准农业实践决策基础的空间分布式的处理模型如变化率应用模型一起使用。这样的软件有能力综合所有类型的精准农业信息,并能与其他决策支持工具进行交互输出可以被精细农业利用的地图。

(4)农田信息采集

精准农业技术是一种以信息为基础的农业管理系统,快速、有效采集和处理农田空间分布信息,是实践精准农业的重要基础。田间信息采集技术利用传感器及监测系统来收集过去积累的信息和作物生产过程中当时当地所需的各种数据,如产量数据,土壤数据(含水率、肥力、有机质含量、pH 值、压实程度、耕作层深度),苗情、病虫草害数据以及其他数据(如地块边缘测量,农田近年来的轮作情况、平均产量、耕作和施肥情况,作物品种、化肥、农药、气候条件等),如图 11-17 所示。再根据各因数在作物生长中的作用,由 GIS 系统迅速做出决策。

图 11-17　农田信息采集与处理

基于农业物联网技术的农业生产环境数据高密度快速采集系统，服务于精准农业生产，实时获取大田、设施、水域等的环境数据，数据的采集与传输具有网络覆盖面大、地形复杂、数据传输量小、监测点多、设备成本小、设备体积小、数据传输安全可靠、采用电池供电等特点。原始信息的精确度由信息采集决定，只有具备先进、完善的采集技术才会使原始信息的真实性与及时性提高，通过后续的信息技术过程使最终信息得到有效利用。

信息采集技术包括传统手工技术和现代技术。传统的信息采集的方式主要包括有目的的专项收集、自下而上广泛采集、随机积累 3 种；现代信息采集技术主要包括遥感技术、全球定位技术、自动监测技术以及地面各类调查等，采集不同的农业信息需用不同的采集技术。信息采集应在注重经济效益的前提下，根据特定使用目标及时准确地使其尽快发挥效用。（图 11-18）实施地面传感系统，需要开展一些勘测土壤和作物生长过程的基础性研究。在采样密度达到一定的要求时，基于手工定点采样与实验室分析相结合，耗资费时、难于较精细地描述这些信息的空间变异性，传感器则能自动收集土壤、作物、害虫数据，满足密度要求。不同田区，其资源数据差异可能是非常明显的，增加采样数量将会更准确的反映田间数据属性值的变化性。在一个土壤和作物参数采样密度较高的田块上，变量控制技术与作物模型的效果将会大大提高。从这个意义上说，拥有快速、高效的评估所测因素对作物产量产生影响的传感器显得尤为重要。传感器一般基于接触式传感技术或非接触式遥感技术，强调实时性、精准性等特点。目前不断涌现的各种非接触快速测量传感器和智能化传感器，已对土壤容重、土壤坚实度、土壤含水量、土壤 pH 值、土壤肥力（N、P、K 含量）、大气温度、大气湿度等大田环境数据实现了实时、高密度获取。

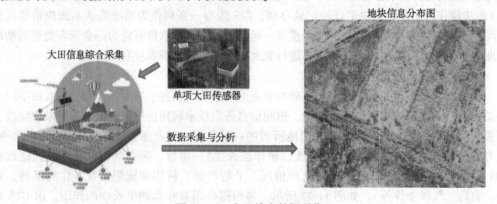

图 11-18　大田综合数据采集

①工作原理。农田信息采集系统包括网络模块、控制采集模块以及电源这三部分，一般可基于单片机，便携式计算机，掌上电脑，或结合无线通信技术，利用摄像头和各种传感器（土壤含水量、土壤 pH 值、土壤肥力、温湿度等传感器等）采集农田信息，并通过物联网无线通信模块反馈给控制台。控制台根据信息采集系统的运行情况，对信息进行进一步的分析与统计处理，将有价值的信息存储到农田信息库，此时无线通信模块发出指令到系统控制器，实现信息采集系统的下一步的工作指令，实现对农田作物生长情况的动态实时监测、生长环境及农田信息化管理。

②农田信息采集方法及技术。土壤耕作层深度和耕作阻力信息的采集有两种方法：连续测定方法与非连续测定方法（利用硬度计测量或土壤圆锥仪测定）。

土壤水分信息采集方面。测定土壤水分的方法分为两类：一类是变动位置取样测定比如烘干法，另一类是原位取样测定比如电阻法、时域反射仪法（TDR 法）、频域反射仪法（FDR 法）、中子法、γ 射线法、驻波率法、传感器法等。Sun Y 等基于边缘场效应电容式水分传感器设计了一个复合水平贯入仪，此仪器能够同时测量机械阻力和土壤水分。胡建东等设计了参数调制式探针电容土壤水分传感器的检测电路和数据处理系统，通过参数优化得到了一种能够实现在线测试土壤水分的检测仪器及探针电容传感器。赵燕东通过对 SWR 型土壤水分传感器研究得出：SWR 型土壤水分传感器是一种快速测量土壤含水率的传感器，它具有可靠性高、精度高、受土壤质地影响不明显的优点，性价比远远高于 TDR 和 FDR 型传感器，更适合市场的需求。

土壤电导率信息采集方面。土壤电导率的测量方法主要有两种，电流—电压四端法与基于电磁感应原理的测量法。李民赞等开发了一种基于电流—电压四端法便携式土壤电导率实时分析仪，实验结果表明：适应设施栽培与大田裸地的实时测量；适合中国较小地块应用。Myers 等利用电磁感应实现了土壤电导率的非接触式检测。Domsch 通过大地电导仪 EM38 直接测量表层土壤电导率来评价土壤的质地，此方法已广泛运用于土壤质地情况调查及农田土壤盐分普查。Carter 等开发了基于电磁感应原理车载式测量土壤电导率的设备。

土壤 pH 值信息采集方面。适合精准农业要求的土壤 pH 值的测量方法主要有 pH—ISFET 电极测量、数字照片可见光光谱提取法，光纤 pH 值传感器测量，多光谱图像检测法等。Adamchuk V I 等实现了土壤 pH 值的车载自动测量与绘图，此技术是基于离子选择电极的直接测量方法，并且已经市场化。杨百勤等研制了一种可直接测定内部 pH 值、糊状物表、固体以及半固体的新型全固复合 pH 值传感器，可直接无损测量土壤 pH 值，其具有测量范围宽、响应快、内阻低的优点。

土壤养分信息采集方面。精准农业中土壤养分的快速测量是一个难题，土壤养分的测量分为直接监测方法和间接监测方法，两种方法结合可以有效提高测量的全面性与精度。快速测量土壤养分的仪器有：土壤主要矿物元素含量测量仪器（基于离子选择场效应晶体管集成元件）、土壤养分速测仪（基于光电分色等传统养分速测技术）、土壤肥力水平快速评估的仪器（基于近红外技术通过叶面反射光谱特性，此仪器可直接或间接对农田土壤肥力进行检测）。Maleki 等开发了车载变量磷肥施肥系统，此系统是以可见光—近红外土壤传感器为核心，通过变量施肥和非变量施肥的比较试验，结果表明变量施肥可以更有效地检测土壤磷肥的空间变异性，变异性降低且玉米产量有明显提高。如 YN 型便携式土壤养分速测仪，尽管每个项目指标测试所需时间仍为 40~50min，相对误差为 5%~10%，但其测量精度满足农村定量测土施肥的要求，其速度与传统的实验室化学仪器分析对比提高了 20 倍。Hummel 等通过 NIR 土壤传感器测量土壤在 1603~2598nm 波段的反射光谱预测土壤的含水率和有机质，含水率和有机质的相对误差分别为 5.31% 和 0.62%。

作物病虫草害识别、产量及长势方面。杂草—作物的区分有人工区分、光学传感器区分、遥感技术区分等。基于计算机图像处理和模式识别技术，诊断判读作物植株的根、茎、冠层等的形态特征识别病虫害、杂草信息的方法有纹理特征分析法、光谱特征分析法、形状特征分析法。Malthus 等利用地物光谱仪研究了蚕豆和大豆受斑点葡萄孢子感染后的反射光谱；Adams 等利用黄瘦病光谱二阶导数对大豆病情评价进行了研究；白敬等以冬油菜苗期土壤和杂草为研究对象，通过 ASD 便携式光谱分析仪采集土壤和田间常见的杂草光谱数据，通过逐步判别分析法筛选特征波长点，建立的贝叶斯判别函数模型能较好地识别冬油菜苗期田间杂草。

作物产量分布信息的采集主要是利用作物产量传感器技术。作物长势信息采集技术的研究基于宏观和微观两个方面：宏观角度上利用遥感的多时相影像信息研究植被生长发育的节律特征；微观角度上在田块或区域的尺度上，近距离直接观测分析作物的长势信息。吴素霞等探讨了冬小麦在不同生育期内叶片叶绿素相对含量利用 TM 遥感影像估算的可行性，通过对地面实测叶绿素相对含量与遥感变量结果进行对比分析，建立了冬小麦长势监测遥感定量估算模型。向子云等采用多层螺旋 CT 三维成像技术实现了植物根系原位形态构型，实现了快速、准确、无损地测量。

③农田信息采集技术的发展现状。农田或其他农业生产区的基础信息是开展精准农业生产的前提条件，其基础信息的准确性和精度度直接影响着后期相关农业作业方式的开展，但是目前我国农田信息定位采集工作中存在作业空间定位能力较弱、定位数据密度较低等问题。不少地区虽然基本完成了农田或农业生产区的基础信息采集工作，其中往往存在数据"以点带面"的问题，从而导致数据的精度大幅下降。同时，在信息采集的过程中，相关数据必须带回超值数据中心进行再次编辑处理对信息添加地理坐标等空间信息，其在编辑和转录中部分数据会出现漏项或错项，而多次编辑转录工作也大大增加了系统数据更新的工作量从而导致系统数据更新不及时。上述问题随着近年来传感技术、多传感信息融合技术、无线通信技术等相关技术的不断突破，使得农田基础信息的集成化采集成为了可能。

首先，发达的无线通信技术大大加快了现场采集终端与后台数据库之间数据交互的能力，这使得现场终端设备不必再安装容量庞大的数据存储设备，其可直接通过无线网络访问后台数据库，并将所采集的农田基础信息上传至服务器。伴随着数据交互能力的增强，在终端研发的过程中不仅可缩减存储器的容量，而且可将部分运算任务布置在后台处理器中从而大大释放了终端的运行空间，使其能够同时处理更多的任务进程。

其次，激光测量技术的普及使得农田基础信息的测量和采集工作效率得以大幅提高，利用激光测量技术能够实现农业生产区长度、面积、区域高程等相关数据的实时测量，而测量设备的小型化趋势也使其被应用于更多的测量载体平台，如无人机、无人船、测绘车等，进一步提升了测绘的速度和精度。

最后，传统的农田信息调查采集工作通常以纸质材料进行保存，其既不利于信息的查询与调阅，也不利于信息的保管与储存，而且无法进行分析统计。利用 GIS 技术便可将农业生产信息与地理信息有机地结合起来，从而赋予各类农业信息前所未有的空间与时间特征。在 GIS 技术的应用过程中，不但可以明确农业普查区域界线、科学合理地规划现场调查路线，而且可以有效地监管农业信息普查人员的工作效率。同时，利用 GIS 技术还能将各类纸质的信息资料进行图形化、可视化，从而弥补传统农田信息统计数据以表格和文字材料为主的不利局面。

④农业信息采集技术发展展望。首先是在国外车载田间信息自动测量系统和测量设备已

经形成产业化，国内目前自主开发的可用于生产的田间信息采集设备较少，多数依赖进口，自主开发的设备功能单一，不能同时测量多项参数。目前发展的趋势是运用多传感器信息融合技术，开发集多传感器为一体的采集设备，以降低数据采集的成本，提高数据采集效率，消除数据冗余、增强数据互补。

其次是研究高光谱遥感技术，快速、无损测量水分胁迫、病虫害及作物和土壤养分变化等，可以为农田信息的监测提供了的新手段。加强对作物土壤养分、作物病虫害及水分胁迫等农田信息的敏感波段的研究是目前要解决的技术难点。围绕这些技术开发无损测量、精确度高、速度快、低成本的监测仪器，将是今后农业信息采集技术的研究发展方向。

最后是研究无线传感网络技术。无线传感网络技术可以为农田信息的远距离数据采集及管理利用提供良好的途径，该技术可有效地解决农业信息智能监测、控制及远程采集等问题。无线传感网络技术需要解决通信协议不完善、安全性低、无线模块成本高等问题，这也将成为今后农业信息采集技术的研究热点。

（5）产量分布图生成系统

产量分布图（图 11-19）记录作物收获时产量的相对空间分布，收集基于地理位置的作物产量数据及湿度含量等特性值。它的结果可以明确地显示在自然生长过程或农业实践过程中产量变化的区域，在大多数管理决策中，产量是一个首要的因素，需要精确的产量图来确定空间处理方案。

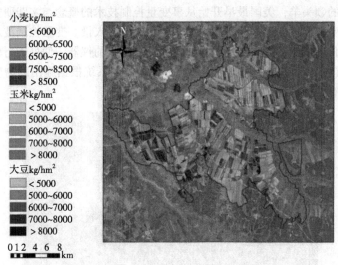

图 11-19　农作物产量分布图

获取农作物小区产量信息，建立小区产量空间分布图，是实施精准农业的起点，它是作物生长在众多环境因素和农田生产管理措施综合影响下的结果，是实现作物生产过程中科学调控投入和制定管理决策措施的基础。1992 年以来，谷物的产量图是通过使用决定谷物的数量的流量传感器与湿度传感器以及记录作物位置信息的 GPS 接收器绘制完成。带 DGPS 和流量传感器的联合收割机在田间作业时，每秒给出收获机在田间作业时 DGPS 天线所在地理位置的经、纬度坐标动态数据，同时流量传感器每秒自动计量累计产量，根据作业幅宽换算为对应作业面积的单位面积产量，从而获得对应小区的空间地理位置数据（经、纬度坐标）和小区产量数据。这些原始数据记录在 PC 卡中，转移到计算机后，利用专用软件生成产量分布图。

产量监测器测量潮湿的谷物流量、谷物的湿度、收获的面积，从而得到修正湿度后单位面积的产量。因为这种大流量的测量是在联合收割机的谷物清运系统内完成的，这样，在收获机处有一个从谷物被收割的位置到谷物被测量的位置的偏移，这个偏移导致了动态的不精确性。目前，随后的数据处理设备还无法完全消除这种不精确性。通常认为大田块修正偏差后的总产量数据比测量小的子田块的结果准确。尽管谷物监测设备已广泛使用，但仍需进一步改进，提高其精确性，从而利于精准农业技术的推广应用。迄今，用于小麦、玉米、水稻、大豆等主要作物的流量传感器已有通用化产品，其他如棉花、甜菜、马铃薯、甘蔗、牧草、水果等作物的产量传感器近几年已做了许多研究，有的已在试验中使用。

产量分布图揭示了农田内小区产量的差异性，下一步的工作就是要进行产量差异的诊断，找出造成差异的主要原因，提出技术上可行、按需投入的作业处方图。农田产量差异诊断的步骤：首先根据经验和历史记录进行分析，如农田形成的历史、往年的病虫草害、内外涝情等因素对产量差异的影响；如有必要，则对农田土壤进行物理特性分析、化验土壤化学特性等。找到局部低产的原因之后，可根据专家经验或作物生长模型提出解决方案并加以量化，以数据卡或处方图的形式把指令传递给智能变量农业机械实施农田作业。

(6) 变量控制技术

变量控制技术(variable rate technologies，VRT)是指安装有计算机、DGPS 等先进设备的农机具可以根据它所处的耕地位置，自动调节料箱里某种农业物料投入速率的一种技术。作为精准农业技术的领头羊，美国最早开始从事变量控制技术的概念与实践研究。变量控制设备随着空间位置变化而改变诸如种子、化肥、农药等的投入量。变量控制技术系统包括控制特定物质流速变化的仪器，或同步控制多种物质流速变化的仪器，使处于行驶中的机械自动改变物质投入量(图 11-20)，以达到预期效果。变量控制系统根据施用的物质和确定局部施用量的信息来源有不同的设计方法。

图 11-20　高光谱变量施药图

目前，变量控制技术系统有以下两种：

①基于地图的，需要一个 GPS/DGPS 地理信息定位系统和一个用于存储施用计划的命令单元，该施用计划包含了田块内每一位置的施用量期望值。

②基于传感器的，并不需要地理信息定位系统，但包括一个动态命令单元，在田块内所到的每一位置通过实时地分析土壤传感器与(或)作物传感器的测量数据确定相应的施用量。

变量控制技术是在 20 世纪 80 年代中期由美国工业界提出的。变量施肥可根据预先收集的数据，如拍摄的土壤图或栅格式土壤采样，确定处方图，然后在经济型喷洒器上同步变化氮、磷、钾肥等的施用量。农业机械安装了这种带标准液体混合器的变量控制技术系统后，在运行中根据测得的土壤属性，实时调整多种化肥施用量，以达到最佳效果。目前，经济型喷消器已在一定范围内使用了基于传感器的变量控制技术。用精准农业技术可以实现变量调整的内容包括施肥量、除草剂或杀虫剂施用量、农药施用量、灌水量、耕地深度、播种量及密度和深度等。

基于传感器的变量控制技术可采用测量反应有机物、阳离子交换容量（CEC）、表土层深度、土壤湿度、土壤硝酸盐含量、作物光谱反射系数等的有成型产品的传感器。根据土壤硝酸盐和阳离子交换容量的测量值施氮肥，以及根据用光谱反射系数得到的小麦含氮量施氮肥，这两个变量控制技术应用是基于实时传感技术而不是基于 GPS/DGPS 或 G1S 系统的。倡导基于传感器的实时变量控制技术的研究人员观察发现：土壤和作物环境数据比目前的基于地图的方法测得的数据变化快，在每秒一个样品和一次控制变化的 GPS/DGPS/GIS 方法不能得到最佳的作物管理结果。

实时传感变量控制技术优于地图变量控制之处在于实时传感是对感兴趣的属性的一种直接且连续的测量，这大大减少了特定应用中未采样的面积。而基于地图的应用中，地图通常是建立在有限的采样点上，这样在估计采样点之间的情况时就存在着潜在的误差；并且，某地块按当时的测量值标定成为地图，而一段时间后再按图做出的响应存在着时间上的不连续性，如土壤含氮量或害虫分布等动态变量，在成图与最后按图作业这段时间间隔内，这些变量在数量与属性分布上都会发生显著的变化，这两种情况都会造成基于地图的变量控制的不确定性。

在农场，一些采用基于传感的变量控制设备可以完成以下的农作：按土壤类型的不同，变量施固态氮肥；按土壤不同的 CEC 与表土层深度，改变种植密度；按土壤的有机组成的不同，变量施除草剂；按土壤 CEC 的变化，变量施催肥剂；按土壤 CEC、表土层深度和硝酸盐浓度，变量施氮肥。

基于地图的变量控制技术系统，不仅广泛地用在农用拖拉机上喷洒液体肥料、固态氨、除草剂及种子，而且也可用在枢轴式灌溉系统中控制水和肥料。在商用高悬浮式喷洒设备大量地喷洒磷肥、钾肥和石灰时，常采用基于地图的变量控制技术。因高悬浮式喷洒设备的气体的或液压控制的系统需要额外的资金与维护费用，其应用成本比常规悬浮喷洒技术要高，典型的悬浮粒状肥料变量喷洒系统比非变量喷洒系统的成本要每英亩 * 高出 2~3 美元。

在拖拉机上安装控制器，使之能实现变量控制技术的成本是非常低的。升级个控制器使之能自动调整喷洒的速度是一个费用较小的技术方案，仅表现为一个软硬件的接口。然而，用户必须有一台用于处理 GIS 数据及发送变量控制信号给其他控制单元的计算机，以及一个 GPS/DGPS 接收器。在其他情况下，多种化学制品混合注射系统作为预装单元与 GSI/GPS/DGPS 成为整体是一个更复杂和昂贵变量控制系统。不论农民采用哪种类型的变量控制系统，基于地图的变量控制系统需要全面地考虑所有相关的成本，包括数据的获取、用 GIS 及 GPS/DGPS 创建实施处方图、掌握如何恰当地使用这种技术等。

土样采集与测试分析费用是限制特定地点实施基于地图的变量控制技术的一个主要因素，为降低成本，通常土壤按每 2.5 英亩一个样的比率采样。在美国伊利诺斯州的一次测试中，两种栅格大小的化肥需求量与常规的施肥量进行对比，当栅格大小为 0.156 英亩时，所需的化肥量显著减少，每英亩节省 18 美元，相比之下，当栅格大小为 2.5 英亩时，每英亩节省 0.25 美

---

* 1 英亩 = 0.405 公顷。

元。然而，在更小的栅格上收集样品所需的费用远远超过了从化肥上节省下的费用。改进基于地图的变量控制技术效率的一个关键在于发展既能节约成本的又有更高采样密度的传感方法。

(7) 作物生产模型

为评估精准农业方法的效果，并提供准确评价的依据，需要大范围的精确反映空间差异的作物生产模型(也称作物响应模型，crop production modeling)。已经有很多预测作物如何响应气候、养分、水、光和其他条件的模型，而这些模型中的大多数只包括了精准农业应用中的一个空间变量。GIS 能提供在大区域用反映连续变化条件的数据连续运行模型的方法。时间序列和其他些时间分析法能帮助确定最后的产量。现在模型的功能可能扩大到能描述空间效应，如沿着田块的边缘效应。然而，生态学和生物气象学的文献资料表明，一些精确反映空间差异的模型已发展到能预测每小时、每天、每年的土壤水分蒸发蒸腾损失总量和光合作用情况，一些按空间分布的水文学模型能预测表面和表面以下的流量。中等规模的气象模型能解决小到 5~10km 单元上的天气预测。

害虫并不是平均分布在整个环境中。对影响它们空间分布的因素有一定的理解后，可建立它们的空间分布及潜在的损失模型，能用 GIS 来表现这些因素的空间变化。与作物生长模型一样，可以在整个田地上运行特定的虫害模型，用 GIS 向模型输入数据再显示结果(松散联合模型)，或用 GS 软件创建精确反应空间差异的模型(紧密联合模型)。GIS 能为反映多因素效果建立基础，例如，可将区域害虫压力模型的结果并入一个系统，产生基于局部变化情况的田间措施。

作物生长模型能被用作按种植密度变化确定不同产量的辅助决策手段，这能帮助种植者按种植密度和各种土壤类型因素来决定何在田间各个区域种植或补种作物。种植者所面临的最难的决定也许是不得不决定在一块情况还不确定的田里补种作物。

在一些作物种植区，地形因素能引起产量的巨大变化。地形因素，包括土壤质地、土壤有机组成及温度，对有关作物生长的属性都有影响。地形对排水与积水有影响，进而影响了作物生长处的土壤的湿度。抽样土壤勘测达不到足够的分辨率来识别这种变化，从而没有足够详细的信息来做出精确的决策。即使是按有规律的栅格采样，也可能会漏掉一些相关的土壤地形特征。基于地形特征的采样密度比简单的栅格更有效，且有更大的信息含量。GIS 使用户能用摄影测绘方法(对航空像片进行相应的立体分析)创建与管理数字海拔图或数字地形模型，并且用雷达测量或用田间装置进行连续的三维坐标测量。精确的决策取决于对土壤属性与从数字海拔图或数字地形模型得到的表面形状，如坡度、坡长、朝向、曲度、地势、积水区及排水区之间联系的理解等。

作物模型并不是解决问题的万能药。它们的功能只局限于对生物系统中各个部分的模拟，大多数已开发的作物或虫害模型并不是为管理空间与时间的差异而设计的，然而，目前作物模型仍是一个用来获取对作物生产系统理性认识的重要工具。

(8) 决策支持系统

决策支持系统(decision support systems，DSS)是在管理信息系统和运筹学的基础上发展起来的计算机科学分支，实现了由计算机自动组织和协调多模型的运行以及对数据库中数据的存取与处理，从而达到更高层次的辅助决策能力。决策支持系统包括模型库、数据库、知识库、方法库及其管理系统等，融合了良好的人机接口，模型运算、数据处理、专家知识，在决策者的参与下建立起模型库、数据库行动传感器与领域专家的有机联系。

DSS 概念图(图 11-21)由咨询者提供数据，数据或是通过天气预报获得，或是通过一个传感器的检测获得，然后，数据被分析并与适当的决策规则相联系，最后帮助生产者做出决策。农田信息数据采集后，要利用农作物生长模型和专家系统，结合空间信息获取和分析技术，建立适应性和实用性强的作物管理决策模型，经过决策分析，生成模型化、参数化、动态化、系统化的精准农业体系中作物的全过程变量决策处方，来控制投入方式和使用量。

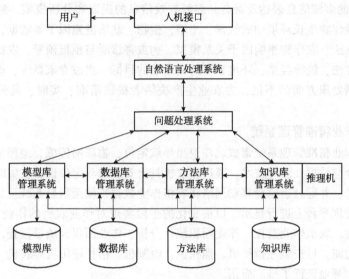

图 11-21 决策支持系统概念图

近年来，人工智能技术的最新成果，被引入决策支持系统，使系统的决策水平和决策自动化程度得到了提高。精准农业实践中，DSS 根据作物生长、作物栽培、经济分析、空间分析、时间序列分析、统计分析、趋势分析以及预测分析等模型，综合土壤气候、资源、农用物资及作物生长有关的数据进行决策，结合农业专家知识，对不同的决策目标分别给出最优方案，用于指导田间操作。

沿着决策支持系统的实现步骤分析，信息看成从环境开始通过仪器或传感器成为数据库中的数据流。数据形式的信息分析与处理后，或是存储起来，或是作为决策过程的一部分传给用户。信息处理后产生一个决策，相应的，产生一个行动，在相应的环境内执行。当这个行动执行后，环境再次被监测，由此开始了新一轮的信息流。这样，信息永不停息地在一个从检测到行动的环中流向环境，又从环境流出到环中。一个决策支持系统中还包括了专家知识、管理模型、及时的数据来帮助生产者日常操作和长期策略的决策等。

发展 DSS 并不是用来做单一的对策，而是向决策者提供多种选择。决策支持系统应被看成是有价值的战略信息的来源。进入 20 世纪 90 年代，GIS、RS 等也被引入农业决策支持系统及精准农业的研究中。国际上采用了基于模型和 GIS 或 RS 的农业决策支持系统。美国佛罗里达大学研制了将作物模型与 GIS 相耦合的农业和环境地理信息系统的决策支持系统 AE–GIS。我国学者结合国情和区域自然条件开发的农田施肥、不同作物栽培管理、病虫害预测预报、农田灌溉等农业专家系统，围绕实现作物高产、稳产、节本、高效的应用目标，已在生产应用中发挥了重要作用。然而迄今进行的有关作物模拟模型、农业专家系统、决策支持系统的开发研究，主要还是基于农田或农场尺度上的作物生产管理决策支持技术，与精准农业思想的实践要求尚有较大的距离。实施精准农业的作物生产管理辅助决策技术致力于根据农田小区作物产量和诸相关因素在农田内的空间差异性，实施分有式的处方农作。因而，基于 GPS、GIS 作物生产管理的智能化辅助决策支持系统，已经成为精准农业支持技术领域的重要研究方向。

变量决策分析是精准农业技术体系中的核心，致力于根据农田小区作物产量和相关因素，在农田内的空间差异性，实施分布式的处方农作。利用大数据处理分析技术，基于农业生物-环境参数的多源信息表达及融合，多源有效信息的提取和分析模拟，集成作物自身生长发育情况以及作物生长环境中的气候、土壤、生物、栽培措施因子等数据，综合农作物高通量表型识别方法、农作物影响因子关系模型、病虫害诊断与预报预警、农田变量作业优化管理等理论与方法，统筹经济、环境和可持续发展的目标，突破专家系统、模拟模型在多结构、高密度数据处理方面的不足，为农业生产决策者提供精准、实时、高效、可靠的辅助决策。

(9) 农机作业精准管理系统

北斗农机作业精准管理系统集成北斗卫星导航定位、物联网传感、地理信息系统、无线通信、信息融合与数据处理等技术，通过在农机具上安装北斗定位设备，实时获取作业农机的相关数据信息，并通过运营商移动网络将农机作业数据传输至后台系统运算分析，最终在北斗农机作业管理平台上进行显示，以信息化的手段实现对作业农机的作业状态集中监管，可提供北斗定位、农机作业监控、作业面积统计分析、作业面积和质量核查、农机调度、实时测产等多项功能。可安装在播种机、插秧机、收割机、秸秆还田机等农机上，已在浙江龙游、桐庐、萧山等地进行了推广应用。

北斗农机作业精细化管理系统采用标准的层级结构体系，分为四层，从下至上依次为感知层(北斗农机终端，高清拍照设备)、传输层(移动通信网络)、服务层(通信服务器、应用服务器、数据库服务器)和应用层(平台软件、手机 APP、短信平台)，如图 11-22 所示。

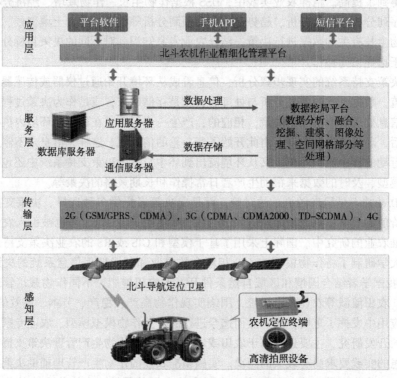

图 11-22 北斗农机作业精细化管理系统层级结构体系

①感知层。感知层由北斗农机终端、高清拍照设备等组成，如图 11-23 至图 11-26 所示，北斗农机终端与定位天线、GPRS 定位天线、高清拍照设备分别相连，电源由农机具提供。采用 GPS/BDS 双模定位模块，可实时获取农机作业位置信息，捕捉农机作业轨迹。基于"空间网格剖分的农机作业面积自动统计"算法，通过对农机作业轨迹数据分析处理，能自动识别出作业地块区域和计算出作业地块面积。

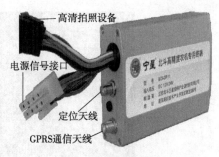

图 11-23　北斗农机终端

图 11-24　定位天线

图 11-25　GPRS 定位天线

图 11-26　高清拍照设备

②农机作业地块面积的算法。农机作业地块面积是基于栅格算法计算的。栅格数据结构是由大小相等、分布均匀、紧密相连的像元(网格单元)所组成的阵列数据，用来表示空间地物或现象的分布。每一个单元格数据记录着地物或现象的非几何属性或指向其属性的指针，其所代表的实体位置可根据行列号转换成相应的坐标给出。

算法基本原理：首先，在计算机内存中申请一个用于存放栅格矩阵的二维数组，用来表示农机的作业区域，并将其所有元素的属性值初始化为 0。其次，对相邻的两个农机作业轨迹点进行连线，并生成一个与之平行的矢量矩形。再次，对矢量矩形和栅格矩阵进行叠置处理，把矩形范围内的栅格单元的属性值修改为 1。如果之前的属性值已经是 1(针对作业过程中的重叠情况)，则不作修改。最后，计算属性值为 1 的栅格的数量并乘以单个栅格所代表的面积，从而得到农机的实时作业面积。

本算法与缓冲区生成算法之栅格法的区别是：无须对区域边界进行提取，区域面积直接通过被标记的栅格总数和单个栅格面积的乘积来计算得到，实现过程方便快捷。

基于农机空间运行轨迹的作业计量算法之栅格算法可分为以下 6 个步骤来进行实现：a. 获取轨迹点坐标；b. 坐标投影转换；c. 初始化栅格矩阵；d. 生成单条线段的矢量矩形；e. 矢量矩形栅格化；f. 统计栅格数量，得到作业面积。

③应用层。应用层由平台软件、手机 APP、短信平台等组成。通过计算机登录管理平台，可实现北斗定位、农机作业监控、作业面积统计分析、作业质量核查、农机调度、实时测产等多项功能。短信平台通过输入和发送简单的短信指令，能够获取到作业面积。手机 APP 可作业统计与作业查询，也可作为测产仪使用，如图 11-27、图 11-28 所示。

11.3　精准作业装备

精准作业装备也称智能化农机具系统。精准农业技术实施的目的是科学管理田间小区，降低投入，提高生产效率。田间变量实施是精准农业技术的核心环节，根据实施的原理可分为基于处方图和传感器的变量实施技术；根据实施的物料可分为变量播种、变

图 11-27　平台软件

图 11-28　手机 APP

地块信息分布图

专业软件形成决策

现代农机设备精准控制

形成决策并精准栽培

图 11-29　精准农业技术实施流程

量施肥、变量喷药及灌溉技术等。实施控制需要根据处方图或者传感器，实时控制物料的投入，如图 11-29 所示。智能化农机装备对实施过程提供设备支持，如自动导航仪、激光平地机、植保无人机，达到节约物料和资源投入、提高作业效率、降低生产成本、减少对环境影响的效果。

11.3.1　农业机械自动导航装备

(1)农业机械自动导航技术概述

农业机械自动导航技术是计算机技术、电子通信、控制技术等多种学科的综合在现代农业生产中的应用，逐渐成为农业工程技术的重要组成部分。从最早的机械导向、圆周导向、地埋金属线导向到当前的机器视觉导航、GPS 系统导航多传感器信息融合导航，农业工程领域导航控制自动化的研究已经经历了 70 多年不平凡的历史。北美、欧洲、日本以及我国的高校、公司、研究机构对此进行了深入的研究，探索了利用已有系统来组合导航的策略、导航任务规划和操作控制、软硬件的结合等，并在药物喷洒、除草、种植、收割、车辆自动行走等方面取得了实际的应用。农业机械自动导航系统如图 11-30 所示。

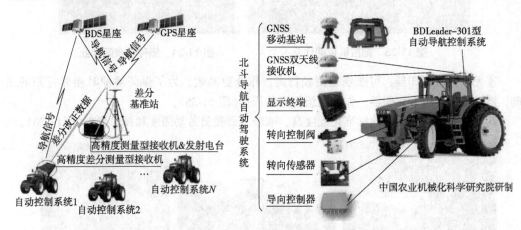

图 11-30　农业机械自动导航示意图

　　农机自动导航装备是指农业机械(如拖拉机、收获机、喷药机等)，安装了全球卫星导航与自动驾驶系统后，在差分定位下，可对田间行走作业进行精确引导的装备。设备具有两大功能：自动定位和自动驾驶。

　　农机自动导航装备的优势主要体现在：

　　①在卫星导航自动驾驶控制下，垄起得非常直，如图 11-31 所示。1000m 误差不超过2.5cm。因行间距均匀，作物通风、光照、养分利用等要素得到改善，质量和产量双提升，为后续喷药、收获机械作业提供直线路径，防止压苗。

　　②农机作业不重不漏，土地利用率高农机往返作业时，地表会出现结合缝(即耕埂)。人工驾驶操作的结合缝为 5~10cm。应用装置后，作业精度提高(图 11-32)，结合缝减小到2.5cm，土地利用率能提高 1%，经济效益可观。

　　③可夜间作业抢农时(图 11-33、图 11-34)，增加机组作业效率。

图 11-31　起垄作业效果图

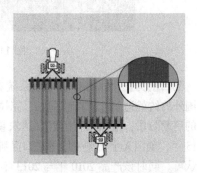

图 11-32　接合埂之间误差效果

图 11-33　拖拉机夜间作业　　　　　图 11-34　播种机夜间作业

④无须传统划印器，可按规划路径行走，作业更高效。为了保证播种时相邻行距的正确，播种机上安装有划印器，作为机组行进的依据(图 11-35)。

⑤实现自动驾驶，作业标准化程度高，减轻了驾驶员劳动强度和技术要求(图11-36)。

（a）划印器放下（工作状态）　　　（b）划印器收起　　　（c）拖拉机中心线对准划印器行驶

图 11-35　传统农机划印作业

图 11-36　自动驾驶起垄作业

到目前为止，农机自动导航系统在国内发展分为三个阶段：第一阶段为 2000—2009 年，由国外的约翰迪尔、凯斯纽荷兰、克拉斯等公司，以整机进口的形式引入国内市场，进入了市场的启蒙阶段，虽然仅有个别发达农垦农场得以使用，但使用效果明显。第二阶段为 2009—2015 年，美国天宝、拓普康等进口品牌陆续进入国内市场，随着市场应用，老百姓逐步对该系统认可。同时该产品 2010 年与 2013 年，分别在黑龙江农垦总局、新疆维吾尔自治区及新疆生产建设兵团，列入农机购置补贴系统，加快了该系统的推广应用。第三阶段为 2015 年至今，国内一批高等学校、科研院所、民营企业等，开始自主研发，产品开拓、市场应用取得成效，快速地实现了产品的进口替代，一些农业发达区域的老百姓也由最初的基本认可上升到依赖持续使用。加之 2016 年开始在国内 17 个省份实行试点农机自动导航驾驶设备的补贴政策，国内自主研发生产的企业纷纷进入市场，农机自动导航系统在国内的销量出现了快速增长。

（2）农业机械导航定位

对于农业机械的自动导航，最重要的是自身位置和方位的检测。在相对坐标系或者绝对坐标系中，实时检测自己的位置，是农业机械自动导航的重要基础。此外，障碍物的检测与识别也是农业机械导航的重要研究方向。也就是说，能够检测农业机械周围环境是确保自动导航安全性的必备要素。

目前，农业机械的导航定位方式很多，诸如 GPS 机器视觉系统、惯性传感器、磁传感器、超声波传感器、激光传感器、红外传感器和雷达等。其中在农业工程领域应用比较广泛的三种主流导航定位方式是 GPS、机器视觉系统和惯性传感器定位。GPS 导航、机器视觉导航和惯性传感器导航因受到各种条件限制，都存在一定的缺陷，均难以连续高质量地提供导航定位信息。更好的导航定位方式是采用集多种导航传感器优点于一体的多传感器组合导航定位，目前用于组合导航定位的传感器组合主要是 GPS/DR（航位推算）方式，该方式将 GPS 和惯性导航系统进行组合定位，在互相弥补两种系统的定位缺点的同时提高定位精度。

（3）农业机械导航控制

导航控制是指将驾驶员的操作动作通过自动控制系统来实现，主要包括转向、变速和制动等自动控制环节。其中，转向操纵控制是农业机械自动导航控制的关键技术之一，国内外对此进行了大量的研究。大多数现代农业机械都采用液压操作系统，转向机构的自动控制一般是通过改装现有的液压转向系统来实现。自 1978 年起，欧洲 Claas 公司开始生产带有自动操作控制系统的农业机械装备，其转向机构由电液系统控制，基本原理是将车轮角位移传感器的电信号与理想路径信号相比较，其差值即为转向装置需要调节的角位移量，再通过转向控制液压阀控制换向油路实现农业机械的自动转向操作。

农业机械导航控制的中心任务是要根据导航定位的结果，确定农业机械和预定跟踪路线的位置关系，进而结合农业机械的运动状态决策出合适的转向轮操纵角，以修正路径跟踪误差。常用的导航控制方法有三种，即线性模型控制方法、最优控制方法和模糊控制方法。其中，线性和模糊控制方法基本上不涉及农业机械运动学和动力学问题，控制参数仅通过经验或者实验结果来离线调节。现代农业机械的自动导航已开始由传统导航控制方法转向自适应导航控制。目前，自适应导航控制方法的深入研究还比较少，自适应控制的理论和方法还在不断完善中。

（4）农业机械 GPS 导航应用

随着 GPS 精度的不断提高以及应用成本的不断下降，作为"3S"技术核心之一的 GPS 技术以其独特的优点在精确灌溉、施肥和农业智能机器人，以及农用车辆的自动导航定位方面发挥着广泛的用途，主要可分为 DGPS（差分 GPS）和 RTK-GPS（实时动态 GPS 定位技术）。其中，DGPS 的定位精度能够达到亚米级，而 RTK-GPS 的定位精度可以达到厘米级。

RTK-GPS（real-time kinematic GPS）定位技术是基于载波相位观测值的实时动态定位技术，它能够实时地提供测站点在指定坐标系中的三维定位结果，并达到厘米级精度。德国阿玛松公司出品的精准变量播种机在 RTK 作业模式下，基准站通过数据链将其观测值和测站坐标信息一起传送给用户接收装置。用户接收装置不仅通过数据链接收来自基准站的数据，还要采集 GPS 观测数据，并在系统内组成差分观测值进行实时处理，同时给出厘米级定位结果，历时不足 1s。用户接收装置可处于静止状态，也可处于运动状态；可在固定点上先进行初始化后再进入动态作业，也可在动态条件下直接开机，并在动态环境下完成周模糊度的搜索求解。在整周未知数解固定后，即可进行每个历元的实时处理，只要能保持四颗以上卫星相位观测值的跟踪和必要的几何图形，用户接收装置可随时给出厘米级定位结果，如图 11-37 所示，RTK-GPS 导航应用基站监视 GPS 卫星群，并持续计算位置，而且，由于基站是静止不动的，误差可以实时进行计算。然后，RTK 的无线电装置把校正信号发送到装配接收机的移动车辆。

农业工程中利用 RTK-GPS 存在如下几个问题：如果基线超过 10km，通常很难获得厘米级定位结果；用户需要独立设置 GPS 基准站，而且需要准备用于传送校正数据的天线装置，工作成本较高，使用困难；应用覆盖范围较窄，大范围使用时需要配备多个 RTK 基准站。对于高速作业要求的导航系统并非一定要用 RTK-GPS，只要导航组合方式恰当，DGPS 也可以达到导航的精度要求。

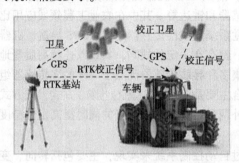

图 11-37　RTK-GPS 导航应用

在其他农业机械的导航应用中，Zhang 等基于传统拖拉机，利用 GNSS（Global Navigation Satellite System）、惯性导航、激光雷达等研发的自动化拖拉机，可初步实现道路行驶和田内作业的无人操作。凯斯纽荷兰研发的无驾驶室 Magnum 和有驾驶室 NH Drive TM 等无人驾驶概念车辆配备了感应和探测装置，能够感知并避开障碍物。为减少施药过程中对人的危害，刘兆朋等基于 ZP 9500 高地隙喷雾机，利用查询表方法进行直线跟踪、地头转弯和喷雾作业的自动控制，初步实现了自主喷雾作业。陈黎卿等基于纯电动型喷雾机，设计了信息采集与通信系统，实现了喷雾机的自主行驶与作业控制。李云伍等基于丘陵山地电动转运车，基于 GNSS、视觉传感器及毫米波雷达，实现了转运车的自主行驶。

11.3.2　智能化变量作业装备

智能化变量作业装备是实现精准农业的重要设备，首先必须利用 DGPS 技术实现精确定位，然后根据处方图生成的智制控制软件，针对农田小区存在的差异自动执行分布式投入决策。

支持"精准农业"的变量作业装备主要包括：自动控制实现精密播种、精准施肥、精准施药和精准灌溉等定位控制作业的变量处方农业机械，实施机载农田空间信息快速采集的机电一体化农业机械等。随着精准农作应用技术的发展，目前，国内外已有多种商品化的变量处方投入的农业机械，在生产和使用，其中较成功和效益较好的有播种、施肥和喷药等，下面做简单介绍。

(1) 精准变量播种机

精密播种是指按精确的粒数、间距和播深，将种子播入穴孔中，可以是单粒精播，也可以是多粒播成一穴，但要求每穴粒数相等。精密播种可以节省种子，且不需间苗，与普通播种相比，种子在播深、播量、播距等各环节都做到了精确控制，因而更有利于种子的生长发育，提高作物产量。精密播种机是实现精密播种的主要手段，而排种器是播种机得以实现精密播种的核心部件，是决定播种机特性和工作性能的主要因素。排种器的工作机理和结构是否合理将直接影响到播种机的播种精度、播种速度、制造成本以及对种子的适应性等各个方面，因此有必要对精密播种技术进行研究与创新，以进一步提高精密播种质量。精密变量播种机如图 11-38 所示。

在精准农业模式下，为了适应 GIS 提供的不同地块的播种期土壤墒情，土地生产能力（参考产量图）等条件的变化，精密播种机要进行以下的调控。

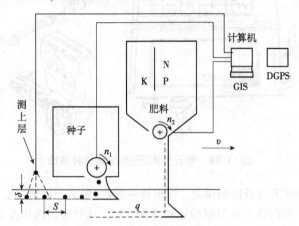

图 11-38　精密变量播种机示意图

①播种量 S 的调控。根据地力和预期产量调整排种轮转速 n_1，控制播种量 S 以期取得不同的单位面积保苗株数。

②开沟深度（或种子覆土深度）δ 的调控。根据土壤水分、温度和种子特点，调整开沟器相对地表的高度，并且控制覆土深度 δ 保持一个要求的稳定值，在此要有相应传感器检测覆土深度 δ。

③施肥量（甚至肥料组成）的调控。根据土质、作物品种、密度等条件变化，通过改变排肥器转速 n_2 或出肥口，调控单位面积施肥量 q，必要时甚至调控肥料含量的组成（N、P、K 等）。

播种机工作时，由 DGPS 准确确定播种机所在位置，通过 GIS 了解该位置土壤水分、产量能力等条件，由计算机计算确定所需的粒距 S、施肥量 q 和覆土深度 δ，并发出指令通过执行机构控制这 3 个参量。为了保持 δ 稳定，还要有检测装置随时检测 δ 偏离预定值的情况，并进行反馈控制。播种机械要根据小区的土壤湿度、肥力等因素进行播种深度、播种距离和播种量的调整。由于土壤湿度经常变化，可在播种机上装配能实时测定土壤湿度的传感器，然后根据小区土壤湿度及高低，实时调整种子的播种深度以提高发芽率，或根据种子处方图的信号按小区实施播种距离和播种量的调整。

西南农业大学研制的电磁振动式排种器控制系统，应用在水稻穴盘精量播种机上，穴播量 1~3 粒的合格率达到 90% 以上。其硬件电路由光电传感器、红外发射接收电路、光电位置传感器及其放大电路组成，利用光电一体化闭环控制技术实现了电磁振动式排种器的控制。光电传感器及红外发射接收电路用于检测种子是否存在，光电位置传感器用于检测秧盘及其孔穴的位置；单片微机控制器用于采集各传感器输出信号，并根据要求给出相应的控制信号，使精密播种装置的各个工作部件相互协调动作，排种器每次只排出一粒种子，播种精度较高，很好实现了精密播种过程。

德国阿玛松（Amazone）公司出品的精准变量播种机是在其气力式 ED 型精播机基础上改进而成的。其排种轮由电子—液压马达驱动，可根据机载计算机 AmatronⅡA 发出的指令进行无级调速（图 11-39），使每平方米面积上的播种量满足处方图的要求。为达此目的还要在

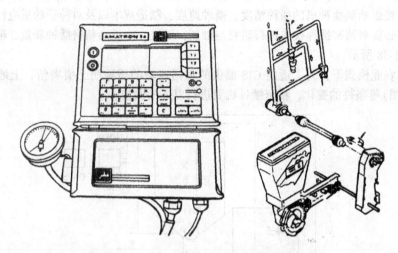

图 11-39　电子—液压控制变量排种系统

配套的 DGPS 装置引导下进行田间作业。按田块各局部(肥力、墒情、土质差异)的不同实际需要，在播种作业中随时精确调节播种量和播深，可以达到整块地出苗整齐苗壮的目的。

(2)精准变量施肥机

土壤养分在田间分布存在差异，这也是变量施肥的客观基础。传统的施肥方法在同一块农田内均一施肥，这是肥料浪费和环境污染的根源之一。变量施肥技术是精准农业的重要组成部分，它根据作物实际需要，基于科学施肥方法(如养分平衡施肥法、目标产量施肥法、应用电子计算机指导施肥等)，确定对作物的变量投入，即按需投入。实践表明，实施按需变量施肥，可大大地提高肥料利用率、减少肥料的浪费以及多余肥料对环境的不良影响，因此其经济、社会和生态效益显著。

国外已研制出监测土壤肥力的实时传感器，它应用作业中切入的两个圆盘犁刀之间加入电位差，使在两个圆盘犁刀之间的土壤形成电磁场，由于电磁场的性质受土壤特性的影响，因而产生可以控制并调整肥料投入数量的信号，最终通过排肥管道的调节电磁阀门实现肥料的变量投入。土壤特性由土壤类型、有机物含量、土壤阳离子交换能力、土壤湿度和硝酸盐的氮肥水平所组成。氮肥实时投入量的控制信号由传感器输出，加上农艺学的要求和产量目标综合决定。

美国 Green Seeker 生产的作物含氮量检测施肥系统可装备在田间施肥机械上，对作物不同时期的含氮量进行在线监测，将实时监测的含氮量结果与电子地图内叠存的数据库处方进行比对，可对不同田块区域内作物的施用氮肥量进行调整。如图 11-40 所示为美国俄克拉荷马州立大学研制的装备了 Green Seeker 含氮监测仪的施肥机。

如图 11-41 所示机型可按田块的不同需要，有针对性地撒施不同配方及不同量的干粉混合肥。具体工作过程如下。田间各局部所需的肥料、农药及微肥的比率及单位面积用量，都事先已编程存入微处理器中，根据扫描农田地图，计算机将信息送往电阀以控制由肥料斗经计量轮排出的肥料量。肥料落入不锈钢输送链后被带到混合搅龙，在此注入泵将农药注入，同时微肥从微肥斗撒落其中，上述混合物(肥料，农药)落到水平短搅龙内进一步搅拌并推送到竖直搅龙。混合物升运到顶后被双刮板送到分配头，然后进入个分立的输送管中。混合肥此时到达文丘里喷管与空气流混合。该气流由液压驱动鼓风机产生并送到空气多路歧管，压力升高，气流加速将混合肥料带到不锈钢杆管和喷嘴—反射器处，随即以扇形撒向地表。

图 11-40 装备 Green Seeker 含氮监测仪的施肥机

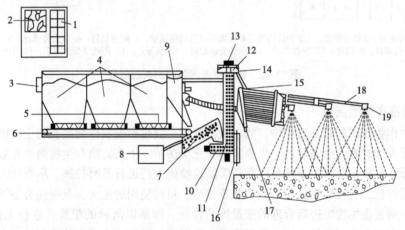

1. 微处理器；2. 田间地图；3. 电液阀；4. 商品肥料斗；5. 计量轮；6. 输送链；7. 混合搅轮；8. 注入泵；9. 微肥斗；
10. 水平搅轮；11. 竖直搅轮；12. 刮（浆）板；13. 分配头；14. 输送管；15. 文丘里管；16. 鼓风机；17. 空气多路歧管；
18. 杆管；19. 喷嘴—反射管。

图 11-41 精准变量干粉混合施肥机

(3) 精准变量灌溉设备

在大面积旱田中，采用大型喷灌设备，根据地块和作物的要求，调整喷灌机械的行驶速度、喷口大小和喷水压力等实现喷水量控制，可以进行适时适量地喷水，比漫灌可以大量节约用水，并且省工、省时。国外的自动灌溉管理系统可在几周前根据不同的作物生长期、土壤和地貌情况的要求，在规定的时间，按不同地块的要求，洒入不同的人工降雨量，在大型平移式喷灌机械上加设 GPS 定位系统，也可实现利用存放在地理信息系统（GIS）中的信息和数据，通过处方，实现人工降雨的变量投入。

现以美国爱达荷州阿伯丁（Aberdeen）的一个圆形变量喷灌系统为例加以说明。该系统采用主从微处理器分布式控制，使得臂杆长达 392m 的喷灌机得以随时调节喷洒流量，以适应各田块因土壤质地、耕作层厚度、地形以及产量潜力不同，对水分及农药的不同需求。

该系统的目标：①安全可靠；②方便使用；③节约用水；④节省农药；⑤节能。其框图如图 11-42 所示。系统仪表包括两支 0-100PSI 压力传感器和 0-1000GPM 流量计。以电子控制变速驱动供水泵和药液泵来调节流量，该分布控制系采用了 Echelon CSMA-CA（Carrier Sense Multiple Access with Collision Avoidance，载波传感多路存取冲突避免）双向网络，直接经由 480V 交流动力电网通信。

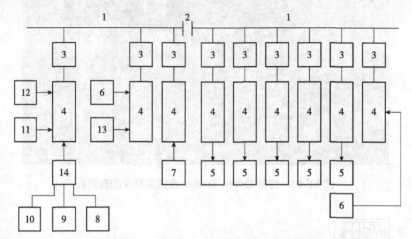

1. 三相480V交流；2. 转动枢轴；3. 动力线插座；4. 从属微机及网络通信；5. 阀控制器；6. 压力传感器；7. 位置编码；8. 串行接口；9. 键盘；10. 液晶显示；11. 水系变速驱动；12. 流量计；13. 药液泵变速驱动；14. 主机图。

图 11-42　精准变量灌溉控制系统框图

(4) 精准变量喷药机

在对农作物的田间管理过程中，病、虫、草害一直是影响农作物生长的主要因素，防治采取的主要方法有农业生态防治、生物防治和化学防治。生态防治和生物防治见效慢，目前我国大部分病、虫、草害主要还是依靠化学防治喷施农药进行及时控制。尽管我国的农产品产量居世界首位，但开展变量施药研究起步较晚，目前使用的绝大多数喷药装备不能根据田间虫、草、病害侵蚀程度进行合理的变量施药作业，而是以落后的粗放式进行无差别喷施，长期大量、大规模使用化学农药，不仅浪费农药资源，引起草、害虫的抗药性，次生性虫害爆发，环境污染，而且会造成农作物中的农药残留超标，农作物质量与产量发展失衡等令人担忧的生态与生产安全问题。因此人们越来越感到迫切需要限制农药的使用量，进行精准喷药，以减少环境污染。

变量施药技术先通过对田间虫、草、病害区域信息进行采集，对变量施药装备在田间的位置、运行速度、施药喷头压力等信息进行实时监控，再通过后台大数据云计算对被虫、草、病害侵蚀区域信息进行科学评估，实时运算制定最佳施药方案，最后随着机器在田间的行进，通过变量施药装备对侵蚀区域按需施药。这种方式可以在有效提高农药利用率的同时，最大限度地降低环境污染，提升农产品的质量。因此变量施药是现阶段我国农业现代化可持续发展的重要组成部分。基于我国国情，农业专用传感器研发生产较少，多数基于农业的传感器、控制与自动调节部件均采用进口方式，目前国内变量施药装备的研发仍然处于探测技术与机电一体化的集成的初级阶段，变量施药装备普遍存在装备市场售价过高、结构复杂、操作门槛高等问题，变量施药技术与产品的研发水平不能满足中国智慧农业发展的要求。

变量施药技术组成包括：

①防飘移技术。施药机器向前运行的过程中，由于施药喷头的施药方向与机器的行走方

向相互垂直，施药喷雾会在空中发生沉降与飘移，如果施药机器运行速度过快将会造成70%~80%的农药浪费。为了改善传统施药喷头对农药的浪费，使用少飘喷头技术可以将施药喷雾在空中由于飘移所造成的农药损失降低30%~65%。少飘喷头防止药液飘移原理是在喷雾装置的喷杆上加装气力式防风屏障或者机械式防风屏障，加装防风屏障的施药机器可使传统施药机械的施药雾滴减少65%~81%，同时还可以有效提升农药在作物上的附着量。

②药液回收技术。药液回收技术是在喷雾装置的喷杆上加装药液回收设备，空中发生沉降与飘移的施药喷雾会经药滴收集槽、药滴过滤网等装置输送回配药箱，由此循环被回收的药滴会再一次由施药喷头喷出，这样不但能有效减少基于药液飘失所产生的环境污染，又能在一定程度上有效减小整体农药施用量，很大程度上缓解了农药资源的浪费。

③静电喷雾技术。静电喷雾技术所采用的是在高压静电喷头与农作物之间创建一个静电磁场，当农药经过高压静电喷头时，会形成群体荷电药滴，在磁场的作用下，由喷头喷出的药滴会向目标农作物移动，并吸附于目标农作物表面。该项技术具有大幅提升农药利用率、提高药液沉积效率、降低农药飘移损失、降低环境污染等作用。

④自动对靶技术。自动对靶技术的关键在于能够及时有效地获取农作物虫、草、病害侵蚀的区域信息，通过机械视觉系统对虫、草、病害侵蚀区域的症状及危害程度信息进行识别，通过大数据云计算等评估被虫、草、病害侵蚀区域的农作物特征信息，制定合理的变量施药方案，通过变量施药机械完成自动对靶施药，从而提高农药在作物上的附着率，同时还能有效降低成本和减少农药对环境的污染。目前主要有基于地理信息技术的自动对靶技术和实时信息采集的自动对靶技术，均可有效提高农药在作物上的附着率，减少农药在非目标农作物的沉降，从而获得理想的施药效果，自动对靶技术的难点是信息的采集、处理的准确性及系统的整体协调性。

⑤自主行走技术。由于农作物间存在间隙小、有垄沟等阻碍变量施药装备在农作物间自由移动的问题。自主行走技术是根据系统预设轨迹或依据传感器的信号指令进行自主前行、停止及拐弯的技术。

⑥植保无人机。由于生长到中后期的农作物普遍植株体型较大，这就给传统基于地面行驶的施药机械带来极大的局限性。农用植保飞机的出现为解决这一局限性提供了十分理想的途径，尤其在应对具有突发性质的虫、草、病害时效果拔群，但农用植保飞机并不适用于低空飞行，而且飞行时由于速度过快会对药液造成较大的飘移，使得施药效率较低。近些年来，随着小型无人机技术的发展，我国利用无人机对农作物施药的普及量正在与日俱增，无人机因其具有体积小、操作灵活、适应性强的优点，已经越来越受到农业植保的青睐。植保无人机在空中飞行的施药过程中由旋翼所产生的气流会使农药雾滴直接沉积于植物叶片的正反面，极大的提升了药物的弥散效果，对提高农药利用率、实现农业可持续发展具有重要意义。我国现已研发出多种适合于不同工况下的植保无人机，农户通过植保无人机对田地进行变量施药可以有效降低劳动力，提升农业资源利用率。由于植保无人机是在空中作业，所以可以完全规避基于地面作业的植保机械对农作物的碾压损害，可以方便快捷且有效的完成农作物在各个时期的植保工作。

精准变量喷药机技术上要解决的三大问题是喷雾流量的控制与雾滴大小相互影响；喷药量受行驶速度的影响；小区药量及雾滴大小不能按处方要求定位调节，如图11-43所示为凯斯SPX3310精准变量喷药机。

国外已在研制光反射传感器，利用棕色土壤和绿色作物叶子能反射不同波长的光波，可辨别土壤、作物和杂草。利用反射光谱的差别，可判别缺乏营养或感染病虫害的作物叶子。

变量施加除草剂有两种方法，一种是事先用杂草传感器绘制出田间杂草斑块分布图，然后综合处理方案，给出杂草斑块处理电子地图，由电子地图输出处方，通过变量喷药机械实施；另一种是利用杂草检测传感器，随时采集田间杂草信息，通过变量喷撒设备的控制系统，控制除草剂的喷施量。研究表明，通过处方变量投入，可使除草剂的施用量减少 40%～60%。

图 11-43　凯斯 SPX3310 精准变量喷药机

PATCHEN 公司生产的 Weeds Seeker PhD600 为应用半导体二极管光反射传感器的农药变量供给系统，它应用发光二极管为光源，光电二极管接收并分析反射的光谱数据，产生信号并控制农药喷嘴阀。只有当杂草出现时才喷撒除草剂，这样可以减少除草剂的使用量。

11.3.3　谷物联合收获机测产系统

(1) 概述

智慧农业是将现代信息技术运用到传统农业中，实现信息感知、定量决策、精准实施，使农业生产、经营和管理过程更智慧、更高效、更精准。产量是作物在众多环境因素和农田生产管理措施综合影响下的生长结果，是实现作物生产过程中科学调控投入和制定管理决策措施的基础。因此，获取农作物小区产量信息，建立小区产量空间分布图，是实施"精准农业"的起点。智能农机将现代信息与通信技术、计算机网络技术、智能控制与检测技术汇集于农业机械的生产和应用中，产量监测是其中重要一环，被定义为"在空间和时间上对作物收获量的测量和地图形式下对这些测量的表示"。通过在联合收获机上搭载测产系统，获取农田地块产量信息，分析农田作物产量空间变异情况，可确定农田的播种效果、水肥利用、病虫害等管理信息对谷物产量的影响，因此测产是智能农机和智慧农业的支撑技术，欧美一些发达国家从 20 世纪 90 年代就开始纷纷投入大量的人力和物力，基于不同的测产传感原理，为不同作物开发了商品化产量监测系统。其中比较有影响的包括：美国 Case I H 公司研制的 Advanced Farming System 系统、英国 Massey Ferguson 公司研制的 Fieldstar 系统、JohnDeere 公司研制的 Greenstar 系统、AgLeader 公司研制的 PF Advantage 产品、Micro-Trak 公司研制的 Grain-Trak 产品、CLAAS 公司研制的 Lexion 产品等。近 20 年来，国内这方面虽然不断也有相关研究，但测产传感技术仍落后于精准农业其他单项技术，尚无商品化的国产测产系统，传感器的可用性被认为是阻碍精准农业更广泛实施的关键因素。因此，测产传感原理的研究一直是研究热点，对我国大田农业的发展至关重要。

流量传感器是测产系统的核心部件，从 1991 年至今，已经有 30 余种类型的谷物流量传感器。根据 REYNS(1997)年的分类方法，联合收割机测产系统使用的谷物流量传感器可分为称重式、体积式、冲量式和其他式 4 种。欧美谷物测产技术成熟，已有商业化产品配备到联合收割机。国内研究起步较晚，取得了一些研究成果，但到目前为止仍没有商品化的谷物流量传感器。目前基于质量流检测的谷物流量传感器有冲量式、称重式以及 γ 射线等，冲量式应用最为广泛。基于体积流检测的谷物流量传感器主要有对射式、漫反射式、结构光等。目前，国内外谷物流量传感器的发展主流仍是冲量式和光电式。随着计算机技术和图像处理技术的发展，近年来采用光电传感器测产成为研究的热点。

为了提高联合收割机谷物流量传感器的测量精度、降低传感器标定频率，谷物流量传感器的发展呈现以下趋势：①为了适应联合收割机复杂的作业环境，谷物流量传感器的研发需要结合联合收割机自身特点，探索基于压电效应、光电效应的测量新原理传感器。②研究机器振动、升运器速度、田间坡度、谷物品种和谷物含水率等因素对谷物流量传感器精度影响的校正新方法，如针对某一或几种影响因素的自动校正方法。③谷物流量传感器朝着智能化、高精度方向发展。

（2）测产系统组成及工作原理

现代谷物联合收获机由于采用自动监测和自动控制技术，已具有以下几个功能：割茬高度自动控制、脱粒喂入量自动控制、收割台自动仿形、谷粒损失率监测和显示等功能；自动监测并显示作业速度、脱粒滚筒转速等运行参数；故障诊断及报警；计算和统计作业面积、耗油率及产量等智能化功能。由于精准农业定位的要求，谷物联合收割机产品已装有卫星定位系统接受机能采集、计算以及统计产量的各种传感器，利用监测和处理的数据，可在专用计算机上利用软件生成小区产量分布图，并通过彩色显示器向驾驶员显示或由打印机打印出彩色产量分布图，为实施精准变量处方农作打下基础。如图 11-44 所示为带有产量传感器的联合收割机，谷物联合收获机测产系统，主要由 DGPS 接收器、谷粒流量、谷粒湿度、作业行驶速度、收割台提升位置等的传感器、电子监控显示器等组成。为了测得产量数据，相应传感器的布置如图所示。

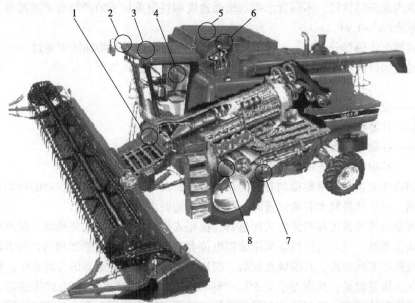

1. 割台高度电位计；2. GPS/DGPS接收天线；3. 产量监测器（驾驶室内）；4. GPS/DGPS接收器（驾驶室右侧）；
5. 谷物流量传感器；6. 水分传感器；7. 净粮升运器轴速传感器（右侧）；8. 前进速度传感器或雷达。

图 11-44　带有测产系统的凯斯 2336 联合收割机

传统田间测产方法：

$$单产量 = 总产量/地块亩数$$

精准农业田间测产方法：

$$单产量 = (谷物质量流量 - 水分含量 + 损失量)/(收割机行驶速度 × 割幅宽度)$$

从收割流程看，联合收割机在头部切割作物，并将它们运至脱粒机构，然后脱粒谷物通过分离筛落入水平搅龙，再由刮板式或螺旋式升运器将谷物输送到谷仓。当谷仓装满时，谷物通过一个螺旋输送器排出到外部的货车上。谷物流动（输送）的路线很长，测产传感器可以安放在流动中的任一环节。参考国外已有研究对测产方法的概述，将测产方法归纳为称重式、体积式、冲击式和其他式（图11-45）。称重式、冲击式和其他式的测产方式大都利用物理原理直接和谷物质量建立关系，理论上避免了容重比的影响，因此可将这几种方法归类于质量流量式。此外，在测产方法中使用2种或2种以上测产原理进行联合测产的可归类于组合式。从而测产方法可被分为质量流量式、体积流量式、组合式和其他式。

①质量流量式。质量流量传感器主要安装在升运器的前端、升运器的出口或谷仓的下方，多采用称重式、辐射式或力冲击式。称重式传感器主要安装在粮仓底部、搅龙底部或者升运器水平传输带上。粮仓底部称重或升运器上称重两者测产误差均小于5%。搅龙底部称重较粮仓底部称重具有装置位置靠前，谷物质量损失较小，时间延迟小的优点。冲击式测产方法是目前应用最广泛，产品最成熟和研究最多的方法，其原理公式如下：

$$M = \sum_{i=1}^{n} Q_i(t) \cdot \Delta t = \sum_{i=1}^{n} \frac{I_i(t)}{v_i(t)} \cdot \Delta t \tag{11-1}$$

式中：M——谷物总质量；

$\quad Q_i$——t 时刻谷物流质量；

$\quad I_i$——谷物撞击冲击板的冲量；

$\quad v_i$——撞击时刻谷物的瞬时速度。

无论室内或田间试验，不同含水率、地面速度和谷物重量下的产量与传感器输出具有较高的相关系数（$R^2 > 0.94$）。

辐射式测产传感器分2种，γ 射线和 X 射线。原理都利用谷物输送时通过一个有放射性的区域，建立辐射吸收度与谷物流单位面积质量的关系，公式如下：

$$S_v = S_{v_0} \cdot e^{-\mu M} \tag{11-2}$$

式中：S_{v_0}——没有谷物吸收能量时的辐照强度；

$\quad S_v$——谷物吸收能量后，探测器测得的辐照强度；

$\quad \mu$——谷物单位质量的吸收系数；

$\quad M$——谷物在辐射场单位面积上的物质质量。

通过精确地测量衰减系数得到谷物的质量流量，其中衰减系数不受谷物的种类和含水率变化的影响，但在测量较大谷物流量时，对射线能量要求较高。

其他质量流传感器还包括张力式传感器、扭矩式传感器、薄膜式传感器、超声波式传感器和电容式传感器。张力式传感器采用薄膜电位器与悬臂式负载传感器相结合的方法，与传统的质量流测产方式相比，其准确性较低。扭矩传感器安装在升运器的传动系中，将测量到的扭矩转化为质量流量，其误差小于5%。薄膜式传感器原理类似于冲击式传感器，但其使用了柔性增强织物橡胶，已有研究在脱粒滚筒的转子末端安装压电PVDF（聚偏二氟乙烯）薄膜，来测谷物损失量。超声波式传感器利用脉冲透过作物后撞击金属板的回波信号强度来建立谷物流量方程，该方法受振动和地形变化影响较大。电容式传感器利用了谷物流量与介电

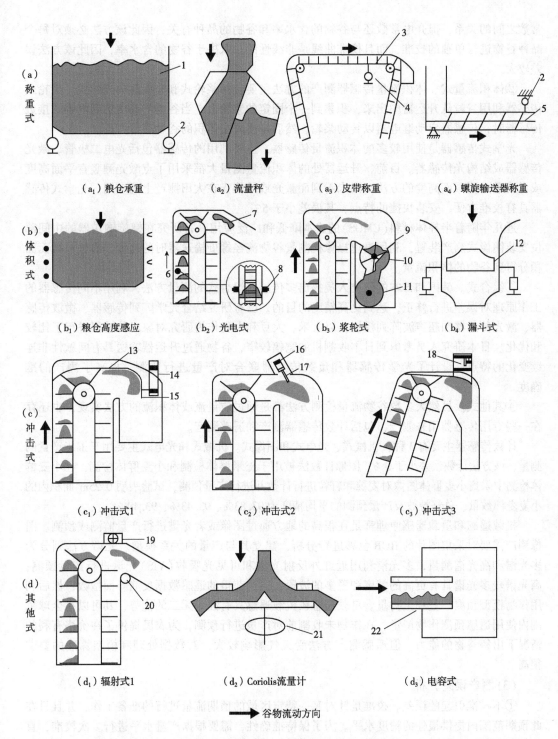

（a₁）粮仓承重　　　（a₂）流量秤　　　（a₃）皮带称重　　　（a₄）螺旋输送器称重

（b₁）粮仓高度感应　　（b₂）光电式　　　（b₃）桨轮式　　　（b₄）漏斗式

（c₁）冲击式1　　　（c₂）冲击式2　　　（c₃）冲击式3

（d₁）辐射式1　　　（d₂）Coriolis流量计　　　（d₃）电容式

➡ 谷物流动方向

1. 谷物；2. 称重传感器；3. 皮带；4. 压力传感器；5. 旋转轴；6. 光电接收器；7. 光电发射器；8. 光阵列；9. 高度传感器；10. 桨轮；11. 螺旋输送器；12. 漏斗；13. 导向板；14. 力传感器；15. 导流板；16. 力传感器；17. 测量杆；18. 弹簧式电位计；19. 辐射接收器；20. 辐射源；21. Coriolis流量计；22. 电容极板。

图 11-45　不同谷物测产方法分类图

常数之间的关系，但介电常数还与谷物的含水率和谷物的品种有关，因此该方法必须对每个品种谷物进行单独的校准，而且校准曲线是非线性的，取决于谷物的含水率，因此该方法误差较大。

②体积流量式。体积流量传感器测产的方法主要包括桨轮式和非接触的光学式。桨轮式传感器利用谷粒从升运器中出来，积累到一个固定的桨轮上，当谷物的高度达到电容式接近传感器时，传感器启动继电器以转动桨轮，然后排出固定体积的谷物获得产量。

光学式传感器是使用较多的体积流量传感器，主要利用的传感器包括光电二极管、激光传感器或结构光传感器。目前，升运器处的体积流量测量大都采用了点激光测竖直平面高度或者线激光测截面高度的方法，尚未看到面激光或结构光在大田测产上的应用。光学式传感器具有校准方便、安装快捷的特点，其误差小于5%。

近几年随着半导体材料(CMOS)的成本降低和广泛应用，有研究在螺旋输送器的中间部位安装图像式测产装置，利用高速摄像机测量谷物流经螺旋输送器时的速度，通过对截面面积分得到谷物的体积流量。

③组合式。韩国和日本的研究人员提出多传感器组合式的测量方法，利用不同传感器的工作原理对误差进行修正，达到更高精度的目的。已有研究结合光学阵列传感器、微波传感器、激光传感器和超声波阵列模块，以大米、大豆和大麦作为研究对象对传感器进行了比较和优化。日本研究人员考虑到日本收割机的宽幅较窄，谷物通过升运器输送具有间歇性非连续变化的特点，设计了光学传感器和负载传感器联合对产量进行监测，提高了测产的准确度。

④其他式。虽然大多数谷物流量检测方法都是通过质量流或体积流的方法实现，也还存在一些专用传感器用来测产，包括计数传感器测产和遥感测产。

计数传感器主要有3种：机械式、光电式和图像式。机械式和光电式主要用于玉米产量的测量，该方法计数误差小于3%。图像计数法被用于玉米群体检测和小麦群体检测，在小麦群体检测中采集小麦群体图像对麦穗和籽粒进行计数并进行产量预测，试验表明0.25m²面积内的小麦麦穗数量、总籽粒数及产量预测的平均精度为93.83%、93.43%、93.49%。

机载遥感和星载遥感原理都是在很高的地方通过图像或者光谱进行产量监测或预测。图像测产需要对采集图片的RGB色彩进行分析，建立其与产量的关系模型。光谱方法则分为多光谱和高光谱测量，多光谱利用近红外反射光谱和可见光吸收(VIS)光谱进行产量预测；高光谱较多光谱具有更高的精度和更多的波段，通过获得的遥感数据反演叶面指数，然后利用作物模型预测产量和生物量。星载遥感较机载遥感具有独一无二的优势，其可以在全球范围内使用遥感预测作物产量，在作物未收割前对产量进行预测，为农民提供了在价格有利的情况下出售谷物的能力。但遥感测产方法受天气影响较大，对数据处理和模型算法的要求很高。

(3)测产误差分析

①不校准引起的误差。校准是针对某一特定区域的预期流量进行的准备工作，并且只在此预期范围内提供最佳的精度水平。为了保持准确性，需要根据产量水平进行多次校准，直接使用未经校准的产量监测数据是不可靠的。Doerge提出"任何影响谷物的流动或与冲击感应板有相互作用的因素都会影响测产的结果"，因此获得良好精度的重要因素是将正确范围内的谷物流量纳入冲击式测产传感器的校准中。已有研究表明，校准评估应该每天进行4、5次，否则就会出现较大的系统误差，使整体数据产生偏离；校准的次数越多，传感器的值越精确。如果在一批试验中只使用1次校准，误差高达9.5%；但如果在每次运行前重新校

准数据，则误差降低到 6.6%。

②传感器的响应误差。已有研究在室内对质量流量为 2~6kg/s 的冲击式测产传感器的响应进行分析，通过试验台实时调节流量来模拟联合收割机的谷物流动，结论表明产量监测装置显示谷物流量变化误差为 4.5%。

③谷物水分和密度变化带来的误差。通常同一天同一块土地上不同时间谷物的水分变化很大，如玉米含水率的变化幅度可以超过 10%。在一些气候环境下水分变化更大，如在英国温带海洋性气候下，谷物含水率的变化范围为 12%~30%。因此在使用体积流量测产传感器时，当模型将体积流量转换为质量流量时必需考虑作物密度变化带来的影响，否则会将含水率变化的误差引入质量流量测量中。由水分引起的质量变化对冲击式流量传感器也有较大的影响，谷粒含水率较高时其表面的游离水会改变其物理特性，对冲击力产生影响，当含水率较低时，实际通过联合收割机的质量流量更大。

④谷物流分布不均带来的误差。试验表明在利用体积流量传感器测产时，颗粒流动的剖面受工作场地斜率变化以及颗粒性质的影响，随着振动和现场地形的变化，谷粒的位移随斜率增加而增加，从而增大了谷物质量流量的误差。

⑤谷物流速变化带来的误差。实验室环境下对冲击式测产传感器分别在恒定流量、阶跃输入流量和瞬态流动条件下的误差进行研究，结果表明恒定流量下平均误差仅为 2.1%，而流量在阶跃变化和瞬态情况下，误差分别为 3.2% 和 4.3%。

金诚谦等通过对国内外典型产量监测系统的分析研究指出，不同的产量监测方式受试验环境影响，都具有较大的不稳定性，但大部分测产方式之间的误差差别不是很大，研究认为通过测产装置的合理安装、校准和操作，可以使测产达到足够的准确度。理想的测产系统应满足以下 4 种条件：易于安装与校准；具有足够的准确度和稳定性；传感器的损坏不妨碍正常工作，降低机械故障率；使用的测产方式与作物类型无关，且便于安装在不同类型和型号的收割机上。

(4) 产量图重建技术

产量图是产量监测的可视化与延伸，研究内容包括产量重建的关键技术、产量图的误差研究、产量图的分析与应用等。

①产量图重建原理。产量图中的谷物产量定义为单位面积上的谷物质量，公式如下：

$$y_G = m_G/A \tag{11-3}$$

式中：y_G——谷物产量；

　　m_G——谷物经含水率处理后的标准化质量；

　　A——实际收获面积，其与实际割幅、行程速度相关。

在获得产量的基础上，产量图还需要融合地理位置信息（GPS 坐标），其一般由 4 部分组成：谷物质量测量部分、面积测量部分、定位部分和数据处理部分（图 11-46）。产量监测系统中的传感器包括测产传感器、水分传感器、地面速度传感器、切割宽度传感器、升运器速度传感器，以及差分全球定位系统（DGPS）接收机等，数据处理系统将感应到的谷物流量、作业面积、联合收割机的运动信息与位置函数联系起来生成产量图。为了减小测产的误差，部分联合收割机的产量监测系统还配备了一些辅助传感器，包括使用姿态传感器修正数据减少倾斜带来的误差，在联合收割机的拨禾轮处安装开关传感器，以启动或终止数据采集。

谷物质量测定主要利用了测产传感器、水分传感器、倾角和升运器转速传感器。其中谷物的含水率无损测量是关键技术之一，含水率测量的方法很多包括电容、微波、声学和近红

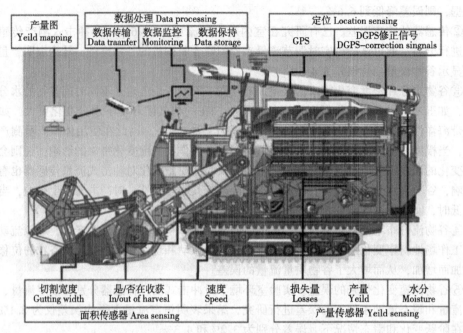

图 11-46　产量监测系统组成图

外光谱(NIR)等方法。电容法测水分由于装置结构简单，成本低而被广泛研究和应用，含水率的平均误差不超过 3%，最大误差为 10%~16%，修正后误差最小达到 0.24%，国内利用电容法测水分也做了大量研究，精度水平与国外相当。微波法测水分也是研究较多的领域之一，其误差小于 1%($R^2 \geqslant 0.95$)。近红外光谱在农业和食品工业中有着广泛的应用领域。在近红外区和短波红外区，光谱与含水率的相关系数都很高。光谱法可以在联合收割机等近端传感模式下与其他农业作业环节同时进行工作，也可以在卫星等远程模式下进行工作，因此应用前景十分广泛。已有研究在升运器上测试了商用近红外光谱仪测定小麦籽粒水分和蛋白质含量的能力，室内试验表明采用适当的低通滤波技术和最优的模型，对蛋白质和水分的交叉验证误差分别为 0.57% 和 0.31%。

通过谷物流量传感器和水分传感器测得的参数，计算得到谷物质量公式如下：

$$Y_G(t) = m_G(t) \frac{[1 - U_G(t)]}{[v(t) \cdot w_c(t)]} \tag{11-4}$$

式中：$Y_G(t)$——谷物产量；

$\quad\quad m_G(t)$——质量流量；

$\quad\quad v(t)$——地面速度；

$\quad\quad w_c(t)$——切割宽度；

$\quad\quad U_G(t)$——谷物含水率。

实际面积测量包括地面速度和切割宽度测量。其中联合收割机的地面速度可以选用地面速度传感器进行测量；也可以利用 DGPS 单元来测量，根据定位系统定时记录定位信息然后计算得到联合收割机在给定时间内行驶的距离，通过平均速度公式计算出联合收割机的前进速度。切割宽度的测量多选用机械、光电或超声波传感器，其中光电式传感器误差小于3%，超声波传感器的最大误差小于 5%。

定位部分。目前，全球定位系统已经成为主流的定位方法，DGPS 在引入基站对位置坐标和距离进行修正后精度可达到 1m 以下，DGPS 接收器被联合收割机广泛使用来确定坐标位置。斯坦福大学 O'Connor 较早将 RTK-DGPS 应用于拖拉机导航定位、跟踪，利用方向偏差及变化率、转向角度及变化率、跟踪误差等 5 个变量建立了拖拉机运动学方程，在 Deere 7800 型拖拉机进行导航控制实验，平均偏差为 -0.22cm。国内，罗锡文等在东方红 X-804 拖拉机中基于 PID 算法使用 DGPS 设计自动导航系统，其在前进速度 0.8m/s 下，最大误差小于 0.15m，平均误差小于 0.03m。

数据处理。将产量数据和位置数据结合在一起，利用地图软件生成产量图。处理的数据采用彩色编码输出并可视化，在产量图中显示为点、块或等值线。在产量图重建中，由于过滤数据会产生空洞或者数据存在突变等原因，数据处理模型尤为重要。常用到的是插值技术。插值是从周围数据中估计一个给定点的值的过程，它依赖于空间自相关的存在，而产量数据在空间上是相关的，因此可利用插值技术进行数据处理，其中克里金（Kriging）算法和逆距离加权（IDW）算法是建立连续的产量图的常用算法。

②产量图重建误差分析。实现精确的产量图重建是十分困难的，尤其是在大范围内谷物流量变化始终保持高精度的测量。在产量图重建过程中传递的主要误差有未知的作物切割宽度、籽粒滞后时间、GPS 的数据波动、谷物与杂物未知的组成成分、谷粒的损失。除上述误差来源，产量图还存在平滑算法、收割面积大小、收割机充填方式，以及结束方式等因素引起的误差。对产量图主要的误差分析如下：

a. 切割宽度的测量误差：收割谷物时，联合收割机的切割宽度在实时变化，很难利用微调来保持割台边缘与作物边缘一致。切割宽度的测量误差和地面速度的误差反映为收割面积的误差，降低了产量测量的精度。已有研究认为在小麦收获过程中利用超声波测距传感器进行测量得到切割宽度精度小于 2cm。还有研究表明，速度测量中最大误差为 2.5%，而切割宽度误差为 5%，地面速度和切割宽度误差使总产量监测误差从 5% 提高到 7.5%，推算得到切割宽度测量误差约占总误差的 22%。因此研究人员建议产量图重建中用的切割宽度可以设置为 95% 的刀具实际宽度，以减少误差。

b. 变化的地面速度带来的误差：当联合收割机的地面速度突然变化时，将在计算中引入了一个小的测量面积，而收获的谷物在联合收割机中具有延迟作用，这会使计算出的瞬时产量出现较大误差，地面速度的变化还会影响滞后作物的再分配。通过研究冲击式的产量传感器在恒定和变化的地面速度下的响应，发现当联合收割机速度恒定为 8km/h 时，载荷的平均误差为 3%，当速度为 8～11km/h 时，误差增加到 5.2%。地面速度的变化使测量误差几乎翻了一番，通过保持恒定的地面速度，则可以减小这一误差。

c. 填充时间及时间延时带来的误差：已有研究分析了联合收割机中时间延迟随操作条件变化的特点，对填充时间和时间延迟（滞后时间）进行了区别。填充时间是指谷物进入空载收割机时谷物到达产量传感器的时间，而滞后时间是指谷物在正常运转过程中进入负载收割机时到达测产传感器的时间。目前的产量图系统中通常忽略了填充时间只考虑了时间延迟。当联合收割机开始运转和停止运转时，分别处于空载和负载状态下的动力学是不同的，因此在产量图中引入了误差。对于空载联合收割机，谷物填充时间需要 10～40s，这种误差会导致高产量的地块被划为低产量的地块。如果在产量图重建中没有对填充时间进行补偿修正，则应排除前 40s 内的收获数据。在另一项研究中，研究人员建议从产量图中删除联合收割机开始运动后的 20m 的部分，以排除错误的数据。

d. 地块大小和平滑处理带来的误差：由于联合收割机的启动、停止以及速度的突然变化在动力学中引入了误差，因此很难确定产量监测装置对小面积测产的精度。地块面积越小带来的误差就越大，而目前为止瞬时产量监测准确度没有得到广泛的研究。已有研究认为，采用超过4~6s的平均数据通常将误差保持在4%以下，当采用10s的平均数据几乎消除了所有可能降低精度的误差。如果联合收割机以8km/h的速度前进，在满足误差4%以下的情况（不考虑延时误差），4~6s时间内对应的地块长度应在9~25m，如何准确测量更小面积地块的瞬时产量还有待研究。产量图重建并可视化，就需要对每个产量数据点进行分类和着色。一片区域中的产量与产量之间在空间上不是独立的而是相关的，因此不能单独处理每个产量数据点，而需要通过一种平滑的方式获得总体的产量分布。产量图重建研究中，许多研究对稀疏的产量数据建议使用克里金算法（Kriging）来丰富、预测作物产量的数据集，但是在平滑和丰富数据集的过程中势必会引入新的误差，如何使模型达到最优化还需要更多的研究。

　　e. 定位误差：随着全球定位系统（GPS）的发展，定位误差在不断的减少。使用DGPS技术，位置数据的精度可达±1m，但其在定位过程中，最大的误差来源于差分信号的丢失，因此在使用位置数据前需要判断并排除错误的位置信息。总体来说，DGPS引入的误差可以认为是微不足道的，误差主要分为2种：影响少量数据点的误差（第一类误差）和影响整个数据集的误差（第二类误差）。第二类误差的本质是定位位置的偏移，是可以通过其他方式的定位数据或者往年的定位数据校准修正的。第一类位置的误差，则可以利用程序通过联合收割机的预期轨迹进行纠正。可视化产量图作为人机交互的界面，它的数据准确度格外重要。国外已经在产量图重建系统和误差研究上进行了大量试验，反观国内研究相对较少，尤其在产量图的可视化及大数据分布算法的研究上有待加强。

　　目前，国内外谷物流量传感器的发展主流仍是冲量式和光电式。为了提高联合收割机谷物流量传感器的测量精度、降低传感器标定频率，谷物流量传感器的发展呈现以下趋势：为了适应联合收割机复杂的作业环境，谷物流量传感器的研发需要结合联合收割机自身特点，探索基于压电效应、光电效应的测量新原理传感器；研究机器振动、升运器速度、田间坡度、谷物品种和谷物含水率等因素对谷物流量传感器精度影响的校正新方法，如针对某一或几种影响因素的自动校正方法；谷物流量传感器朝着智能化、高精度方向发展。

11.4　精准农业的发展前景

　　近年来，气候问题导致农作物减产，粮食短缺问题日益突出，精准农业技术也受到越来越多的关注，各国都纷纷制定精准农业发展政策，经过分析全球范围内精准农业技术相关专利，得到如下结论与启示：

　　在过去的20年，精准农业技术发展非常迅速，相关专利产出呈现明显的上升趋势，说明精准农业领域技术研发与应用仍然在快速发展之中，市场前景广阔。2010年之前，精准农业领域技术由美国和日本主导，我国进入该领域较晚；2010年之后，在现代化农业政策扶持下我国积极推进农业信息化建设，北京农业智能装备技术研究中心等精准农业领域研究机构纷纷建立并取得阶段性成果，我国的精准农业领域专利数量也出现明显增长，赶超美国和日本，成为专利数量排名第一的国家，并遥遥领先于其他国家，这说明我国在精准农业领域的专利研发上已取得了巨大进步和发展。然而，我国精准农业领域的研究与应用大部分局限于GIS、GPS、RS等单项技术领域与农业领域的结合，没有形成精准农业完整的技术体系，目前我国关于精准农业的研究应用还处于起步阶段。

　　从专利技术布局来看，变量作业装备是当前研发热点，技术分支布局广泛，各国的专利申请都较多，日本井关农机株式会社、洋马株式会社、CNH全球有限公司等机构均拥有较多的专利申请，重复研发风险非常高，分析当前专利特点，此类研发可关注实现构造简单化与便携化。与之相配合的变量作业导航技术也是各专利申请人技术研发的重点，其中速度传感器、红外传感器、激光传感器、惯性传感器、超声传感器和雷达都有较多专利布局，可挖掘其他传感器或者多传感器组合改进变量作业的准确性和安全性。信息采集传感器也存在较高的重复研发风险，具备较多的发明人和申请人，各国都有较多市场布局，其中气象信息传感器是研发重点，作物流量传感器和产品信息传感器专利数量还未形成优势，可以增加关注度，提高信息采集的灵敏度和准确性是该技术分支的努力方向。未来机器视觉在图像处理算法上尚有很大改进空间，需要新理论、新方法的进一步有机结合，以便进一步提高结果的精准度和实时性。在决策支持系统类专利技术中，以专家系统和模拟系统为主，在研发中可适当关注一些新的决策支持方法和系统开发。关于系统集成方面，可重点考虑提高安全性、增强稳定性和降低功耗等需求。

从重要专利申请人类型的角度看，中国主要优势研发机构是高校和研究所，其他国家优势研发机构以企业为主，日本井关农业株式会社、日本洋马株式会社、CNH 全球公司和 DEERE 公司是该领域的领先者。精准农业领域专利的价值更多体现在产业化应用上，因此，我国精准农业领域研究机构应加强与企业的合作，促进科技成果转化为现实生产力，进一步提高在该领域的竞争力。相关部门需要大力推进精准农业的技术研发、转化、推广和应用，例如启动精准农业示范项目，研发适合精准农业的自主知识产权技术产品；加快精准农业基地建设，主要支持建设精准农业产业化中试基地和生产基地；精准农业涉及面广，资源整合和共享问题突出，为了减少重复投资，需要进行顶层设计和规划，建立"精准农业产业化联盟"，为精准农业的发展创造良好环境。

对比国内外重要专利申请人发现，中国主要专利申请人进入该领域较晚，近五年活跃度高，但未形成明显优势技术主题，专利影响力中等，专利海外布局严重不足；欧美的主要专利申请人研发较早，在变量作业和信息采集技术主题上占据主导优势，影响力显著，国际布局明显。面对愈加激烈的竞争形势，中国精准农业领域研发机构应当整合当前已有研发基础，结合当前的国情，利用我国 5G 技术的优势，集中力量加强公关，突破核心技术和重大共性关键技术，研发符合我国农业不同应用目标的高可靠、低成本、适应恶劣环境的精准农业技术和产品。同时专利申请人应重视制定有效的专利申请策略，加强专利的国际保护，重视我国精准农业技术的全球化发展。

 本章习题

1. 精准农业技术思想的核心是什么？简述精准农业的体系架构和关键技术。

2. 查阅相关资料，简述农机自动导航技术的研究进展和国内外应用情况。

3. 分析产量监测系统的组成和工作原理及其在精准农业技术体系中的地位和作用，评价制约该技术应用的主要因素，提出解决对策。

4. 结合自己的兴趣，分析一种感兴趣的智能农机目前存在的问题，提出基于物联网技术的解决方案。

本章数字资源

第12章 农业机器人

农业机器人技术在农业生产中的运用，是一种由不同程序软件控制，以适应各种作业，能感觉并适应作物种类或环境变化，有检测和演算等人工智能的新一代无人自动操作机械。本章从农业机器人的作用出发，介绍了农业机器人的基本组成，如机械手、传感器、移动机构和执行机构，还介绍了农业机器人在农业生产中的典型应用。通过本章学习，读者能掌握农业机器人的主要技术、应用领域，了解农业机器人在发展过程中存在的问题以及未来的发展趋势。

12.1 农业机器人概述

12.1.1 农业机器人的作用

在农业生产中运用的机器人，是一种以农产品为操作对象、由不同程序软件控制、能感觉并适应农产品种类或环境变化并完成农业生产的智能机电系统。农业机器人具有人类的部分信息感知和肢体行动功能，是综合了多学科交叉的可重复编程的柔性自动化或半自动化设备。

农业机器人在农业生产中的作用主要体现在以下几点：

①尽管有许多农业作业已经实现了机械化，但仍有许多危险性高、劳动强度大、环境恶劣和单调乏味的工作不适合人去完成，因此需要农业机器人替代人类去完成上述工作。

②在许多国家农业劳动力正在以惊人的速度减少。与一些其他工业职业相比，农业对于年轻人的吸引力正在降低，这就意味着，在不久的将来，农业劳动力资源的供给正在逐步降低。农业从业人员的匮乏会导致劳动力成本的提高。

③农业机器人的发展，特别是具有专家知识的机器人，能够完成一些农业的专门作业，如精准播种、对靶植保、测产收获等，其作业质量远高于传统农业机械。

④市场对农产品质量的需求已经成为农业生产中的一个重要因素。传统的农产品质量评价主要依赖于人工的评价，评价的稳定性和一致性并不可靠。农业机器人可解决农产品品质评价与分级问题，以确保农产品优质优价、公平贸易。

12.1.2 农业机器人的特点

农业机器人的处理对象为正在生长的动植物主体。生长中的植物和动物是动态的，要求机器人能够经常适应工作对象明显变化的特性，因此农业机器人应具备如下特点：

①农业机器人在处理农产品时，必须具有灵活性和多面性。在大部分情况下，当末端执行器与农产品发生接触时，需要进行柔性处理。

②农业机器人有一定的人工智能来辨别周围的情况。例如，当农产品位置发生变化时，

机器人要具有随动能力去不断接近它；当农产品被其他物体部分遮挡时，机器人还要能够分辨出作业目标。

③机器人要经常工作在非结构化、条件恶劣和变化的农业生产环境中，因此需要有较强的稳定性和可靠性。

④相对于传统的机器人来讲，农业机器人使用对象多为农民，需要简单易操作、具有一定的安全保护措施且价格合理。

12.1.3　农业机器人的工作对象

农业机器人的工作对象有植物、动物和食品。工作对象在生长过程中，其形态是任意的、无限制的，即使是在同样控制的环境条件下，同样品种的植物，在颜色、形状、大小等方面也不一样。工作对象在产后加工处理中，环境条件一样，但对象因个体差异，发生的变化不一样。因此在设计农业机器人时，对其工作对象特征的理解至关重要。农业机器人工作对象的具体特征如下：

①基本物理特性。包括大小、形状、质量、密度和表面组织，在开发农业机器人的机械系统时，这些物理特征通常被作为首选指标。

②力学特征。包括工作对象的弹性(弹性系数、泊松比、刚度)、黏性、黏弹性、振动特性、压缩、拉伸、剪切特性、破坏特性、切断特性、摩擦特性等。

③动态特性。包括切割阻力、摩擦阻力、伸缩性、黏性，该特性对于减少机器人在作业时对对象的破坏非常重要。农产品相对于工业机器人的工作对象来讲，比较柔软，更易受到伤害。作用在对象表面的摩擦阻力是确定机器人抓紧和举起力量的关键参数。切割阻力在正确分开对象时也有必要考虑。农产品的伸缩性特点可以用来帮助机器人确定处理对象的极限值。

④光学特性。农产品存在一定的光学特性，包括光在生物对象中传导性以及在表面的反射等特性。

⑤声学特性。由于生物对象内含有水和组织，声音和振动特性也反应了部分特征。特征变化取决于主体的成熟度和质量。

⑥电特性。例如，电阻和电容量，也随着主体质量的变化而变化。大部分生物主体是有生命的，已经收获的果实吸入 O_2，呼出 CO_2 和乙烯，可采用生物传感器，通过测定植物或果实的呼吸活动来判断对象的内部状态，这与测定人类的脉搏是相通的。

对上述特性进行归纳见表 12-1。

表 12-1　农业机器人作业对象的物理特性

特性	内容
基本物理特性	尺寸、面积、体积、形状、质量、密度、表面组织
力学特性	弹性(弹性系数、泊松比、刚度)、黏性、黏弹性、振动特性、压缩、拉伸、剪切特性、破坏特性、切断特性、摩擦特性
动态特性	切割阻力、摩擦阻力、伸缩性、黏性
光学特性	反射能力、传导性、分光反射特性
声学特性	声波振动特性、波的传播
电特性	电阻、电容量、静电特性

12.2 农业机器人基本组成

12.2.1 机械手

(1)机械手的机构

农业机器人的机械手具有类似人手的功能,使工作对象能在三维空间内移动。它具有灵活性、可操纵性和可避开障碍物的特性。机械手包括关节和杆件。每个关节有 1 个或多个自由度(degree of freedom, DOF)。自由度是衡量机械手运动柔性的尺度,它表示机械手所具有的能够独立运动的数量。一般来说,机械手需要 6 个自由度,可以将末端执行器移到三维空间内合适的位置,并可以处于良好的姿势。机械手的自由度越多,灵活性越好。同时重量也增加,机构也越复杂,控制也越难。

机械手的机构可以由自由度数量、关节类型、杆长及偏移值组成。要设计一个机械手,不仅要考虑基本结构,也应考虑其内部机构。

内部机构包括手臂的粗细和形状、电机的安装位置和类型、传动装置的种类(链条、皮带、齿轮等)、减速器与减速比、执行元件的种类(电动、液动、气动)、制动装置、重心平衡等。这里主要介绍机械手的典型机构(图 12-1)。

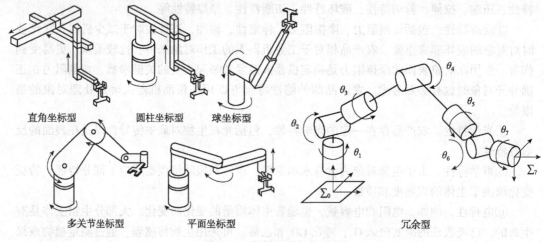

直角坐标型　　圆柱坐标型　　球坐标型

多关节坐标型　　平面坐标型　　冗余型

图 12-1　机械手的机构分类

①直角坐标机械手(Rectangular-coordinate manipulator)。机械手的作业空间是矩形,也称作矩形坐标机器人。3 个自由度使机械手末端可以在水平和垂直方向运动。优点是机构和控制非常简单,可以实现高精度定位。缺点是缺少灵活性,难以扩大其作业空间和进行高速作业。该机械手适合于处理苗盘内的秧苗或田垄上的小植物。

②圆柱坐标机械手(cylindrical-coordinate manipulator)。将直角坐标机械手的 x 轴与 y 轴关节用绕 z 轴的旋转关节和水平方向的直动关节来代替,其自由度为 3 个。相对于直角坐标机械手,它的所有关节长度与机械手相同,圆柱坐标机械手有较大的操作空间。它总是沿平行于机器人的基点的方向运动。坐标由 r(手臂的伸缩长度)、θ(手臂在水平面内的旋转角度)、z(垂直高度)来计算。

③球坐标机械手(polar coordinate manipulator)。当圆柱机械手中的直动自由度"z"被换成旋转 DOF"Φ"时,它就变成了球坐标机械手。机械手由 2 个旋转 DOF 和 1 个直动 DOF 来确定位置。它的作业空间是球形的,因此也叫作球坐标机械手。在关节长度相同时,它的作业

空间比上述两种都大。如果这个机械手的直动关节采用气缸，就可以自由伸缩，并可以压缩到一定长度，这样就可以在狭窄的空间内工作。

④多关节机械手（articulated manipulator）。多关节机械手主要由旋转和摇摆两自由度构成，与前 3 种相比，更接近人的胳膊，也称"拟人机械手"，它的关节也用人的关节命名——肩（shoulder）、肘（elbow）、腕（wrist）和相应的关节。它也叫作旋转坐标机械手（revolute-coordinate manipulator）、关节胳膊机器人（jointed-arm robot）。当多关节机械手所有关节的旋转轴均平行时，这种机械手称为平面坐标型机械手。

优点：机械手在三维空间内运动灵活，移动速度快，作业空间也比前 3 种机械手大。

缺点：坐标计算和控制较复杂，定位精度不高。此外，由于它有许多旋转关节，不易处理较重的工作对象。

⑤冗余机械手。6 个 DOF 的机械手足以将末端执行器移动到任何位置，并可以在作业空间内有任何姿势。当作业对象是两边对称，并可以沿轴的任何方向接近时（像大多数果实），5 个 DOF 就足够了。机械手的 DOF 越多，其灵活性以及避免碰创的能力就越大。此外，通过更换末端执行器，机械手可以完成多种作业。基于这个优势，研制了冗余机械手。

冗余机械手为"DOF 超过 7 个的机械手"。人的胳膊有 7 个 DOF，肩膀有 3 个，肘有 1~2 个，腕有 2~3 个（腕的滚动有时包括在肘的一个自由度内）。

当机械手有很多 DOF 时，也有一些缺点：由于需要大量的转动器，导致机械手质量很大。控制机械手也变得缓慢。

对于机械手来讲，重要一点是根据工作对象和作业，考虑适合的机构（包括 DOF 个数、关节类型和关节长度）。

(2) 机械手机构的评价

生物生产中，很多作业由人来完成，每项作业，依据其工作对象的特性、植物栽培系统、季节和其他条件，有特殊的内容、范围和速度。有各种机构的机械手，当人工作业要用机器人来代替时，要采用动力指标、动态指标、控制方法等进行评价，确定最合适的机构。这里主要介绍用于生物生产机械手基本机构的几个重要指标。

①作业空间（operational space）。作业空间是机械手最重要的评价指标之一。如果作业对象不包括在这个空间内，农业机器人就无法对其进行生产作业，作业空间随关节长度的增加而增加。

②可操作性。可操作性是机器人灵活性的一个重要指标，一直是众多学者的研究对象。可操作度的几何意义为椭球各轴长的乘积，与其体积成正比。在设计机械手的机构时，应使其可操作性在作业过程中的值很大。

③冗余空间和姿势的多样性（redundant space and posture diversity）。即使机械手的基点和末端是固定的，冗余机械手的中间点是可以移动到各种预定的位置。该位置所构成的领域叫作冗余空间。将手爪直接接近工作对象的角度定义为姿势的多样度。

④障碍物回避空间（space for obstacle avoidance）。当机械手具有冗余性，就有能力避开障碍物。这一点对于田间机器人尤为重要，它必须通过躲开茎秆和叶子等障碍物来接近目标。当主要障碍物是硬枝时，应避免机械手与障碍物直接接触。当主要障碍物是软枝或叶子时，机械手的上臂和下臂与障碍物有些接触也无妨。由于叶子和茎秆经常是垂挂的，当 2 个自由度机械手绕基点旋转并保持这个姿势时，机械手能够避开障碍物。

⑤机械手手爪的定位精确度（accuracy of the manipulator end）。DOF 和臂长越大，机械手的定位精确越低。定位精度取决于机械误差、间隙、公差和控制关节位移的伺服电动机误

差。在大田作业的机器人，由于地面不平和有斜坡降低了移动机构的精确度，产生动作误差。为减少误差，可以通过采用类似于视觉传感器、接近传感器和反馈控制等感知系统进行矫正，所以机械手本身的定位精度可以保证。当机器人用来处理种子秧苗和小物体时，要求具有很高的定位精确度。

12.2.2 末端执行器

(1)末端执行器的机构

末端执行器类似于人的手一样的角色，并安置在机械手的末端。因此，它有时也叫作机器人的手(hand)，也有的学者把它叫作手爪(gripper)。手爪是由2个或多个手指(finger)组成，手指可以"开"与"合"，实现抓取动作(grasping)和细微操作(fine manipulation)。

末端执行器直接处理工作对象，对产品的市场价值有潜在的影响。末端执行器不应损伤工作对象或破坏产品的质量。要开发这样的末端执行器，重要的是首先应调查工作对象的物理特性，末端执行器的机构取决于对象的特性和作业。通常开发末端执行器作为特殊的用途进行作业，要尽可能快，而不伤害对象。机器人的工作效率主要取决于它的末端执行器的机构——依据对象的物理特性、生物特性和化学特性。

要实现有效的末端执行器，需要具有比现有的更精确的机械设计、更小型的传动器和更小型的感知系统。生物技术的作业中，更需要能模仿生物功能的小型机构。在未来的研究中，需要能够处理一个细胞、一个细胞核和一个染色体的机构。

通常它的机构与人手完全不同，由此也很难称作"手"。在生物生产系统中，机器人的末端执行器所处理的对象是多种多样的，如果实、秧苗、子叶、嫩枝、化肥、动物等。依据这些作业，可以使用手指、吸垫、针、喷嘴、切刀、杯等的末端执行器。

手爪包括吸盘式(真空吸盘和电磁吸盘等)、承托的叉子、悬挂式手爪、吊钩。

①夹持式手爪。可以用手爪的内侧夹持物体的外部，也可将手爪深入物体的孔内，张开手爪，用其外侧撑住物体。夹持式手爪有如下类型：

a. 回转型：当手爪夹紧和松开物体时，手指做回转运动。当被抓物体的直径大小差异大时，可调整手爪的位置来保持物体的中心位置不变。

b. 平动型：手指由平行四杆机构传动，当手爪夹紧和松开物体时手指姿态不变，做平动。和回转型手爪一样，夹持中心随被夹物体直径的大小而变化。

c. 平移型：当手爪夹紧和松开对象时，手指做平移运动，并保持夹持中心不变，不受对象直径变化的影响。

②多关节多手指手爪。由3个或4个手指构成，每个手指相当于一个操作臂，有3个或4个关节，与人手相似，也称"拟人手"，用于抓取复杂形状的物体，实现细微操作。各个关节分别用直流电动机驱动。技术关键为手指之间的协调控制，并根据作业要求实现位姿和力之间的转换。

③顺应手爪。顺应是指手爪具有所要求的柔性，其动作能适应工作环境，而不需要复杂的控制系统。

(2)末端执行器的感觉

末端执行器通常需要外部传感器。一个传感器也能够帮助另一个传感器修补错误。对于末端执行器来讲，最重要的传感器是触觉传感器和接近传感器。

检测各种感觉的传感器包括：触觉传感器，如触觉传感器、压觉传感器和滑觉传感器；接近传感器，如接近传感器和距离传感器；力觉传感器，如力传感器、扭距传感器以及力扭距传感器。

12.2.3 传感器和机械视觉

(1)传感器

机器人传感器按用途分为外部和内部传感器两大类。外部传感器(external sensor)是针对作物或障碍物等机器人在外部进行检测的传感器。内部传感器(internal sensor)是用来检测机器人关节角度、角速度、角加速度、直线运动位置、速度等与机器人状态有关的传感器。

①外部传感器。生物生产机器人的外部传感器有距离传感器、接近传感器、触觉传感器、力传感器等。

a. 距离传感器(range sensor):机器人以复杂形状为对象进行作业时,需要用距离传感器检测包括距离信息的作物三维空间形状。例如,收获果实时,不仅需要确定果实的三维空间位置,而且要避开茎、叶等障碍物。对于像茄子、黄瓜等商品价值随尺寸不同而异的果实,还需要测量果实尺寸后有选择地进行收获。

b. 接近传感器(proximity sensor):接近传感器通常用于测定近距离物体的位置、判定其存在、避免障碍物、测定对象的形状以及修正由视觉传感器检测的位置误差。这些传感器通常安装在手爪处,因此要求他们体积小,重量轻。接近传感器的种类有以下几种:光学式接近传感器、空气流式接近传感器、静电容型传感器、磁力利用型传感器。

c. 触觉传感器(touch sensor):通常机器人的触觉传感器包括:接触传感器(tactile sensor)、压觉传感器(pressure sensor)、滑觉传感器(slip sensor)。

d. 力传感器:用于检测机械手以及手爪上作用的力及力矩。作用于一点的力及力矩分别具有 3 个分量,需要对其进行同时测试——6 轴力传感器。

e. 果实成熟度传感器(ripeness sensor for fruit):大部分水果都有最佳成熟度期,在这个时期,它的品质最好,提前或推迟收获,都会影响品质。因此,水果需要在最佳成熟度时进行收获。但果实的发育是千差万别的,同一果树不同位置的果实,其发育期也不一样。因此,要判断果实的最佳成熟度期,不仅要考虑外观形状,还要考虑一些内部品质信息,才可以获得附加值高的优质水果。果实内部品质测定的关键问题是在不损伤对象物的前提下对果实进行非破坏性检测。

f. 机器人导向传感器:在生物生产中的车辆相对于整个装置和结构并不很大,但也要进行长距离移动。由于车辆的运动速度低,这需要很长的时间来完成任务。因此,需要高性能的定位系统使车辆可以在坡地等特殊条件下处理作物。因此,有移动机构的机器人需要导向系统来指导它在田地或温室中工作。

②内部传感器。安装在机器人自身的行驶机构上,像陀螺仪、地磁传感器、里程计等都作为内部传感器使用。主要测量机器人的状态,包括关节角度、角速度、角加速度、直线运动的位置、速度等。内部传感器对于机器人精度和安全性、快速反应以及宽阔的检测空间非常重要。内部传感器包括位置、速度、角速度、加速度等传感器。

a. 固定位置和固定角度的检测:通过控制等效二进制的开或关来检测固定位置或角度。在机器人系统中,它们常用作检测或限制动作,如零回位和越位。

b. 位置和角度的测量。

c. 速度和角速度的测量:在需要检测角度的反馈或线性速度的情况下,常采用传感器来检测位置和角度。

d. 加速度测量:机器人控制已经实现了高速和高精度作业,但机械振动仍是一个弱项。振动的原因可能是移动元件的刚度不够、机器人所处的环境造成的。解决振动的方法之一是对控制传动器的加速度信号进行反馈。

e. 倾斜度测量采用倾斜度传感器，可以测量重力的方向：通常安装在行走在倾斜地面的机器人，防止机器人倾倒，以保证安全。

③机器视觉。主要包括：图像获取、图像识别、图像的辩识、对象物位置的检测。

简单来说，机器视觉就是用机器代替人眼来做测量和判断。机器视觉系统是通过机器视觉产品（即图像摄取装置，包括 CMOS 和 CCD）将被摄取目标转换成图像信号，传送给专用的图像处理系统，得到被摄目标的形态信息，根据像素分布和亮度、颜色等信息，转变成数字化信号；图像系统对这些信号进行各种运算来抽取目标的特征，进而根据判别的结果来控制现场的设备动作。

机器视觉（machine vision）作为农业机器人的外部传感器是其最大的信息源。

机器视觉特别重视的特征是对象物体的大小、形状、颜色以及纹理，这些特征对于不同种类的对象物体变动范围很大，但是对于同一种类的对象物体，基本上都限定在某个范围内。

④机器视觉图像获取系统。

a. 摄像元件（image sensor）：用来获取电视图像的设备包括：光导摄像管、图像直线性光电发像管、图像分解管、固态电子学图像传感器。固态电子学图像传感器大多用在机器人视觉系统中。

特点：电能消耗低、体积小、余像低、滞留低、几何变形小和防震。

b. 摄像机（television camera）：包括摄像元件、驱动电路、增幅与信号处理等外围回路、镜头。彩色摄像机既有分别使用红（R）、绿（G）、蓝（B）三原色摄像元件的三板式，又有使用单一摄像元件的单板式。机器人视觉系统通常使用单板式。

在室外，照明是随着环境而变化的，需要一个自动对焦控制系统。而且颜色温度也受环境的影响，一个自动色温控制系统在摄像机中也非常重要。

c. 图像输入装置（image grabber）：摄像机的输出信号是用模拟电子波形来表示的，需经过数字—模拟（A/D）转换器，转换成数字信号，输送到图像存储器中。

d. 全套照明设备（luminaire）：一般来讲，太阳光辐射峰值是 500nm，涉及范围广，从紫外线到红外线。图像别识通常在室外自然光条件下进行，然而，自然光的密度、方向和光谱组成，会根据季节和一天的时间而变化，而且，光的条件也随着照相机在作物之间的位置和方向而变化。在光强度大或大田作业时，采用能缩短光圈时间的电动快门，快门使用的闪光灯源，以便可以根据光圈时间提高物体的亮度。

⑤识别。

a. R—G—B 信号的方法：农业机器人面对的对象不同于工业机器人具有以下特点：形状、大小、颜色的不同，对象处于三维空间，在自然条件下的照明条件包括直射太阳光、背阴处、逆光等。

要将对象从背景中分离，需要进行二值化处理。若采用黑白摄像机，就判断是否比某一灰度值来进行。若采用彩色摄像机，对于与背景颜色差别大的对象就很容易识别。

b. 基于光谱反射的波长带的方法：生物体有部分光谱反射，尤其是在红外线区，即使在视觉区内是同样颜色的物体，如叶子和茎秆，由于他们在红外线区内有不同的反射，也能够区分开来，可以采用光子过滤器，它的透射比是在最适合波长的波段内。设计这样的过滤器，要考虑能量流。

c. 辨识：农业机器人在完成一些作业时，不仅要知道各部位的分光反射特性，还要知道叶子的形状、茎秆方向、植物体长度、品种、植物生长状态、有无病害等，这些信息都隐藏在图像中，将这些特征从图像中过滤出来，并在图像中辨识出物体，这一点非常重要。

由于图像不仅包括目标主体，也包括噪声和不必要的物体，所以在进行辨识之前，需要对二维图像做一些加工，包括平整、压缩、扩大、淡化、边界划分和带有边界轨迹的链码。

物体的特征包括长、宽、面积、周长、重心、交点、方向运动和不规则尺寸。费雷特直径（Feret's diameter）（水平或垂直）是指用两条垂直线或水平线将图像夹起来时，两条线之间的距离。

d. 对象物位置的检测：有两眼立体视觉（binocular stereo vision），同人的眼睛一样，从两处输入的图像，以三角原理为基础检测对象物的位置，以及视觉反馈位置检测。

装在行走装置上的视觉传感器所获得的两眼立体视图像有下列缺点：难以判断出对象物的相互对应关系；难以检测出有障碍物遮盖的对象；对于大树冠的果树，从摄像机镜头到果实间的距离越大，两画面间果实位置的变化量越小，难以实现准确判断。可采用视觉反馈（visual feedback）位置检测方法具体步骤如下：

首先利用从反复输入的图像中求出对象物方向，记录下对象物识别用的像素数；其次求出到目标之间的大致距离及机械手的目标角度；最后识别像素数及到对象物间的距离。

(2) 未来的机器人传感器

生物生产机器人要常与一个操作者和机器人或机械系统共同工作。即使人突然闯进机器人的操作空间，机器人也不能伤害他。为了避免机器人与人、另一个机器或工作对象的一部分之间存在的潜在碰撞，机器人传感器要能判别出来，以及机器人必须通过范围传感器和接近传感器，设置一个范围。

由于人的皮肤具有敏感触觉，当被触碰时，人都会感觉到。因此，期望有一种新的机器人的皮肤或材料，具有感应功能，以便机器人能工作在狭窄的空间，或与生物对象共处在一个复杂的结构中。

12.2.4 移动机构

要使农业生产机器人的工作空间大于工业机器人——移动机构增加了机械手的自由度。农业生产机器人的移动机构的类型：轮式移动机构（wheel type）、轨道式移动机构（rail type）、履带式移动机构（crawler type）、龙门式移动机构（gantry system）、仿生机器人（legged robot）。

(1) 轮式移动机构

轮式移动机构（图 12-2）主要用于机器人工作在温室或露地的两个田垄之间。优点为机构简单，易引进。如拖拉机与搬运车。

轮式移动机构的转向方式有下列类型：

①前轮自由摆动，左右后轮产生转数差。在垄间自动行走时，用限位开关或光电开关测出垄的法面，通过驱动左右后轮的两个电机转、停以及正反转，从而实现转向。在地头，需要设置导向轨道。

②在左右前轮装导向轮，当导向轮触到垄面时，利用垄的反力直接操纵前轮转向。

③在前轮设置自我方向修正机构。通过在转向旋转轴设倾斜角，当前轮碰到垄后可以使行走方向自动得到修正。

④用执行元件驱动前轮进行转向。原理与汽车转向相同，只是用电机代替驾驶员的手驱动方向盘。

⑤用执行元件驱动 4 轮。有下列几种模式。

a. 2 轮转向模式：使后轮垂直。

b. 4 轮并进模式：将 4 轮同时朝向一个方向，进行斜向行走，也称蟹形（crab steering）转向。

c. 4 轮转向模式：使前后轮的相位相反。

d. 原地转向模式：以车体为中心进行原地旋转。

（2）履带式移动机构

履带式移动机构（图 12-3）的主要优点：接地面积大、单位压力小，下沉少、能获得大的推动力、不易变形、车体摇动小。适合于大型和重型机器人，工作在不平坦的地面上，可以原地转向，易于在狭窄垄间作业。

图 12-2　轮式移动机构

图 12-3　履带式移动机构

（3）轨道式移动机构

轨道式用于预先设定的路线，移动机构易于控制。在日本的梯田形果园里，地面上有很小的空间移动，常用轨道式移动机构。

（4）龙门式移动机构

龙门式移动机构可以分为两种形式：

①自走式（宽幅车辆 wide-span vehicle）如图 12-4 所示，用于欧洲和美国的高地作业。主要特点：一是因车轮行走在固定的轨道上，减少了对土壤的压实，继而不影响作物的生长；二是任何土壤条件（如下雨过后），它都可以完成作业；三是只要更换设备，就可以完成多种作业；四是工作幅宽大，提高了作业效率。

②在田埂上设置轨道（图 12-5），使龙门行走台车横跨田地两侧沿所设的轨道行走。主要应用于日本。

主要特点：以轨道为基准，定位精度高，易于实现无人化作业；没有车轮行走，减少了对土壤的压实；沿轨道行走，可以使用一般的电源。

图 12-4　龙门式移动机构

图 12-5　轨道式移动机构

（5）仿生机器人（legged robot）

轮式或履带式移动机构不适合在不平的路面上行走。仿生机器人（图 12-6）一般适用于林场、果园内在较陡的斜面上进行作业。

图 12-6　仿生移动机构

12.2.5　控制系统和执行机构

（1）农业机器人的控制机构

控制系统的任务是根据农业机器人的作业指令程序及从传感器反馈回来的信号控制机器人的执行机构，使其完成规定的运动和功能。如果机器人不具备信息反馈特征，则该控制系统称为开环控制系统；如果机器人具备信息反馈特征，则该控制系统称为闭环控制系统。该部分主要由计算机硬件和控制软件组成。软件主要由人与机器人进行联系的人机交互系统和控制算法等组成。该部分的作用相当于人的大脑。

机器人是通过计算机控制执行机构的。计算机由中央处理器（CPU）、存储器、外围综合电路、输入/输出界面等构成。并通过地址总线、数据总线和控制总线与 CPU 相连。

①CPU（central processing unit）。最初的农业机器人使用一个 8bit 的 CPU 来控制机器人，随着技术的发展，CPU 处理信息的字数不断提升，但 CPU 的主要组成基本不变，主要包括：运算器（ALU）、寄存器组、与总线相互连接的电路、将从总线中读取的信号处理后送入内部的演算部分的电路、控制 CPU 自身的电路等。运算器是进行算术和逻辑运算的电路。将记忆在存储器或寄存器内的信号进行演算，又将结果存到存储器或寄存器中。寄存器是将数据传送简化而设置的在 CPU 内的小容量存储器，包括累加寄存器、程序计数器、变址寄存器、堆栈指示器、状态寄存器。

②存储器（memory）。用于记忆程序和数据。包括：采用半导体存储器的内部存储装置。采用磁性软盘或硬盘的外部存储装置。半导体存储器的内部存储装置分为 RAM 和 ROM。RAM（random access memory）可以自由读取和写入的存储器；ROM（read only memory）专用于读取的存储器。

③外部装置（peripheral device）。包括中断控制器（interrupt controller）、计时器（timer counter）、DAM 控制器、接口、数值运算处理器（floating point processor）等，都采用了大规模集成电路（large scale integration）。

④总线（bus）。总线是在 CPU、存储器、外部装置间进行数据传递时所使用的信号线。

包括数据总线、地址总线和控制总线。

⑤输入/输出装置与接口。

a. 输入/输出装置(input/output device)：输入装置是将来自人或外部装置的信号输入 CPU。输出装置是从 CPU 或存储器将信号输出给人和外部装置。输入/输出装置包括输入键盘、显示器、打印机、绘图仪等。

b. 输入/输出接口(input/output interface)：除了包括输入输出装置连接的接口外，还包括各种传感器信号输入以及用于伺服电机等控制的接口。有数字输入/输出接口、A/D 转换器、D/A 转换器。

(2)农业机器人的执行机构(actuator)

其特点为：能够进行反复启动、停止、正反转等条件；加速性和分辨性好；小型轻便、刚度好；可靠性好；维修性好；耐气候性好；在温室内，要耐高温、高湿，对环境无污染。

执行机构主要分为三类：

①电气执行元件。包括直流(DC)伺服电机、交流(AC)伺服电机、步进电机以及电磁铁等。对这些伺服电机除了要求运转平稳以外，一般还要求动态性能好，适合于频繁使用，便于维修等。

②液压式执行元件。主要包括往复运动油缸、回转油缸、液压马达等，其中油缸最为常见。在同等输出功率的情况下，液压元件具有重量轻、快速性好等特点。

③气压式执行元件。除了用压缩空气作工作介质外，与液压式执行元件没有区别。气压驱动虽可得到较大的驱动力、行程和速度，但由于空气黏性差，具有可压缩性，故不能在定位精度要求较高的场合使用。

12.2.6　农业机器人系统

(1)机器人构成要素之间的信息传递

机器人的各部分之间的运动是依靠信息传递进行的，除了控制系统(CPU)外，其他各部分的的信息传递方式如下(以果蔬收获机器人为例)：

①首先用视觉传感器将对象测出，从图像中获得信息(果实颜色、形状、尺寸、方向、大致距离等)。

②部分信息除控制手、手臂外，还传递到距离传感器。

③距离传感器获得果实及周围障碍物信息控制机械手和移动装置。

④用视觉反馈接近果实，机械手及手爪的位置、姿势信息传递到视觉传感器上，得到果实成熟度信息。

⑤收获时，信息从机械手、触觉传感器和接近传感器传递到机械手上。

⑥作业后，视觉和距离传感器将信息传递到移动装置上进行移动。

(2)机器人的通用性

在传统的田间作业中，拖拉机可以称为"通用机械"，各种机具就是"专用机械"。而机器人的通用性是指对作业范围和所需的自由度相互类似的作物和作业，设计通用机械手，只需要更换手爪或视觉系统。但机器人的通用性与作业效率成反比，一味提高机械手的通用性，那么设计出的机械手能力就非常有限。

例如，果园作业包括剪枝、摘心、摘果、喷药、收获等。各部分的作业所需的传感器不同：剪枝，传感器需掌握分枝状态和识别新枝旧枝；摘心，传感器需具有形状识别能力；摘果，传感器需要识别颜色、形状、尺寸；喷药，传感器需要测定对象的主干高度；收获，传感器需要识别对象。

12.3 农业机器人应用

12.3.1 无人驾驶拖拉机

无人驾驶拖拉机目前有两个方案，一个是保留驾驶室，即在传统拖拉机的基础上进行改装，另一个则是完全无驾驶室的方案，如图 12-7 所示。

（a）含驾驶室（东方红）　　　　　　　（b）不含驾驶室（凯斯）

图 12-7　无人驾驶拖拉机

目前常见的无人驾驶拖拉机通常由农用拖拉机改造而成，计算机通过 RS-232C 可以控制机器人的转向、变速、发动机转速、作业机械升降、PTO 启动/停止等。位置测定使用误差在 2cm 以内的 20Hz RTK-GPS，方位测定使用航空器上常用的光纤陀螺仪 FOG，由于 GPS 的天线装在拖拉机顶部，拖拉机倾斜时位置测定结果会出现误差，因此使用了惯性测量装置 IMU 来修正位置误差。

12.3.2 土壤耕作机器人

土壤耕作机器人一般分为两种模式：一种是无人驾驶拖拉机悬挂耕整地机具完成自动耕整地作业，另一种是在移动机器人上设计耕整地装置专门完成耕整地作业的耕作机器人。目前进入实用阶段的是第一种模式。为了使无人驾驶拖拉机在大致平坦的水田和旱地条件下能达到和人工驾驶作业同样的效率和精度，耕作机器人在硬件上不断提升，目前较为成熟的耕作机器人机电系统主要包括导航系统、动力机械(拖拉机)、控制系统和作业系统四大部分。

"超级拖拉机 1 号"是国内首台发布的具有完全自主知识产权的纯电动无人驾驶拖拉机产品，于 2018 年 10 月 23 日在洛阳下线。"超级拖拉机 1 号"（也称开元 E504）由河南省智能农机创新中心牵头，联合中国一拖集团、中科院计算技术研究所、清华高端装备洛阳基地、中联重机公司，通过"关键技术攻关、核心器件研制、重大装备集成"的系统布局打造而成，在整车电动控制、无人自主路径规划与跟踪算法等方面取得了突破。

2019 年 1 月，"超级拖拉机 1 号"在洛阳市伊滨区试验田进行了首次田间试验，田间试验主要对机具控制、PTO 线控(电控执行机构)、提升/耕深控制、定速巡航、无人驾驶、路径规划、整车状态监控的方案进行了验证。试验中通过测试人员对控制策略的不断调整，旋耕作业试验取得了突破性进展，实现了 PTO 的稳定输出，如图 12-8 所示。

超级拖拉机 1 号具有超前设计理念，产品外观采用了科幻感的流线型仿生设计，同时在农机电动化、信息技术与智能技术的融合上进行了诸多创新。

图 12-8　超级拖拉机 1 号（开元 E504）

12.3.3　田间管理机器人

（1）田间除草机器人

目前，我国主要使用的除草方法仍是人工锄草，劳动力强度大、耗时费力、效率低、效果欠佳。除草工作完成后，农作物仍受不同程度的草害威胁。一般来讲，除草机器人要完成自主行走、杂草识别、杂草去除等功能。目前随着人工智能技术和 GPS 导航技术的深入应用，除草机器人正在不断的研制和改进中。现在已经可以采用机械除去行间的杂草，但对于两株作物之间的杂草还很难去除。除草的季节正是作物生长的季节，如何从作物和土壤的背景中辨认出杂草非常关键。丹麦奥尔胡斯大学农业工程学院的科学家设计的除草机器人（图 12-9）就能做到这一点。身上安装有摄像头的它能够根据叶子的形状和方向识别杂草，然后将其连根拔除。

图 12-9　丹麦奥尔胡斯大学除草机器人

法国公司 DinoTechnologies 最近开发了一款专门用于大型蔬菜种植的最新多功能农业机器人——Dino 除草机器人（图 12-10）。Dino 装备 RTK-GPS 定位和视觉相机，能翻动土块拔除杂草，且不伤害杂草附近的作物。该机器人还能用于播种作业。Dino 可减少杀虫剂和拖拉机的使用，有利于节能环保。该机器人满电状态下可持续工作长达 8h，且已完全实现自动化, 无须农民监督。除完草后, 机器人会生成文字报告, 发送给农民。Dino 总部位于法国图卢兹, 这是一家生产和销售农业机器人、葡萄种植机器人的公司。此前, Dino 曾推出过一款名为 Oz 的除草机器人, 用于清理小面积田地里的杂草。Oz 长宽高分别为宽 100cm、40cm 和 60cm, 离地高度 7cm, 它有"自主、跟随、遥控" 3 种工作模式。

图 12-10   法国公司 DinoTechnologies 除草机器人

Dino 是 Oz 的放大版, 专为小型农场设计, 可用于 10hm² 以上的蔬菜农场。整机重约 800kg, 工作时的行驶速度为 3~4km/h, 工作幅宽为 1.2~1.6m, 一天可完成 3~5hm² 区域内的杂草清除工作。Oz 是模块化设计(图 12-11), 用户可根据自身需要进行扩展调整, 在除草/播种时, Dino 可装备行间犁、耙、梳耙和专用犁等工具进行作业。

图 12-11   法国公司 DinoTechnologies Oz 除草机器人

(2) 植保机器人

传统植保机械主要是人工背负式植保机械和人力驾驶的植保机械, 前者工作效率低, 操作者劳动强度大, 操作人员容易中毒; 后者田间通过性差, 容易损伤农作物, 也存在人员中毒危险。近年来, 农用植保无人机在各地纷纷兴起, 其在作物上方飞行, 具有通过性好、施药效率高、避免人员中毒等优点, 但也存在有效载重量小、超低空飞行容易从空中掉落、使用维护成本高、维修需要专业人员等缺点, 制约了农用植保无人机的进一步发展。

如图 12-12 所示的植保机器人采用高地隙底盘, 四轮独立转向独立驱动的纯电动结构。植保机器人一次性可以喷洒农药 40 亩。

图 12-12   植保机器人

12.3.4　收获机器人

(1)草莓收获机器人

比利时一家果蔬公司的一款全自动草莓选摘机器人(图 12-13)。这款机器人只有在判断抓取动作不会伤及草莓后才会触发行动。此时,具有专利技术的机器抓手和机器手臂能够如人手一般温柔地摘取果实,而不损伤草莓的根茎,其抓取效率、抓取速度和分类识别能力完全能够同人工操作相提并论。据悉,该机器人完成一次摘取动作仅需 3 秒。

(2)柑橘收获机器人

西班牙科技人员发明的柑橘采摘机器人由一台装有计算机的拖拉机、一套光学视觉系统和一个机械手组成,如图 12-14 所示,其能够从柑橘的大小、形状和颜色判断出是否成熟,决定可不可以采摘。它工作的速度极快,每分钟摘柑橘 60 个,而靠手工只能摘 8 个左右。另外,柑橘采摘机器人通过装有视频器的机械手,能对摘下来的柑橘按大小即时进行分类。

图 12-13　草莓选摘机器人　　　　　　图 12-14　柑橘收获机器人

(3)番茄收获机器人

对于智能现代化温室来说,人工成本高达温室生产总成本的 30%,部分甚至高达 50%。同时,全球劳动力短缺日益严峻,减少人工成本就显得尤为重要。目前,许多公司都在研发自动化解决方案,旨在让机器人来替代人工。MetoMotion 公司就是一家致力于研发多用途机器人系统的以色列创业公司,他们正在寻找愿意测试他们系统的种植者。

该公司最近新研发的 GRoW 机器人(图 12-15)可以在温室里执行劳动密集型任务。首席执行官 AdiNir 一边展示 GRoW 的操作系统,一边解释道:"通过这款机器人我们希望可以减少温室生产在人工方面的局限性。"该公司的首个目标是研发番茄收获机器人。因为全球有超过 35% 的智能现代化温室种植的都是西红柿,这意味着该市场的潜在需求约 1.6 万个机器人,潜在市场价值达 10 亿美元。

图 12-15　番茄收获机器人

该机器人配有 3D 视觉系统，可以用来检测成熟的水果，并定位它们的位置。此外该系统还可以定位茎秆，能够一次完成捕捉和切割的工作，还能跨越障碍，不会损害植物和果实。"我们试图通过 GRoW 用一种聪明、简单、有效的方式解决复杂人工操作问题。"

在番茄收获过程中，机器人会自动收集作物的相关数据。因此机器人可以向种植者反映植物的压力、预测产量等，并帮助种植者制订相应的生产计划。这些报告让种植者对作物的控制更加精准，并提供关于产量分布的信息。因此，种植者使用该机器人不仅会节省 50% 的劳动力成本，还能获得更多的作物信息。预计种植商的投资回报率将低于两年。

12.3.5　产后加工机器人

(1) 水果分级机器人

水果品质实时检测和分级机器人系统如图 12-16 所示。它是由水果输送翻转部件、计算机视觉识别部件、自动分级部件组成。水果输送翻转部件的双锥式滚子，使水果自动成单行排列，并在以一定速度向前输送的同时，又绕水平轴均匀转动，从而保证计算机视觉识别部件获得水果整个表面的品质信息。通过计算机视觉识别部件的识别，同时完成水果的形状、大小、色泽、表皮光滑度、果面缺陷和损伤等全部外观品质指标的检测，综合判断每个水果的等级，并确定其位置信息，由计算机视觉识别部件的控制模块将指令传输给自动分级部件，控制水果在对应的分级口自动落入水果收集箱中，它能快速有效地实现对生产线上的动态水果的实时检测和分级，提高水果品质检测与分级的自动化水平。

图 12-16　水果分级机器人

(2) 禽蛋分级机器人

将禽蛋按重量分成若干等级的机器，如图 12-17 所示。分成等级的禽蛋被分别装入蛋盒或蛋盘。大型的禽蛋分级机还可对禽蛋进行清洗和涂油。禽蛋分级机由输送器、吸蛋器、照蛋暗室、分级装置和包装打印装置等组成。其工艺过程是：人工将盛有禽蛋的蛋盘置于辊式输送器上，输送到暗室前沿，禽蛋则被吸蛋器带入照蛋暗室的另一辊式输送器上，而空蛋盘则由原输送器继续输送，最终掉落在蛋盘收集台上。在照蛋暗室内由人工拣出血蛋、污蛋和裂纹蛋后，禽蛋依次进入分级装置。分级装置由一平行四杆机构和多组杠杆秤组成，二者的运动平面相互垂直。平行四杆机构的运动横杆上有许多等距离的凹槽，用以放置禽蛋。禽蛋可随平行四杆的运动作上下和左右平移。当禽蛋在平行四杆机构带动下平移时，禽蛋可被置换到某一杠杆秤的蛋篮内。当禽蛋重量大于蛋篮平衡配重时，蛋篮下倾，禽蛋滚向分级包装台。反之，则被平行四杆机构带向下一个杠杆秤的蛋篮。依此类推，禽蛋将按各自的重量和相应称量级别的杠杆秤，自蛋篮滚向分级包装台，并进入包装器中。禽蛋在包装器中可自动装盒或码盘，蛋盒闭合后打印机在蛋盒上注上禽蛋的级别、出厂日期等字样。禽蛋装入蛋盒或蛋盘是由气吸式吸蛋器实现的。

图 12-17　禽蛋分级机器人

最后由人工将蛋盒或蛋盘装入纸箱。

大型的禽蛋分级机常由 4 人操作,其生产率是 20 000 枚/h;一台占地面积约 67m² 的禽蛋分级机,每小时可加工处理 28 800 枚禽蛋,能装 80 纸箱(每箱 360 枚蛋);需用功率约 7kW。最小型的禽蛋分级机占地面积仅 1m² 左右,1 人操作每小时可加工处理 2000 枚禽蛋。由手工码放禽蛋,禽蛋依次沿滑道进入分级器,由分级器按重量分为数级并送往分级平台。由于滑道下部设照明灯,因而当禽蛋沿滑道下行时,可随时拣出次蛋。

12.3.6　设施生产机器人

(1)温室管理机器人

温室管理机器人(图 12-18)根据温室的空气湿度和培养土的含水量,自动设计灌溉方案,并通过安装在温室横梁上的机器人喷洒系统自动完成喷洒等农业作业。

图 12-18　温室喷洒机器人

(2)温室搬运机器人

Intelligent Robots 主要为企业提供一百公斤级以下的机器人,对于中小型企业来讲,花费金钱与精力去大面积改造整个厂房或者是仓储不太现实,投入成本高、改造周期长,且不能适应企业不定期调整仓库格局等因素,实际往往在大型中心仓落地。但在工业 4.0 时代不转型不拥抱自动化去提高效率,等待的也是被淘汰的命运。

Intelligent Robots 研发的 RPUCK 搬运机器人(图 12-19)不需要改造仓库,零部署周期,只需要投放体积小、灵活的机器人就可以协同工人提高整个仓储车间的工作效率。

RPUCK 搬运机器人操作简单、成本低,可替代人工、AGV、叉车垛机等传统自动化设备。RPUCK 机器人赋予机器自主决策的能力,使人+机器+算法系统组合决策。

图 12-19　搬运机器人

相对传统的 AGV(自动导引运输车)和仓库机器人，Intelligent Robots 的搬运机器人可以在零场景改造情况下，不贴二维码、磁条、反光板等即可在陌生环境下识别定位，实现三维地图的构建，可从始发地自主规划最优路径到达目的地，在运行过程中，运用自主研发的纯视觉导航，如遇障碍物挡道可主动避障，自行重新规划线路，实现人机混场作业。Intelligent Robots 的搬运机器人工作时长为 8h，移动速度为 1.2m/s。

在工程师看来，搬运机器人的技术边界在于没有辅助导航的情况下，让机器人更加稳定可靠的运行，机器人集成控制的能力也是技术难点之一。在仓库里面要实现长期可靠的工作模式，必须要解决机器人的安全性、稳定性、可扩展性。这也是 Intelligent Robots 工作的重心，致力于为企业带来更加稳定安全的搬运机器人。

12.4　农业机器人的发展期望与挑战

(1)农业机器人的发展期望

尽管在 1970 年后期，有关农业机器人的研究和发展已经取得了一些成就，但这个领域仍被认为是一片热土。机器人技术在许多加工过程中，对于提高生产率起着非常重要的地位。在目前和将来，对于农业机器人的期望是什么？

①节约和替代劳动力。日益提高的劳动力成本、补偿季节性劳动力的缺乏以及安排的困难。机器人每天的工作能力超过 8h，可以在一天中的任何时间段内进行工作。可以设计机器人代替人工完成有毒的、脏的和危险的作业，可以完成对人工出入有较高要求的洁净环境下的工作，如许多生物技术，包括育种等。

②扩大人类的能力。安装在机器人上的传感器可以完成比人工更精确和更连贯的测量，如播种和嫁接产生高质量和一致性的产品，即而会产生高的市场价值。传感技术采用信号，对人体没有伤害，开发这项技术可以完成大量的工作。许多处理信号的新规则只能用微处理器和与机器人进行交流才能完成。在一个合适的成行的工作室内，采用专门针对工作对象而设计的末端执行器，机器人就可以进行高速工作。一些机器人系统可以完成不能由工人直接处理的对象。

③用机器人产生新的生产系统。在许多情况下，随着农业机器人的发展，也相应地会产生适应机器人作业的生产系统，这样的生产系统主要取决于农业生产的规模和环境条件。在东亚，小规模的农业生产系统和有许多农民的集约农业占主导地位。用小量的土地和大量的人工、能量和时间生产出高质量的产品。从单位生产面积上，通过发展技术来提高产量是重要的努力方向和任务。地形也多种多样，包括各种平原、丘陵、峡谷、山区、温室和植物工

厂，这就需要在合适的季节里，在合适的地区，选择适宜的生物对象品种，这些条件相互匹配才能得到高生产率和高质量。

例如，平原地区适宜种植水稻、小麦和其他谷物。高质量的果树应种植在阳光充沛和排水通畅的地区。生产高质量的蘑菇需要遮阴和湿度条件。

④提高作业效率。机器人的作业速度比人工快、功率大且具有耐久性。使用机器人能够提高作业效率，使适况适期作业变为可能。

⑤提高作业精度。机器人能够提高作业精度，准确完成操作内容。例如播种作业，可达到精密播种，使作物生长整齐，易于田间管理，提高作物的产量和质量，增加其商品价值。蔬菜的嫁接机器人可以自动完成砧木、穗木的取苗、切削、结合、固定、排苗等作业，嫁接速度是人工的 3~4 倍，嫁接成活率达到 90% 以上。

⑥提高了对环境的适应性。由于机器人是由特殊的材料制成，可以在人工不能工作的高温、高湿、无菌等特殊环境下作业，也可以从事一些简单、单调的工作。

⑦减轻作业强度。应用机器人可以减轻农业生产中枯燥、重体力、有危险或精力高度集中等作业对劳动者的精神和体力的强度。

如蔬菜嫁接作业，要求操作者在 3~4d 的嫁接期内完成几千棵、几万棵苗的嫁接，劳动强度非常大。采用嫁接机器人作业就可以一天 24h 作业，既节约了时间又能保质保量地完成任务。

(2) 农业机器人所面临的挑战

在农业生产系统的作业中，作业对象比较固定、平整的耕整地、播种、插秧、水稻（小麦）联合收获等，已经实现机械化。

对于作业对象分散、需要根据判断进行选择的工作，如除草、间苗、蔬菜收获、水果收获等，实现其机械化和自动化比较困难，目前仍采用人工进行。

对于这些作业，需要靠具有与人类相同的知识启发和学习功能的智能机器人才能够实现机械化和自动化。因此，农业机器人与一般产业的机器人相比具有一定的难度，其表现如下：

①能够识别动态的作业对象。农业生产中的作业对象复杂多样，即使是同类作物，其形状、颜色和物性都不一样，对于同一个对象在不同的时间内，由于环境的改变而具有一定的差异。

②视觉功能的智能化。智能机器人的关键是要具有如同人类眼睛功能的视觉，可以准确的判断出对象的位置，并能够避开对象周围的障碍物，准确地取到物体。同时能够判断出物体的成熟度，进行选择性收获。

③具有轻软柔和的手爪。由于农业生产系统的对象比较柔软纤细容易损伤，要求机器人的手爪要区别于其他产业的机器人，并且能够根据对象的大小、硬度的不同，对手爪的抓力进行相应的调整。

④在不平整的地面移动时，具有自动调节系统，保持机组的整体稳定性。机器人所移动的环境是复杂的，土质松软、有杂草、有坡度等，易使机器人产生倾斜、打滑和下沉等。

⑤具有抗灰尘、抗湿度、抗高温等特性。机器人的作业场所一般都在野外，作业环境恶劣，要求机器人具有一定的可靠性。

总之，农业机器人是集工程、生物、社会科学于一体的综合体。它利用许多工程原理和技术来设计农业机器人的部件，这包括机械、电子、机械视觉、模糊控制、人工智能、神经网络和其他领域。

 本章习题

一、简答题

1. 简述农业机器人的特点与作用。

2. 农业机器人的主要组成有哪些？简述各部分的功能。

3. 农业机器人的移动机构有哪几种？简述各自适用场所。

4. 简述双目立体视觉的测量原理。

5. 试举一例说明机器视觉在农业生产中的应用。

6. 简述无人驾驶拖拉机的关键技术。

二、创新设计题

试设计一款能在果园移动的苹果收获机器人。

本章数字资源

参考文献

陈黎卿，许泽镇，解彬彬，等，2019. 无人驾驶喷雾机电控系统设计与试验[J]. 农业机械学报，50
(1)：122-128.

陈青云，李成华，2001. 农业设施学[M]. 北京：中国农业出版社.

冯淑波，张凤营，李友胜，2007. 浅谈精确农业在我国的发展模式[J]. 农业机械(18)：32-33.

工业和信息化部，农业部，等. 农业农村信息化行动计划(2010—2012年)[R/OL]. (2010-04-01)
[2021-05-29]. http://www.360doc.com/content/11/0904/20/307318145784200.shtml.

关群，2016. 凯斯纽荷兰工业集团推出无人驾驶概念拖拉机[J]. 农业机械(9)：40-43.

关群，2018. 凯斯无人驾驶概念拖拉机荣获"最佳设计奖"[J]. 农业机械(1)：64.

国务院. 全国农业现代化规划(2016—2020年)[R/OL]. (2016-10-17)[2021-5-29]. http://www.
gov.cn/zhengce/content/2016-10/20/content5122217.htm.

国务院. 数字乡村发展战略纲要[R/OL]. (2019-05-16)[2021-05-29]. http://www.gov.cn/xinwen/
2019-05/16/content5392269.htm.

国务院. 乡村振兴战略规划(2018—2022年)[R/OL]. (2018-9-26)[2021-05-29]. http://
www.gov.cn/zhengce/2018-09/26/content5325534.htm.

金诚谦，蔡泽宇，倪有亮，等，2020. 谷物联合收割机在线产量监测综述——测产传感方法、产量图
重建和动力学模型[J]. 中国农业大学学报，25(7)：137-152.

李宝筏，2018. 农业机械学[M]. 2版. 北京：中国农业出版社.

李云伍，徐俊杰，王铭枫，等，2019. 丘陵山区田间道路自主行驶转运车及其视觉导航系统研制[J].
农业工程学报，35(1)：52-61.

刘兆朋，张智刚，罗锡文，等，2018. 雷沃ZP9500高地隙喷雾机的GNSS自动导航作业系统设计[J].
农业工程学报，34(1)：15-21.

刘兹恒，周佳贵，2013. 日本"U-JAPAN"计划和发展现状[J]. 大学图书馆学报，31(3)：38-43，58.

穆悦，丁艳锋，2020. 智能农场：以水稻为例的一个未来农场运营的设想[J]. 中国稻米，26(5)：81.

农业部农业机械化管理司，2011. 中国农业机械化科技发展报告[M]. 北京：中国农业科学技术出版社.

仇半农，2021. 北斗导航如何应用在农机领域[J]. 农业知识(1)：33-36.

沈瀚，秦贵，2009. 设施农业机械[M]. 北京：中国大地出版社.

水利部. 2019年中国水资源公报[R/OL]. (2020-08-03)[2021-05-29]. http://www.mwr.gov.cn/sj/
tjgb/szygb/202008/t20200803_1430726.html.

苏荟，2013. 新疆农业高效节水灌溉技术选择研究[D]. 新疆：石河子大学.

孙鸿，韩子鑫，王婧，2021. 浅谈变量施药技术发展现状[J]. 农业开发与装备(1)：120-121.

唐华俊，2018. 农业遥感研究进展与展望[J]. 农学学报，8(1)：167-171.

王文生，郭雷风，2020. 大数据技术农业应用[J]. 数据与计算发展前沿，2(2)：101-110.

文晔，王松妍，2020. GIS技术在精准农业模式的应用与研究[J]. 经纬天地(5)：73-75.

吴存浩，1996. 中国农业史[M]. 北京：警官教育出版社.

吴海平，2021. 设施农业装备[M]. 北京：中国农业大学出版社.

吴晓燕，许海云，宋琪，等，2020. 精准农业领域专利竞争态势分析[J]. 世界科技研究与发展，42(1)：
64-78.

熊松宁，杨霄璇，杨俊刚，等，2017. 从精准农业向智慧农业演进[J]. 卫星应用(4)：47-51.

杨洪坤，周保平，王亚明，等，2016. 农业信息采集技术研究综述[J]. 安徽农学通报，22(22)：109-112.

尹文庆，浦浩，胡飞，等，2020. 基于结构光视觉的联合收获机谷粒体积流量测量方法[J]. 农业机械学报，51(9)：101-107.

张佳希，张琦佳，徐岩，2017. 浅析现阶段我国农业信息采集技术[J]. 南方农机，48(3)：47，50.

赵卫利，刘冠群，程俊力，2011. 国外农业信息化发展现状及启示[J]. 世界农业(5)：71-73.

浙江省农业机械学会，2018. 现代农业装备与应用[M]. 杭州：浙江科学技术出版社.

中国农机工业协会精准农业技术装备分会，2019. 吴才聪秘书长在第十届中国卫星导航年会上的报告摘要[J]. 农业工程技术，39(15)：19-21.

朱梦莹. 加速农机化信息化深度融合[N]. 中国农机化导报，2021-01-25(7).

EC. Horizon 2020 Work Programme 2016-2017 [EB/OL]. (2017-08-24) [2021-05-29]. https：//ec. europa. eu/research/participants/data/ref/h2020/wp/20162017/main/h2020-wp1617-fooden. pdf.

EC. Precision Agriculture：An Opportunity for EUFarmers Potential Support with the Cap 2014-2020 [EB/OL]. (2014-03-14) [2021-05-29]. https：//ec. europa. eu/jrc/en/news/precision-agriculture-opportunity-eu-farmers.

HM Government. A UK Strategy for Agricultural Technologies [EB/OL]. (2013-087-22) [2021-05-29]. https：//assets. publishing. service. gov. uk/government/uploads/system/uploads/attachmentdata/file/227259/9643-BIS-UKAgriTechStrategyAccessible. pdf.

National Research Council. Science Breakthroughs to Advance Food and Agricultural Research by 2030 [EB/OL]. (2017-07-17) [2021-05-29]. https：//www. nap. edu/catalog/25059/science-breakthroughs-toadvance-food-and-agricultural-research-by-2030.

Obama White House. The State and Future of U. S. Soils：Framework for a Federal Strategic Plan for Soil Science [EB/OL]. (2016-12-01) [2021-05-29]. https：//obamawhitehouse. archives. gov/sites/default/files/microsites/ostp/ssiwgframeworkdecember 2016. pdf.

WANG H, NOGUCHI N, 2018. Adaptive turning control for an agricultural robot tractor[J]. International Journal of Agricultural and Biological Engineering, 11(6)：113-119.

Wang Hao, Noguchi Noboru, 2016. Autonomous maneuvers of a robotic tractor for farming[C] //2016 IEEE/SICE International Symposium on System Integration(SII). Sapporo, Japan：IEEE. 592-597.

ZHANG C, NONGUCHI N, YANG L L, 2016. Leader-follower system using two robot tractors to improve work efficiency[J]. Computers and Electronics in Agriculture, 121：269-281.

ZHANG C, NONGUCHI N, 2017. Development of a multi-robot tractor system for agriculture field work[J]. Computers and Electronics in Agriculture, 142：79-90.